한강, 1968

복원의 시대를 위해
돌아보는
1968년 이후
한강 상실의 이력

한강, 1968

복원의 시대를 위해
돌아보는
1968년 이후
한강 상실의 이력

김원 지음

책을 펴내며

한강의 수면 폭은 1킬로미터 내외로 매우 넓다. 세계 여러 나라의 수도를 흐르는 대부분의 강은 그리 크지 않다. 한강은 특별한 경우다. 우리에게 물로 가득 찬 넓은 한강은 익숙하다. 원래 이랬을 거라고들 여긴다. 그렇지 않다. 나이 든 이들은 한강의 제 모습을 잊었고 젊은이들은 본 적이 없다.

50~60년 전의 한강은 오늘날과 달랐다. 원래 한강은 물보다 모래가 많았다. 1894년 한강을 답사한 영국인 이사벨라 버드 비숍은 한강을 '금빛 모래의 강'이라고 했다. 지금은 모래를 볼 수 없다. 모래는 언제 사라졌을까. 1980년대 한강종합개발사업 이후로 알려져 있다. 반은 맞지만 반은 아니다. 1970년대부터다. 일제 강점기에 일부 손을 대기는 했지만 1970년대 개발 이전까지 한강은 비교적 제 모습을 지키고 있었다. 1970년대 들어와 골재 채취를 위해 준설하고 한강을 매립하여 그 위에 아파트를 지었다. 밤섬을 비롯해 여러 섬이 사라졌다. 한강 변에는 도로가 들어섰다. 1980년대 한강종합개발사업에서는 강을 더 깊이 파냈고, 한강 변 도로를 확장했다.

*

사진 한 장을 보다가 눈물이 났다. 1975년 4월 3일 오후 12시 26분에 찍은 여의도 인근 한강 항공사진이다. 사진 속 시범아파트 앞 한강은 난장판이다. 트럭이 다니는 몇 가닥 좁은 길이 나 있고, 손톱으로 할퀸 것 같은 흔적들이 모래사장 위에 수도 없이 펼쳐져 있다. 모래를 파헤치고 있는 현장이다. 강은, 모래는 상처를 입고 있었다.

'여의도 앞에 저렇게 넓은 모래사장이 있었구나, 그 모래를 저렇게 파헤쳤구나, 한강의 원래 모습이 저렇게 사라졌구나.'

사진 앞에서 어쩔 줄을 몰랐다. 그날 강의 상처는 나의 상처가 되었다. 그 상처가 이 책의 출발점이다. 30년 넘게 강 연구자로, 20년 넘게 마포 강변에 살면서도 한강의 옛 모습을 잘 알지 못했고, 상실의 과정은 더 몰랐다. 한때 한강에는 배가 다녔고 마포에 새우젓이 유명했다는 정도만 전설처럼 떠오를 뿐이었다.

한강의 제 모습을 알고 싶었다. 오래된 자료를 뒤졌다. 1884년 여의도 사진을 비롯한 많은 자료가 남아 있었다. 일제 강점기 자료도 있었다. 왜곡 없이 제 모습을 정확하게 보여주는 측량용 항공사진도 잘 남아 있었다. 사진을 통해 거리나 면적을 잴 수 있었다. 또 다른 사진과 지도 등에서 본격적인 개발 이전 모습을 확인할 수 있었다. 그 모습은 지금으로부터 그리 멀지 않은 시기까지 남아 있었다. 정확히 1968년이다. 그때까지 한강은 '금빛 모래의 강'이었다. 동시에 그때부터 한강은 망가지고 있었다.

한강이 달라져가는 상실의 과정을 알고 싶었다. 각종 문서와 사진을 비롯한 여러 자료가 끊임없이 나왔다. 어떤 이유로 언제부터 어떤 과정을 거쳐 제 모습을 잃었는지 확인할 수 있었다. 연도별로 이어진 사진 속에서 허망할 만큼 쉽고 빠르게 변해가는 한강을 확인했다. 어느덧 나는 한강 상실의 이력을 작성하고 있었

1975년 4월 3일 오후 12시 26분에 촬영한 여의도 인근 한강 항공 사진. 국토지리정보원.

다. 상실은 빠르게 이루어졌다. 팔당 미사리에서 김포를 흐르던 한강은 변했다. 강을 파서 강을 메워 아파트를 지었다. 아파트는 모래를 먹고 자랐다. 모래 없는 강이 되었다. 쓰레기는 한강의 섬을 삼켰다. 강변의 도로는 사람과 강을 단절시켰다. 가로질러 강을 막아 강과 강을 분리했다. 강을 잘라 다른 강에 이어 붙이고 지류를 본류로 만들었다. 강물은 더러워졌다. 강은 하수구가 되었다. 구불구불 흐르던 모양은 미끈한 직선이 되었다. 강은 강 안에 갇혔고 사람은 땅에 갇혔다. 한강은 '정복'되었다. 1968년부터 1986년까지 단 18년 동안 일어난 일이다.

*

인류는 개발의 시대를 살았다. 지금은 복원의 시대다. 유럽연합에서 정한 '자연복원법'은 기존에 설치한 인위적인 보와 댐을 해체하여 원래의 모습으로 강을 자유롭게 흐르게 하는 것을 주요 내용으로 삼고 있다. 실제로 독일에서는 운하 개발로 망가진 강을 원형대로 복원하고, 네덜란드에서는 강폭을 넓혀 강의 원래 공간을 확보하고 있다. 모두 다 자연 그대로의 강의 제 모습을 최대한 회복시키는 데 목표를 두고 있다. 유럽과 미국 그리고 일본 등에서는 사라지고 변형된 강에 모래를 넣음으로써 적극적인 복원을 시도하고 있다.

언젠가부터 '한강 복원'이라는 말이 심심찮게 들린다. '복원'을 내건 뒤 여러 사업을 추진했다. 지금까지 해왔던 복원 사업의 지향점은 무엇일까. 안타깝게도 복원의 지향점이라고 할 만한 게 보이지 않는다. 복원復原의 의미는 원래대로 회복하는 것인데 복원을 하려는 전문가들은 '원래'의 기준을 언제로 삼아야 하는지조차 명확하게 내세우지 못한다. 누구는 일제 강점기라고도 하고 누구는 조선시대라고도 하고 그 이전에 또 다른 원형이 있지 않겠느냐고도 한다. 갑론을박이 이어지다가 결국 원형은 알 수 없는 것으로 결론 짓고 몇몇 사람들의 상상 속 한강을 '복원'의 기준으로 삼고 만다. 그저 보기에 좋게 만드는 데만 힘을 쏟았다는 비판을 피할 길이 없다. 지금까지처럼 앞으로도 더 많은 공원을 만드는 것을 한강 복원의 목표로 삼아야 하는 걸까.

제대로 된 지향점을 가지려면 어떻게 해야 할까. 강을 모른 채 강을 복원할 수는 없다. 강은 연결체다. 상류와 하류가, 왼쪽과 오른쪽이, 위와 아래가 연결되어 있다. 물은 강 위에서도 흐르지만 강바닥 아래로도 흐른다. 그러니 강의 일부만 바꾼다고 해서 복원이 되는 게 아니다. 연결된 전체를 하나로 보는 큰 그림을 그려야 한다. 그러기 위해서는 역시 강의 제 모습을 파악하는 것이 우선이다. 그러려면 한강 상실의 과정과 역사를 되짚어보아야 한다.

*

한강은 자연 그 자체였다. 반짝이는 금빛 모래의 강, 누구나 들어갈 수 있는 강, 쉽게 다가갈 수 있는 강, 배가 다니던 강이었다. 우리가 한강에서 보고 싶은 모습이, 누리고 싶은 모든 것이 이미 존재했다. 그렇다면 20~30년 뒤 한강의 미래는 '과거'에서 찾을 수 있지 않을까. '과거'에 지향점을 두고, 한강의 제 모습을 회복하기 위해 노력하면 원하는 미래를 만들 수 있지 않을까.

그렇다고 해서 강변의 무수한 아파트, 강변의 도로, 강 곳곳의 제방을 다 없앨 수는 없는 일이다. 그러나 조금만 방향을 바꾸면 한강의 모래를 되살릴 수 있다. 깊게 파서 낮아진 강바닥을 다시 높일 수 있다. 콘크리트를 제거해 물가에서 수영도 할 수 있다. 수중보가 없어도 자연스럽게 배가 다니는 모습을 볼 수 있다. 누구나 쉽게 강으로 다가갈 수 있다. 막힌 강을 뚫어 강의 생태계를 회복할 수 있다. 수질도 회복할 수 있다.

그러기 위해서는 오늘 우리 앞에 흐르는 한강이 원래의 모습이라는 '착각'과 다시 돌아갈수 없다는 '포기'와 여기에서 안주하려는 '타협'에서 우선 벗어나야 한다. 이미 자연은 포기와 타협에서 벗어나 제 모습을 회복 중이다. 1968년 폭파된 밤섬은 스스로 크기를 키우고 있다. 1972년 사라진 저자도가, 1980년대 사라진 미사리 섬이 다시 만들어지고 있다. 원래의 모습으로 회복하는 일이 가능하다고, 복원은 '가능성'이 아닌 '의지'에 달렸다고 자연은 스스로 증명하는 중이다.

*

1968년부터 오늘날까지 우리 시대의 강은 인간을 위한 수단이며 효율성을 내세운 개발의 대상이었다. 미래의 강은 자연 그 자체로 공존의 대상이어야 한다. 강이 없으면 인간의 삶은 지속 가능하지 않다. 그러기 위해 우리가 지금 알아야 할 것은, 지금 해야 할 일은 무엇일까? 이 물음표의 답을 독자들과 함께 찾아보기 위한 첫걸음을 나는 이 책으로 시작한다.

2025년 6월

김원

차례

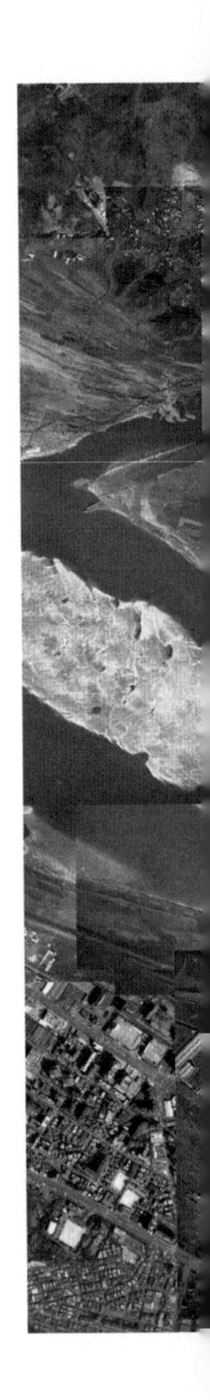

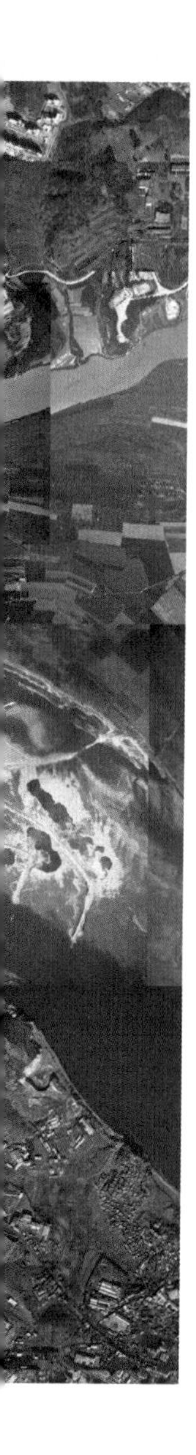

3장. 난지도, 쓰레기장으로, 다시 공원으로

4장. 여의도, 변신을 거듭하다

5장. 한강의 모래사장을 아시나요?

6장. 잠실, 섬이 변하여 뭍이 되었네

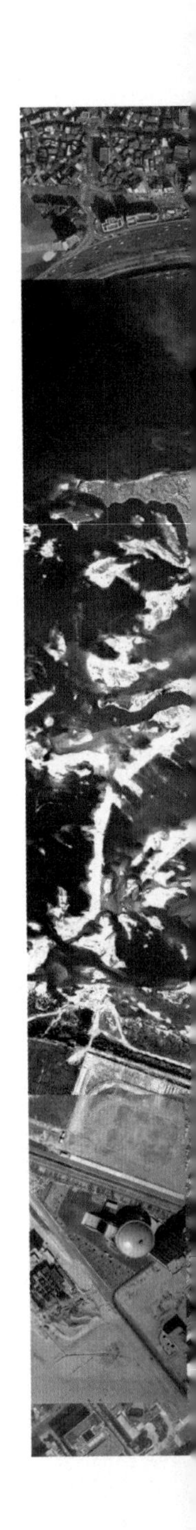

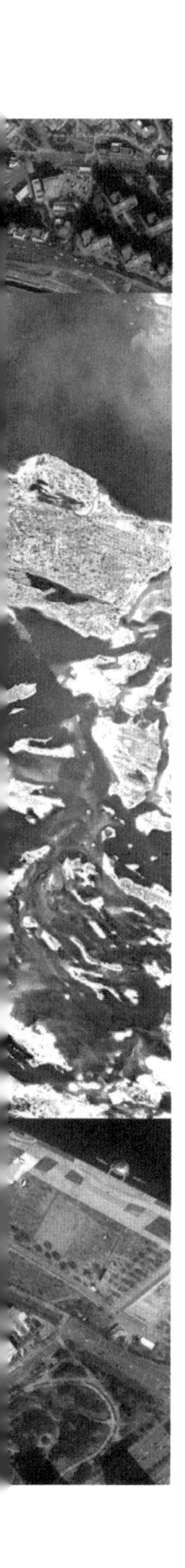

7장. 미사리, 이름처럼 아름다웠던 모래섬

8장. 한강의 미래

일러두기

1. 이 책은 저자가 1968년을 기점으로 한 대한민국 서울 한강의 변화 과정을 연구하여 저술한 것이다.
2. 책에는 다수의 항공사진을 수록했다. 이 가운데 국토지리정보원 제공 원본에 저자가 지리정보시스템(GIS)으로 재편집하여 제작한 것에는 별도의 출처 표시를 하지 않았다. 또한 지형의 전체적인 파악을 위해 과거 항공사진과 2020년 컬러 위성영상을 겹쳐 표시했다. 과거 항공사진은 2010년 이전은 흑백, 2010년 이후는 컬러 상태의 것을 사용했다.
3. 책에 수록한 항공사진 등의 이미지는 전체적으로 정확한 축적에 따라 크기를 정하지 않고, 각 장에 같은 위치를 촬영한 경우 같은 크기를 유지했다. 이로 인해 부득이한 공백이 생기기도 했으나 편집에 따라 크고 작게 배치할 경우 오해를 불러일으킬 수 있어 그냥 두기로 했다. 이는 정확한 정보 파악의 이해를 돕는 쪽이 독자에게 더 이롭다는 판단에 따른 것이다.
4. 면적, 거리 등은 저자가 지리정보시스템을 이용해 측정한 값으로 기존 자료나 공식 자료와 차이가 있을 수 있다. 단위는 미터 단위로 표시했으나 필요에 따라 평 단위를 사용하고, 역시 필요한 경우 각 단위로 환산하여 괄호 안에 표시했다.
5. 본문의 출처는 해당 페이지에 각주로 표시했고, 참고한 주요 문헌은 책 뒤에 따로 모아 실었다.
6. 책과 책의 형태로 발간한 자료집 등의 제목·잡지·일간지·주간지 이름은 겹낫표(『 』)로, 논문·기사·개별 자료의 제목 등은 홑낫표(「 」)로, 연극·영화·방송·미술 작품의 제목은 홑꺽쇠표(〈 〉)로 표시했다.
7. 사진 및 기타 시각 자료는 필요한 경우 관계 기관의 허가를 거쳤으며, 출처와 소장처를 포함한 확인한 정보를 모두 밝혔다. 정보를 확인할 수 없어 밝히지 못한 경우 추후 확인이 되는 대로 다음 쇄에 표시하고, 적법한 절차를 밟겠다.

1장.

한강의 과거

금빛 모래의 한강, 개발의 서막 : 1894~1940년대

1894년, 영국인의 눈에 비친 한강

1894년 4월 14일. 아름다운 봄날이었다. 예순이 넘은 푸른 눈의 영국인 이사벨라 버드 비숍은 작은 배를 타고 마포를 출발해 한강을 거슬러 올랐다. 1831년 영국에서 태어난 지리학자이자 영국 왕립지리학회 최초의 여성 회원이었던 비숍은 1894년부터 네 차례 한국을 방문했고 11개월에 걸쳐 답사를 했다.

배를 타고 한강을 답사한 최초의 외국인으로 추정되는 그는 마포를 출발해 송파를 지나 팔당으로부터 여주, 충주, 청풍, 단양을 거쳐 영춘까지 올라간다. 5월 3일, 얕은 수심과 급류로 더 이상 올라가는 것을 포기하고 한강을 따라 다시 내려오기 시작했다. 강을 타고 팔당까지 내려온 뒤에는 다시 북한강을 따라 가평을 거쳐 춘천까지 올라간다. 배로는 더 이상 갈 수 없는 곳에 도착해서야 그는 한강 여행을 끝낸다. 5주 반이 걸렸다. 시인이기도 했던 비숍은 놀라울 정도로 상세한 여행 기록을 남겼다. 인근 경치와 사람들 모습뿐만 아니라 강의 폭, 수심, 여울, 강바닥 등을 구체적인 수치로 기록했다. 한강의 강폭은 366미터였고 제방의 두께는 2.8미터였다. 도담삼봉 인근 수심은 6~9.1미터였고 영춘 나루터에서는 3미터가 넘었다. 팔당 인근의 강폭은 평균 402미터였다. 영춘은 동해에서 64.4킬로미터 거리에 있었다.

비숍은 무엇보다 한강의 아름다움에 감탄했다. 산과 강이 어우러진 한강은 '천국의 향기'와도 같았다. 시인의 감상적 표현이 다가 아니었다. 지리학자로서 한강을 관찰하며 비숍은 또 한 번 감탄했다. 모래 때문이었다. '하얀 모래와 황금색 조약돌', '흰 모래와 금빛 자갈', '순백색의 모래사장', '하얀 모래'에 감탄했다. '모래와 수정처럼 맑은 물'이라며, 한강은 '금빛 모래의 강'이라고 결론지었다. 그는 1898년 1월 여행기인 『한국과 그 이웃 나라들』을 발간했는데, 그가 쓴 여행기의 6장 제목은 '금모래 강변에서'다. 국내에는 1994년 번역·출간되었다. 한강에 관해 묘사한 부분을 일부 발췌하면 다음과 같다.*

'최저 수위에 있던 한강의 물은 수정처럼 맑았고, 그 부서지는 물방울 조각들은 티베트의 하늘처럼 푸른 하늘로부터 내리는 햇살에 반짝거렸다.'(93쪽)
'강에는 바닥에 하얀 모래와 황금색 조약돌이 깔려 있고, (중략) 깨끗하고 빛나는 수류는 암벽으로 자주 폭이 좁아진다. 하류 지역에는 자갈 투성이 모래톱으로 가득 차 명랑하게 잔물결을 일으키는 풀 덮인 삼각주가 있고, 상류 지역에는 바위가 많고 위험한 급류가 있다.'(97쪽)
'무엇보다도 한강은 '금빛 모래의 강'이다.'(102쪽)
'남한산성이라는 요새가 있는 산줄기 (중략) 왼편으로는 산과 넓고 빠른 물살이 흰 모래와 금빛 자갈 너머로 눈부시게 출렁이는 강 사이로, 갈아엎은 모래 흙이 넓게 펼쳐져 있었다.'(106쪽)
'남한산성을 돌아간 후에 강은 산으로 들어간다. 그때부터 운항이 가능한 첫 부분까지 경치의 변화로움이나 아름다움, 그리고 예기치 못함은 무슨 말로 감탄해야 할지 할 말을 잃게 했다.'(107쪽)
'출발한 날로부터 이틀 동안 한강은 물줄기가 휘어지며 강폭은 366미터 정도로 늘어났고, 급류 · 모래톱 · 녹색 섬들이 많이 나타났다. 왼편 둑으로

---

* 이사벨라 버드 비숍 지음, 이인화 옮김, 『한국과 그 이웃 나라들』, 살림, 1994.

비숍 일행이 탔던 나룻배. 길이 8.15미터, 폭 1.35미터의 작은 배였다. 짐을 싣고 나니 수면에서 갑판까지 8센티미터만 남았다고 한다. 이사벨라 버드 비숍 지음, 이인화 옮김, 『한국과 그 이웃 나라들』, 살림, 1994.

는 순백색의 모래 사장이 뻗어 있었고'(108쪽)

'그렇게 깊은 곳에는, 맑은 에메랄드 빛 물결이 찔레꽃과 인동넝쿨로 장식된 바위나 아름다운 웅덩이에 있는 자갈 투성이의 가장자리와 하얀 모래를 점잖게 때려댄다. (중략) 그 아름다움이란 천국의 향기와도 같았다.'(123쪽)

'한강의 미는 내가 이제야 보게 된 가장 아름다운 강 마을인 도담에서 절정에 이르렀다. 넓게 뻗어 있는 깊은 강과 높은 석회 절벽, 그것들 사이의 푸른 언덕 위에 그림 같은 낮은 처마와 갈색 지붕의 집들이 지어져 있었다.'(124쪽)

'한강의 급류는 너무나 격렬해서 그 위험 정도가 청뚜에서 이창에 이르는 푸강과 양자강의 급류에 비할 바가 아니었다.'(130쪽)

130년 전 외국인의 눈에 비친 한강은 아름다웠다. 영국뿐만 아니라 미국, 캐나다, 일본, 말레이시아, 인도, 페르시아, 티베트, 중국, 러시아, 아프리카를 여행하고 이미 여러 권의 여행기를 출간한 비숍이었다. 그런 그에게 한강의 아름다움은 특별했다. 다른 나라에서 볼 수 없는 것들이었다. 한강 상류의 급류가 중국 양자강에 비할 정도가 아니라고 했다. 그에게 한강은 금빛 모래의 강이었다. 아름다운 강이었다.

100년 전 일본인들이 본 한강

1894년 비숍의 눈에 금빛으로 빛나던 한강을 다른 이들은 달리 보았다. 100년 전 한강 앞에 선 일본 제국주의자들은 이곳의 아름다움을 보지 못했다. 그들 눈에 식민지 조선의 강은 '자연 그대로 방치'되어 있을 따름이었다. 그저 황폐해 보였다. 마땅한 치수 제도도 없다고 여겼다. 제국주의자들은 그저 기술 공학적으로만 강을 바라보았다.

이후 그들은 이런 관점으로 강을 대했다. 1915년의 일이다. 강을 조사하고 치수 사업을 시작했다. 주요 하천 14개를 선정하여 답사하고 측량했다. 현대적 방법으로 하천의 수위와 유량을 측정하기 시작했다. 이를 바탕으로 하천 개수 계획을 수립했다. 약 14년 동안 제1기 치수 조사를 진행한 뒤 조선총독부는 그 결과를 담은 『조선하천조사서』를 1929년 발간했다. 우리 강에 대한 그들의 인식은 조사서에 서술한 다음의 내용으로 짐작할 수 있다.

'조선의 하천은 예로부터 황폐하기 그지없다. 그리하여 연안 토지는 심하게 피폐해 있으며 산업 개발에 미치는 장애가 매우 크다.'

비숍이 1894년 찍은 한강 마포나루. 비숍은 마포나 용산 나루터에서 한강 여행을 시작한 것으로 보인다.

선교사 아펜젤러가 찍은 1890년 마포 나루 모습이다.

선교사 언더우드가 찍은 1904년 마포. 강변에 민가들이 밀집해 있다.

1892년 용산 나루터. 나룻배와 모래톱이 보인다.
서울특별시사편찬위원회, 『사진으로 보는 서울 1. 개항 이후 서울의 근대화와 그 시련(1876~1910)』, 2002.

1930년대 송파나루. 나룻배와 뗏목이 보인다. 송파문화원.

‘예전의 조선에서는 하천을 완전히 자연 그대로 방치한 상태였다.’

‘옛날 조선에서는 치수에 관한 제도를 거의 볼 수 없으며, 겨우 도읍 방수 또는 응급시설을 하는 습관에 따라 부역을 과해서 제방 호안 등의 공사를 시행한 흔적이 남아 있을 뿐이다.’

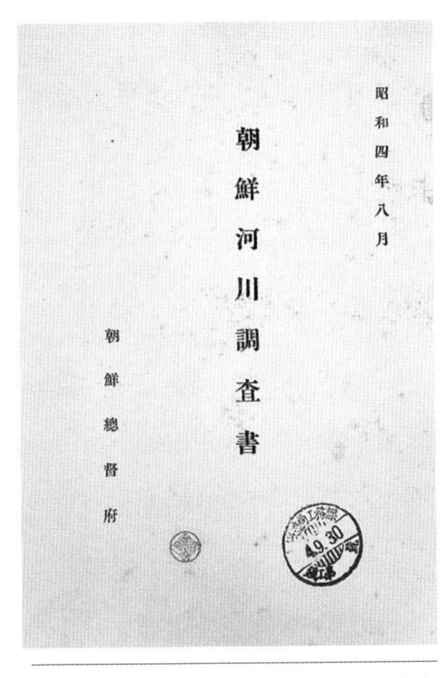
昭和四年八月

朝鮮河川調査書

朝鮮總督府

1929년 조선총독부에서 출간한 『조선하천조사서』

전국 하천에 대한 역사와 현황, 개수 계획을 담은 이 조사보고서를 일제는 이후 하천 관리의 기본 자료로 활용한다. 조선총독부는 1920년, 1922년, 1925년 대홍수 이후 하천 조사와는 별도로 1925년에는 만경강과 재령강, 1926년에는 한강·낙동강·대동강·용흥강에 대한 개수 공사를 착수한다. 1914년에는 하천관리규칙을 반포하고 중요 하천 16개를 직할하천으로 지정한다. 1927년에는 조선하천령을 제정하여 제도적 틀을 완성한다.

본격적인 하천 개발

한강에 대한 본격적인 개발은 1921년 시작했다. 그전에도 일부 제방 공사를 하긴 했지만 규모가 크지는 않았다. 제1차 제방 공사는 1920년 7월 홍수로 용산역 일대가 침수되면서 경부선 철도 운행을 중단한 뒤 시작했다. 1921년부터 2년 동안 구용산 만초천 제방 약 902미터를 보강했고, 1922년에는 영등포 방수 공사를 실시했다. 1923년에는 신용산 지역의 만초천에 평균 약 7.7미터 높이의 제방을 쌓았다.* 이때의 하천 사업은 한강이라기보다는 신용산과 구용산 지역을 흐르는 만초천**에 대해서였다. 도심의 홍수 피해를 방지하려는 목적이었다.

제1차 제방 공사 이후 한강에 대한 개수 계획을 수립한 조선총독부는 용산, 마포, 영등포, 뚝도, 김포 등에 총 38.3킬로미터의 제방을 건설하는 '한강개수기본계획'을 수립하고 1926년부터 공사를 시작했다. 그 결과 1927년부터 1938년까지 3만 2,684미터의 제방을 한강에 건설했다. 안양천에는 1929년부터 1937년까지 2만 5,227미터, 중랑천에는 1934년부터 1939년까지 1만 6,032미터, 청계천에는 1937년부터 1941년까지 3,354미터의 제방을 건설했다. 1927년에서 1941년 사이 한강 및 지류에 건설한 제방은 총 7만 7,297미터이다. 1926년부터 1934년까지 시행된 한강의 개수 계획에는 다섯 가지 기본 원칙이 있었다.***

① 양수리~임진강 합류점까지는 강폭의 확장
② 뚝도 부근~김포 부근은 하상의 토석 굴착
③ 뚝도, 용산, 마포, 영등포 부근 및 강변의 평야 지대는 방수제의 축조
④ 송파 부근과 강안의 자연 및 인공제방이 붕괴된 지점은 호안 및 수리 공사
⑤ 안양천 및 기타 지천의 유로가 급격하여 물길이 돌아가는 곳은 직류할 수 있는 수로의 변경

이런 원칙은 당시 하천 사업의 목적이 치수였다는 것, 이를 위해 제방 축조·하상 굴착·직강화 등의 사업을 시행했음을 의미한다. 더불어 내수 배제를 위해 유수지와 배수펌프장도 설치했다.

『조선하천조사서』에 들어 있는 지도로 한강 전 구간에 대한 개수 계획을 확

---

* 서울특별시사편찬위원회, 『한강사』, 서울시, 1985.

** 일제 당시는 욱천이다.

*** 서울특별시사 편찬위원회, 『한강사』, 서울시, 1985.

인할 수 있다. 먼저 하류 지역인 김포와 고양에는 대규모 제방 축조를 계획했고 난지도와 창릉천에도 제방 설치를 계획했다. 여의도와 안양천, 만초천 등의 구간에는 이미 설치한 제방을 표시했다. 중랑천과 탄천, 미사리에도 제방 축조 계획을 수립했다. 행주산성 건너편 김포 인근, 선유봉 인근, 난지도 인근, 중랑천, 미사리 등에는 하천 굴착 계획을 수립했다. 하천 개발의 핵심 내용은 제방 축조와 하천 굴착(준설)이었다.

지도에서는 원형에 가까운 한강의 모습을 확인할 수 있다. 가장 큰 특징은 현재와 달리 수많은 섬과 모래톱이 있었다는 것이다. 한강과 임진강 합류부에는 많은 섬이 있었고 공릉천 합류부의 하천도 현재와 다른 형태이다. 고양 부근에도 섬과 모래톱이 있었다. 난지도, 여의도를 비롯하여 중랑천 합류부의 저자도, 잠실도, 미사리 등 많은 섬을 표시했다. 하천의 형태도 구불구불한 원래의 모습을 보인다. 이처럼 개발 이전의 한강은 모래와 섬으로 이루어진 강이었다.

1938년 조선총독부가 발간한 『1935년 조선직할하천공사연보』에는 한강에 대한 개수 공사 내용이 상세하게 나와 있다. 고양 신평리와 송포면 연안에는 상당히 긴 제방을 이미 완성했다. 창릉천변에도 완성한 제방을 검은색으로 표시했다. 김포 쪽에는 1934년 완성한 제방과 1935년에 준공한 제방을 각각 파란색과 붉은색으로 표시했다. 1934년 행주산성 건너편을 굴착했다. 난지도 건너편 안양천에도 이 당시에 설치한 제방을 표시했다. 선유봉 인근에는 굴착 공사가 이루어졌다. 만초천에 많은 제방을 건설, 한강대교 인근까지 연결했다. 뚝도 인근에도 둥글게 제방을 건설했다. 이 시기 하천 사업은 홍수에 대비하기 위한 치수 사업으로 대부분 제방 건설에 집중했다. 일부 물길을 조절하기 위한 굴착(준설) 사업도 포함했다.

1963년 건설부에서 발간한 『한강하상변동조사보고서』 자료를 보면 일제강점기 한강에 축조한 제방은 53.97킬로미터이며 이 가운데 일산 지역에 설치한 제방이 19킬로미터로 가장 길다. 하상 굴착(준설)은 영등포에서만 실시한 것으로 나타나 있는데 선유도 인근에 대한 굴착 사업인 것으로 추정한다. 대부분

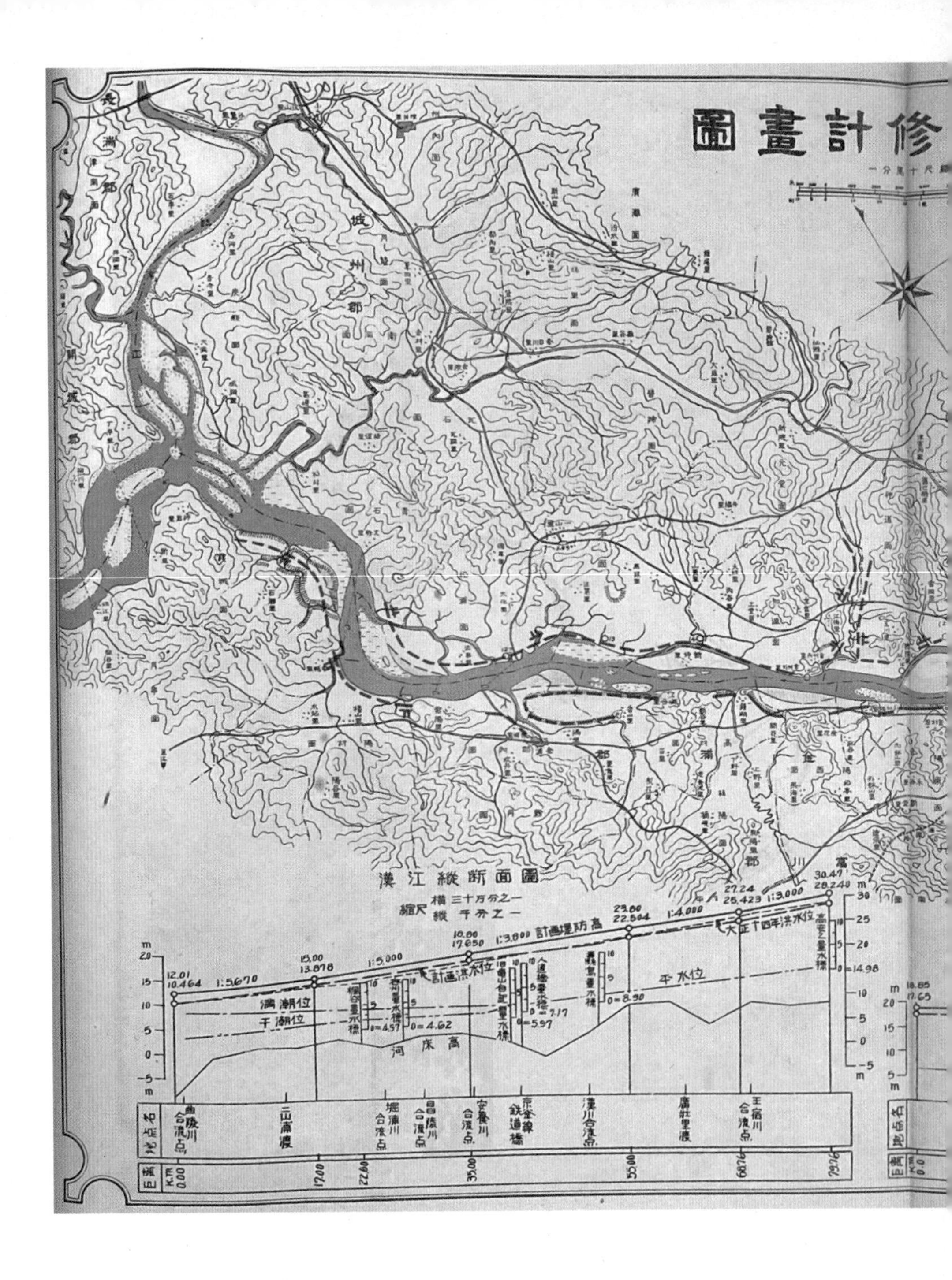

修計畫圖
漢江縱斷面圖
計畫堤防高
計畫洪水位
大正十四年洪水位
平水位
滿潮位
干潮位
河床高
12.01
10.464
1:5,670
15.00
13.878
1:5,000
10.80
17.650
1:3,000
23.80
22.504
1:4,000
27.24
25.423
1:3,000
30.47
28.240
0=4.57
0=4.62
0=5.97
0=7.17
0=8.90
0=14.98
曲陵川合流点
三山浦渡
堀浦川合流点
昌陵川合流点
安養川合流点
京釜線鉄道橋
漕川合流点
廣壯里渡
王宿川合流点
KM 0.00
17.00
22.80
35.00
55.00
68.76
79.76

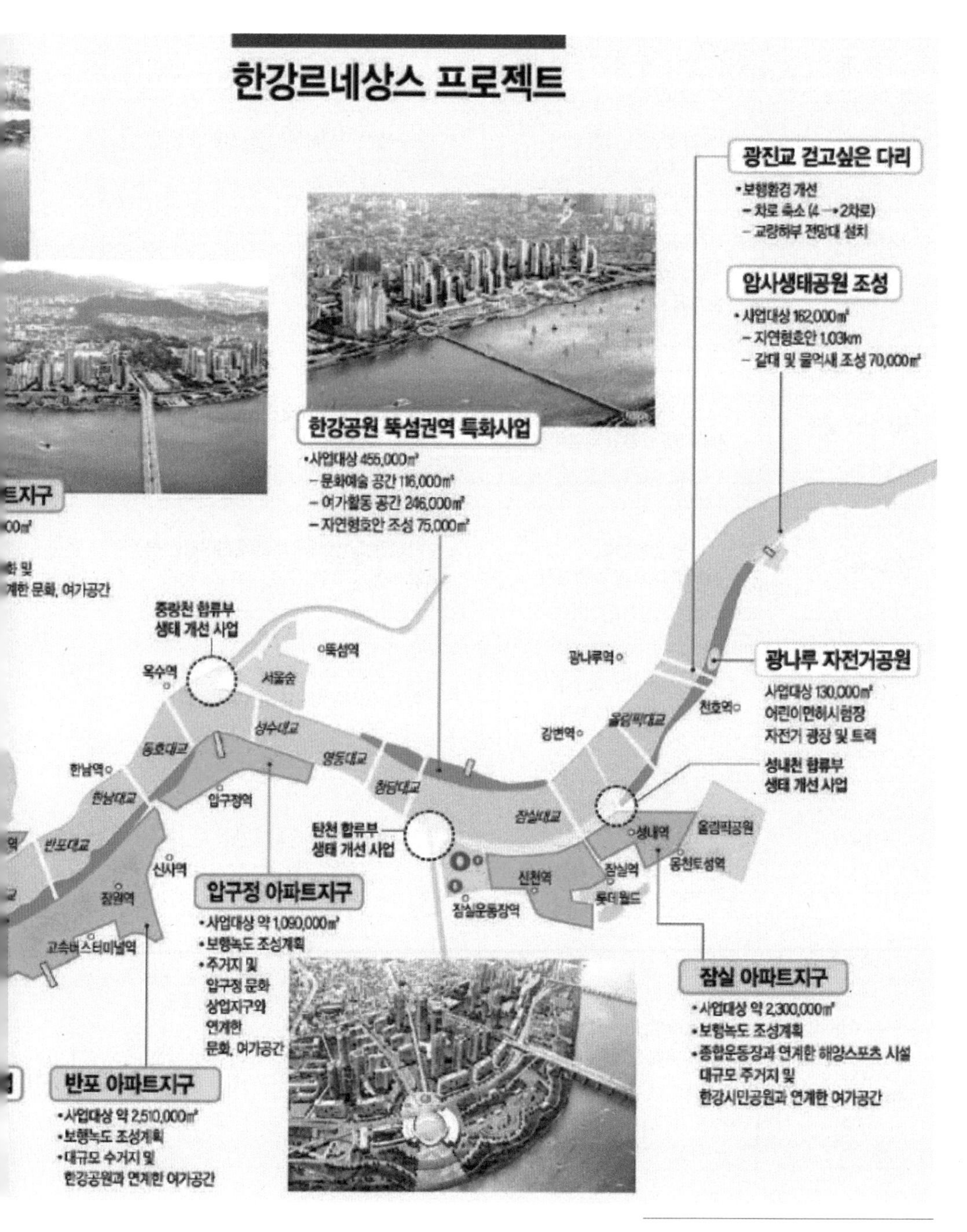

서울시의 2007년 한강르네상스 마스터플랜.

분 야	목 표	계획 방향
물길복원	우리 한강을 막힘 없이 흐르게 하자	• 구불구불한 사행하천 복원, 지류와 본류간 물길복원
생물서식처 복원	두모포에 큰고니 날고 둔치에 삵이 오가게 하자	• 수서·곤충·어류·조류·포유류 서식처 복원, 자생 식물군락형성
역사문화 복원	겸재 정선의 아름다운 한강을 되살리자	• 수변지형 변화를 통해 겸재정선의 수변경관복원
한강 숲 조성	한강변에 서울의 대표 숲을 만들자	• 수변 경관 및 생태계 복원에 기여하는 숲 조성
생태축 복원	한강 생명의 에너지, 북한산에 닿게 하자	• 강과 산, 도시를 연결하는 생태축 연결
수질개선	여름휴가는 한강, 강수욕장으로 가자	• 강수욕 할 수 있는 수질로 개선
보전과 이용의 조화 하천거버넌스 구축	미래의 자연유산 우리가 만들자	• 강과 사람이 공존할 수 있는 조화로운 관리방안 마련 • 한강유역공동체 형성, 시민주도의 하천 관리 체계 구축

서울시 한강사업본부의 2013년 '2030 한강 자연성 회복 기본계획'.

2023년 '그레이트 한강' 주요 사업 내용. 서울시의 한강 개발 계획은 대부분 경관 중심이고 공원 조성에 치중해 있다. 한강의 원형을 회복하려는 개념도 관심도 없음을 확인할 수 있다.

『연합뉴스』 기사 그래픽.

사업 비전 및 핵심 전략.

잠수교.

곤돌라.

서울링 ZERO.

노들섬.

한강 변 주거 단지.

길 복원·생물 서식처 복원·생태 축 복원·수질 개선 등을, '한강 변 관리 기본계획'에는 콘크리트 호안護岸 등으로 인한 자연성 부족, 고속도로 등으로 인한 접근 단절·다양한 활동공간 부족·수변 경관 차폐 및 획일화 등의 현안 해소 계획을 포함했다.

2023년 '그레이트 한강 사업'에서는 자연형 호안·생태공원, 캠핑장·수상 산책로·서울링 ZERO·곤돌라·제2세종문화회관 건설 등을 주요 내용으로 내세웠다.

그러나 지금까지 수립해온 여러 계획이나 사업 등에서 잃어버린 한강에 대한 근본적인 접근은 찾아볼 수 없다. 문제에 대한 부분적인 인식, 이에 대한 단편적인 대책에 불과하다. 공원을 만든다는 인식에서 한걸음도 나아가지 못하고 있다.

자연성 회복을 내세우긴 하지만 여기에서 말하는 자연성의 정의조차 불분명한 수준이다. 강에 대한 기본적인 접근성은 여전히 개선되지 않고 있다. 콘크리트 호안 철거 등 일부 의미 있는 사업이 있기는 하지만 한강 전체를 놓고 보면 미미한 수준에 그치고 만다. 1970~1980년대 잘못된 개발의 결과로 남은 인공화된 한강의 모습을 그대로 둔 채 강 위에 배를 띄우는 풍경에만 집착한다. 마치 넓은 수면이 있어야만 좋은 강으로 여긴다. 한강의 원형을 되찾겠다는 생각은 누구도 하지 않고 꿈조차 꾸지 않는다. 잘못된 개발에 대한 성찰도 없다. 잃어버린 모래는 누구의 기억에도 없다.

그러니 한강의 미래는 말할 나위가 없다. 미래 세대 한강의 시대적 가치, 꿈, 비전은 누구도 제시하지 못한다. 정치권의 이해득실에 따라 강의 겉모습만 그럴 듯하게 포장한다. 한강종합개발을 끝낸 1988년 이후 지금까지 한강에는 아무 일도 없었다.

장항습지 · 신곡 수중보

2장.

습지의 탄생, 수중보의 존재 이유

장항습지, 섬에서 습지로

장항습지 탄생의 기원은?

서울을 벗어나 자유로를 타고 가다 김포대교를 지나면 왼쪽으로 큰 숲을 만날 수 있다. 멀리 보이는 한강보다 버드나무 우거진 숲이 먼저 눈에 들어온다. 장항습지다. 지금은 군용 철책도 없애고 비교적 쉽게 출입할 수 있지만 임진강과 합류하는 지점이 멀지 않고 북한과의 거리도 가까워 얼마 전까지만 해도 철책을 치고 군이 경비를 섰다.

한강 하구 강변 습지인 이곳은 서해 바닷물과 한강의 민물이 만나는 기수역汽水域이다. 기수역은 바다와 만난 강물이 바닷물과 서로 섞여 소금의 농도가 다양하기 때문에 여러 가지 생물들이 산다. 장항습지에도 멸종위기 야생동물 아홉 종을 포함하여 총 427종의 야생생물이 서식하고 있는데 오랜 세월 사람이 출입하지 않아 생물이나 경관이 잘 보존된 덕분에 그 가치를 인정 받아 2021년 5월 국내에서는 24번째로 람사르 습지로 등록되었다.*

이 습지는 언제부터 여기에 있었던 걸까. 습지가 형성된 것은 썩 오래전 일이 아니다. 1929년 지도를 보면 오늘날 장항습지 인근은 신평리였다. 신평리는

---

* 환경부, '고양 장항습지, 우리나라 24번째 '람사르 습지'로 등록' 보도자료, 2021. 5. 21.

일산대교 근처에서 본 장항습지 전경. 왼쪽으로 일산 시내가 보인다. 고양시.

주위에 물길이 있는 완전한 형태의 섬이었다. 지도에는 행주산성에서 한강 하류 쪽 방향으로 설치 예정인 제방 계획선을 표시했다. 붉은 점선 부분이다. 실제 제방은 1930년대 초에 설치한 것으로 보인다. 1935년 지도에는 신평리를 관통하여 설치한 제방을 검은 선으로 뚜렷하게 표시했다. 지금 같은 습지는 보이지 않는다.

이전에는, 이곳에는 섬이 있었네

1910~1930년대 지도에 표시한 신평리는 약 2.43제곱킬로미터(73만 5,000평)로 상당히 큰 규모이다. 오늘날 여의도 면적보다 조금 작은 규모다. 길이는 약

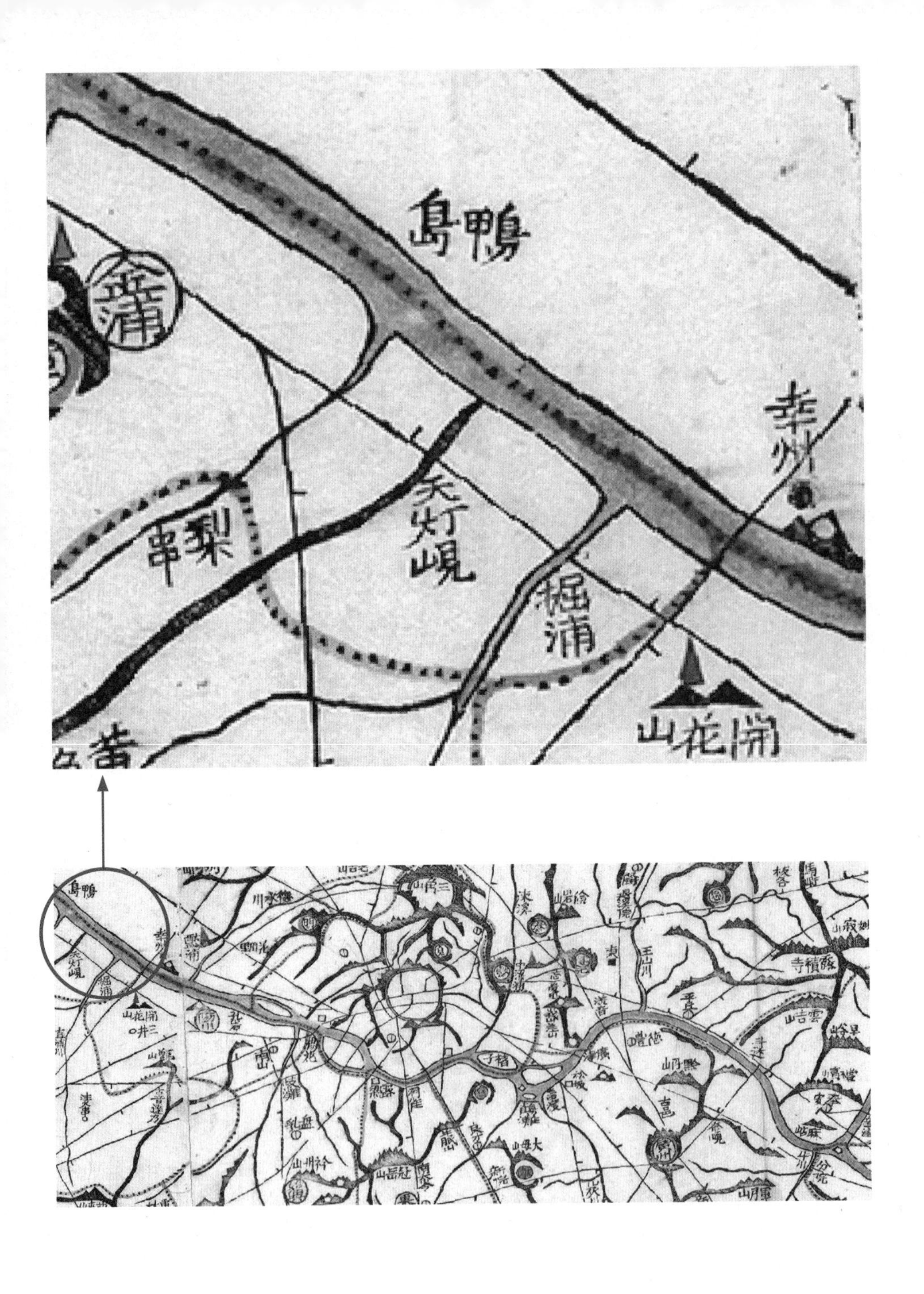

1861년 제작한 『대동여지도』에는 장항습지 근처에 특별한 표시없이 일반적인 강의 모습이 표시되어 있다.

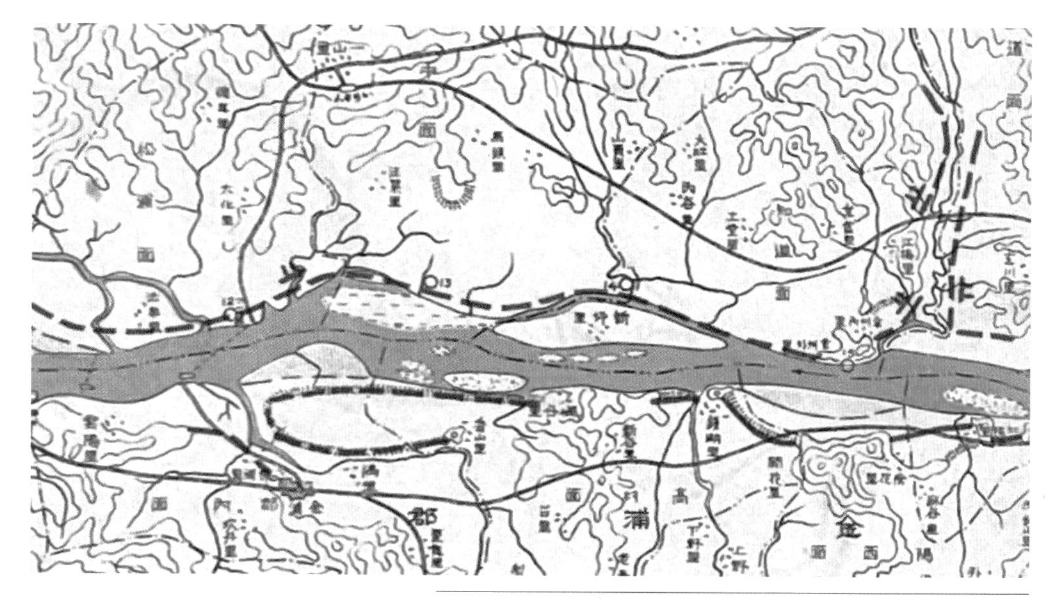

1929년 당시 지도에 신평리라고 표시한 곳이 오늘날 장항습지 인근이다.
붉은 점선으로 제방 계획선을 표시하고 있다. 조선총독부, 『조선하천조사서』, 1929.

1935년 당시 지도에 신평리 인근에 검은 선으로 표시한 제방. 1929년 계획과는 다르게 섬을 관통하여 설치한 것으로 보인다. 조선총독부, 『1935년 조선직할하천공사연보』, 1938.

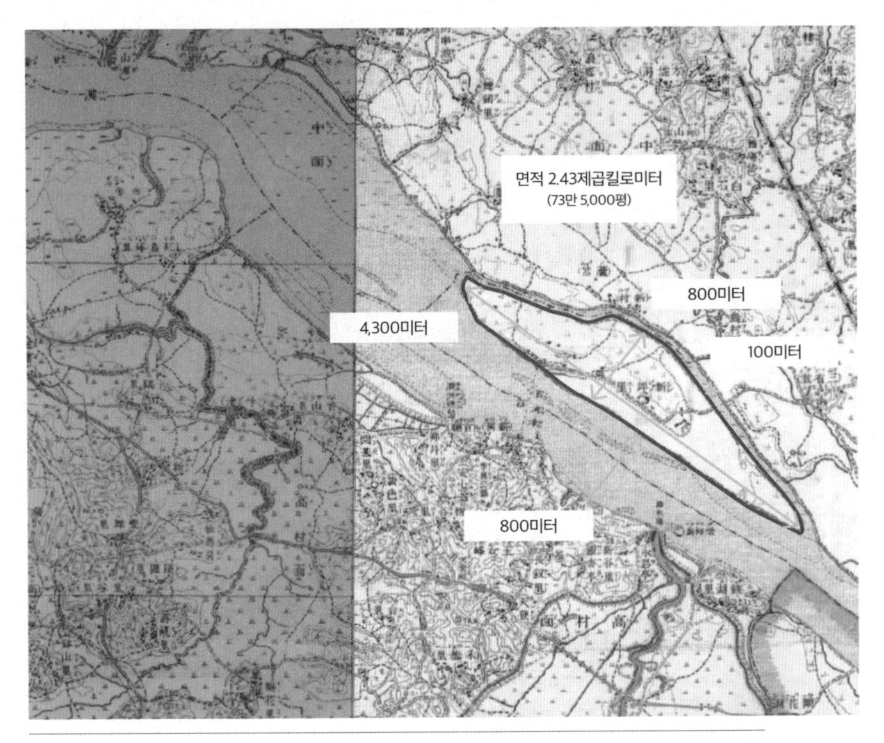

1910~1930년대 장항습지 인근 지도. 오늘날 장항습지 인근에 큰 섬이 있고 신평리라고 표시하고 있다.

4,300미터, 폭은 약 800미터였다. 해발 표고는 7미터로 표시했고 민가와 농지도 있다. 인근 한강의 수심은 8.5미터로 표시했다. 지도에서 측정한 한강 하폭은 약 800미터, 신평리 쪽 샛강의 폭은 약 100미터이다. 여의도, 난지도, 잠실도 등과 함께 한강의 큰 섬 중 하나였다.

1930년대 초 섬을 관통하는 제방 건설 이후 이 부근의 지형은 크게 변화한 듯하다. 1969년 항공사진을 보면 신평리는 사라지고 그 하류 쪽에 길이 약 4.2킬로미터, 폭 약 500미터, 넓이 약 1.93제곱킬로미터(58만 4,000평)의 하중도가 보인다. 섬 양쪽 한강의 수면 폭은 각각 400미터 정도이다. 1930년대 이전에 있던 신평리에 비해 크기가 조금 작다. 위치가 달라지긴 했지만 기존 섬이 없어지면서 새로운 섬이 생긴 것으로, 인공적인 제방 축조가 하구 지형 변화에 크게 영향

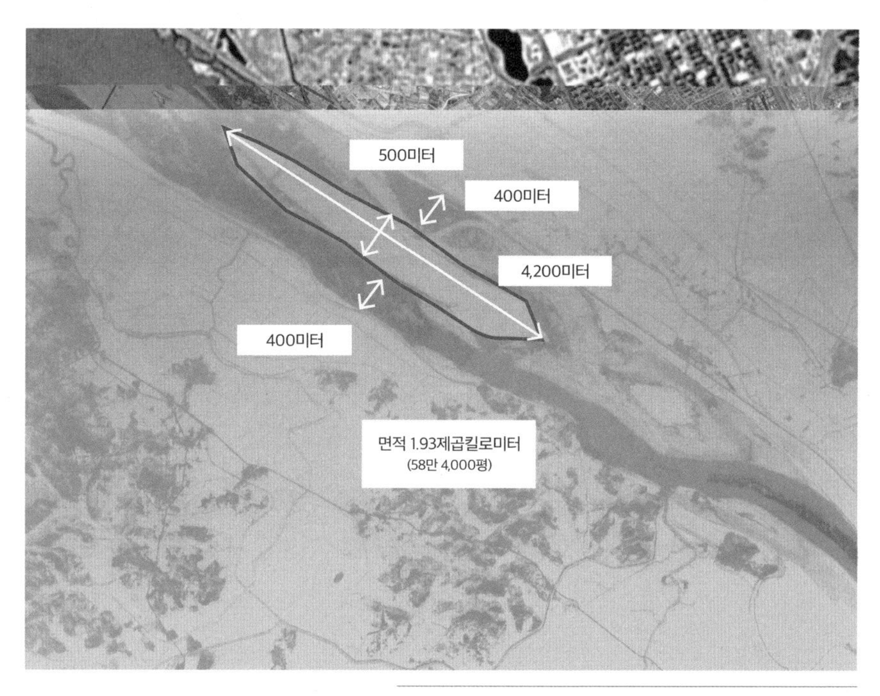

1969년 당시 장항습지 인근 항공사진. 1930년대 초 제방 건설로 기존 섬은 사라지고 하류 쪽에 하중도가 새로 만들어졌다.

1973~1974년 당시 장항습지 인근 항공사진. 1969년에 비해 일부 형태는 변했지만 하중도는 남아 있다.

을 미친 것으로 보인다. 1973~1974년 항공사진에도 하중도는 여전히 남아 있고 일부는 농경지가 되었다.

1982년 하중도 일부만 촬영한 항공사진에 의하면 섬 대부분을 농경지로 이용하고 있음을 짐작할 수 있다. 1984년 12월 11일 촬영한 항공사진에는 대부분 농경지가 유실되어 사라지고 모래가 차지하고 있는데 1984년 일어난 홍수 영향으로 보인다. 1910~1930년대 섬의 해발 표고가 7미터였던 점을 고려하면 홍수의 규모가 매우 컸고, 그로 인해 농경지가 유실된 것을 짐작할 수 있다. 1986년 항공사진에서는 다시 모래가 쌓이고 있다.

1991년 항공사진에는 1990년 대홍수로 인해 하중도가 상당 부분 유실된 것으로 나타난다. 대부분 모래로 이루어져 홍수 때 쉽게 유실된 것이다. 이 사진에서 뚜렷하게 드러나는 것은 일산 쪽 강변의 준설 작업이다. 그 이전까지는 군이 관리하는 지역적 특성으로 인해 쉽게 준설할 수 없었으나 일산 신도시 개발이 시작되면서 준설이 본격화된 것으로 보인다. 1988년 신곡 수중보가 완공되었지만 이때까지는 큰 영향이 나타나지는 않고 있다. 1992년 항공사진에는 준설로 인해 하중도의 면적이 줄어들었고 준설이 광범위하게 진행되고 있는 것이 보인다. 한강 우안 쪽으로 일부 퇴적이 진행되고 있다. 1993년에는 준설이 광범위하게 진행되어 하중도의 면적이 크게 줄어들어 섬의 형태가 사라지고 있다.

1995년이 되면 완전히 다른 모습이 나타난다. 하중도는 거의 사라져 1969년에 비해 7퍼센트에 해당하는 약 0.14제곱킬로미터(4만 2,000평)만 남아 있다. 반면 오늘날 장항습지 위치에 광범위하게 퇴적이 발생하고 있다. 습지가 만들어지고 있는 것이다. 따라서 장항습지의 형성 시기는 1990년대 초반으로 볼 수 있다. 1997년에도 비슷한 현상이 이어지고 있다. 더 이상 준설을 진행하지 않지만 습지의 면적이 늘어나고 식생이 발생하고 있다. 2001년 하중도는 완전히 사라지고, 습지는 어느덧 안정화 단계에 접어들고 있다.

2011년 항공사진에는 오늘날과 비슷한 형태의 장항습지가 보인다. 장항습지의 길이는 약 5.1킬로미터, 너비는 약 450미터, 면적은 약 1.78제곱킬로미터

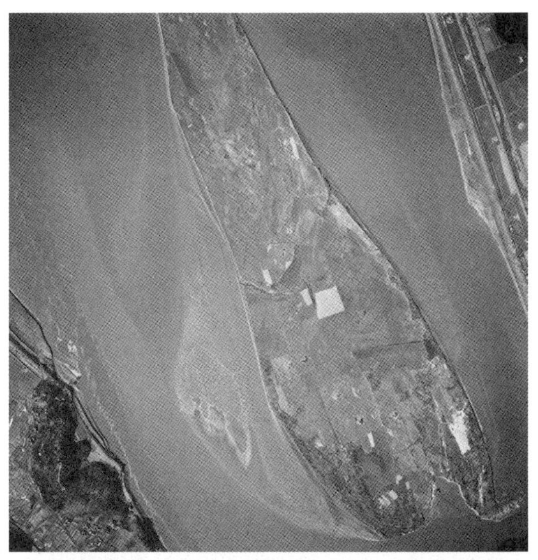

1982년 당시 장항습지 인근 항공사진.
하중도는 대부분 경작지였다.

1984년 12월 11일 당시
장항습지 인근 항공사진. 1984년 대홍수로 인해
하중도 농경지 대부분이 유실되었다.

1986년 당시 장항습지 인근 항공사진.
인근에 모래가 점점 쌓이고 있다.

1991년 당시 장항습지 인근 항공사진. 1990년 홍수로 하중도는 상당 부분 유실되었다. 한강 우안에서는 준설을 진행하고 있다.

1992년 당시 장항습지 인근 항공사진. 1991년에 비해 준설로 인해 하중도의 크기가 줄어들었다. 준설은 이어지고, 반원 형태의 퇴적도 이어지고 있다.

1993년 당시 장항습지 인근 항공사진. 이어지는 준설로 하중도의 면적은 크게 줄어들었다.

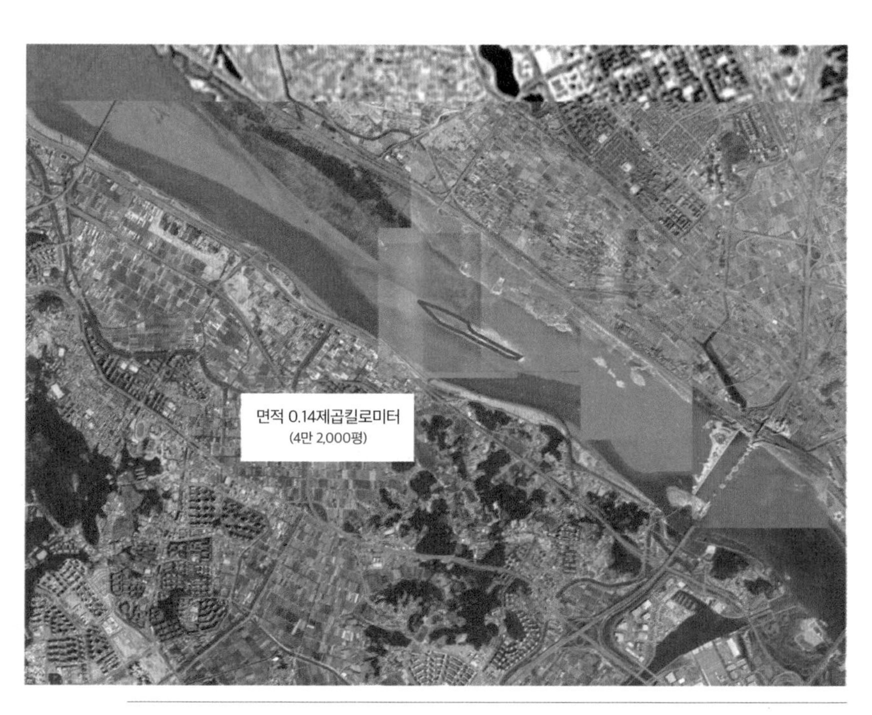

1995년 당시 장항습지 인근 항공사진. 하중도는 거의 남아 있지 않고 넓은 면적의 퇴적이 이루어졌다.

1997년 당시 장항습지 인근 항공사진. 하중도는 일부만 남아 있고 습지가 형성되고 있다.
준설은 거의 마무리한 상태다.

2001년 당시 장항습지 인근 항공사진. 하중도는 완전히 사라졌고, 습지가 형성되고 있다.

장항습지 인근의 변화(단위 : 미터 및 제곱킬로미터)

명칭	신평리 섬	하중도	장항습지	
연도	1910~1930	1969	2011	2022
면적	2.43	1.93	1.78	3.57
길이	4,300	4,200	5,100	5,700
폭	800	500	450	800

* 장항습지의 면적과 길이는 일산대교와 신곡 수중보 사이에서 수면 위에 드러난 지역만을 대상으로 한 것으로 수면을 포함하고 있는 장항습지 공식 자료와는 차이가 있다.

(54만 평)로 1969년 하중도와 비슷한 규모이다. 공교롭게도 하중도가 사라지면서 비슷한 크기의 장항습지가 새롭게 형성된 것이다. 준설로 인해 하중도는 인위적으로 사라졌지만 그에 대응하기라도 하듯 장항습지가 자연적으로 생겨난 것이다. 2022년에는 장항습지의 면적이 크게 증가하여 3.57제곱킬로미터(108만 평)가 된다. 길이는 5.7킬로미터, 너비는 800미터로 늘어난다. 면적과 너비가 2011년에 비해 약 두 배 정도 증가했다. 이에 따라 2011년 약 1,100미터이던 수면 폭은 약 700미터로 줄어든다.

1910~1930년 지도와 오늘날의 사진을 비교해 보면 장항습지 인근의 하천 지형이 크게 변화한 것을 알 수 있다. 1910~1930년대 신평리는 오늘날 신곡 수중보와 장항습지를 포함한 넓은 지역을 차지했다. 그랬던 신평리는 하중도를 거쳐 장항습지가 되었다. 신평리가 사라지면서 1969년 당시 사진 속에 하중도가 모습을 드러냈다. 하지만 하중도도 오늘날 볼 수 없다. 1984년과 1990년 대홍수를 거치면서 점차 유실되더니, 1990년 초부터 하중도와 그 인근에 준설을 진행하자 1990년대 말 완전히 사라졌다. 하중도가 사라지면서 1995년 무렵부터 장항습지가 점차 생겨나기 시작했고, 2000년대 초 오늘날과 비슷한 모습이 만들어졌다. 원래 한강이던 오늘날 킨텍스 IC 인근은 1930년대 제방 건설 이후 주변 지형이 크게 변화한 결과다.

장항습지 지역 하천의 변화는 단면도에서도 뚜렷하게 드러난다. 1963년

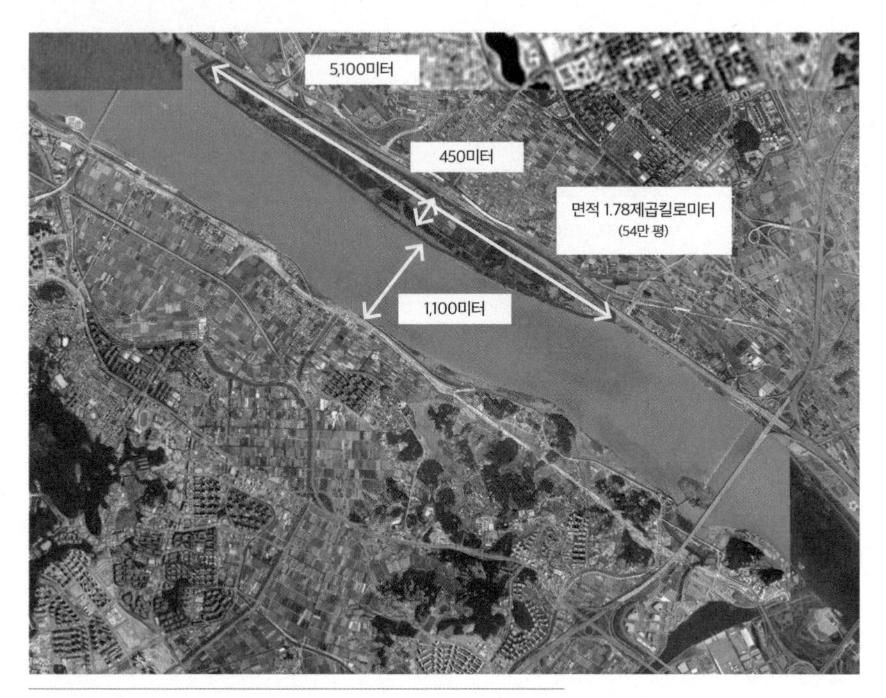

2011년 당시 장항습지 인근 항공사진. 오늘날과 비슷한 습지가 형성되었다.

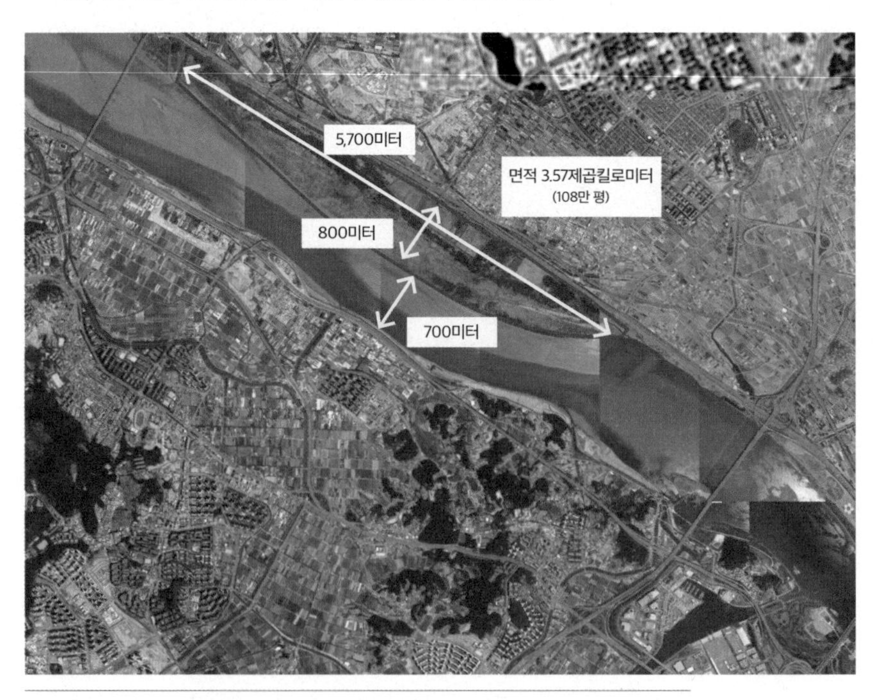

2022년 당시 장항습지 인근 항공사진. 2011년에 비해 습지의 폭과 면적이 약 두 배 늘어났다.

단면에서는 한강 중앙의 하중도가 뚜렷하고 강 양쪽으로 물이 나뉘어 흘렀다. 2018년 단면에서는 전혀 다른 모습인데 하중도는 없어지고 중앙부와 왼쪽 부분에 깊게 물길이 형성되어 있다. 오른쪽으로는 장항습지가 높게 형성되어 있다. 평상시에 형성되는 수위는 장항습지보다 훨씬 낮다. 장항습지 지역의 해발 표고가 높은 곳은 약 5.7미터로 나타나고, 습지의 폭은 약 400미터이다.

이처럼 원래 있던 신평리가 1930년대 초 제방 건설로 사라지면서 비슷한 크기의 하중도가 한강 가운데 자연스럽게 생겨났다. 1990년대 하중도가 준설되어 사라지면서 비슷한 규모로 강가에 자연스럽게 생겨난 것이 장항습지다. 인위적인 변화에 대응하는 강의 반응을 잘 보여주는 사례이다. 제방 건설이나 준설 등 외부 요인에 대응하기 위해 강은 스스로 적응의 과정을 거친다.

1930년대 신평리 섬에 제방을 쌓으면서 한강에 하중도 같은 큰 섬이 생길 거라고 누구도 생각하지 못했다. 신평리 섬은 육지가 되었는데 그걸 대신하기라도 하듯 한강 중앙에 하중도가 생겼으니 인간이 없앤 섬을 대신하여 자연이 다른 섬을 새롭게 만들었다고 볼 수 있겠다.

1990년대 하중도를 준설하면서도 장항습지가 생길 것이라고 아무도 예측하지 못했다. 이 퇴적지에 버드나무가 자라서 숲이 되리라고, 숲이 점점 커져서 습지로 발전하리라고, 2011~2022년 사이에 이 습지의 면적이 두 배로 커질 거라고 누구도 예측하지 못했다. 인간이 없앤 하중도를 대신해 자연은 이전에 없던 장항습지를 만들어냈다. 장항습지는 어떻게 생긴 걸까.

① 하구 특성상 쉽게 퇴적이 발생할 수 있었다. 1969년 항공사진에 나타나는 하중도가 생긴 것도 같은 이유라고 할 수 있다.

② 1990년대 하중도 준설로 강 중앙 부분으로 주 흐름이 형성되었고, 그로 인해 유속이 빨라진 반면 강변 쪽에는 유속이 낮아져 퇴적이 발생했다.

③ 식생의 발달이다. 퇴적이 발생한 장항습지 지역에 일정 기간 물이 넘치지 않으면서 식생이 정착했다. 한번 정착한 식생은 홍수에도 쉽게

1910~1930년대 한강과 신평리(노란선), 오늘날 장항습지(붉은선)를 비교해 보면 신평리와 장항습지가 일부 겹친다. 오늘날 킨텍스IC 일대는 원래 한강이었다.

1969년의 하중도(초록선)와 오늘날 장항습지(붉은선)를 비교해 보면 1969년 하중도가 사라지면서 기존 하중도보다 큰 장항습지가 새로 생겨났음을 알 수 있다.

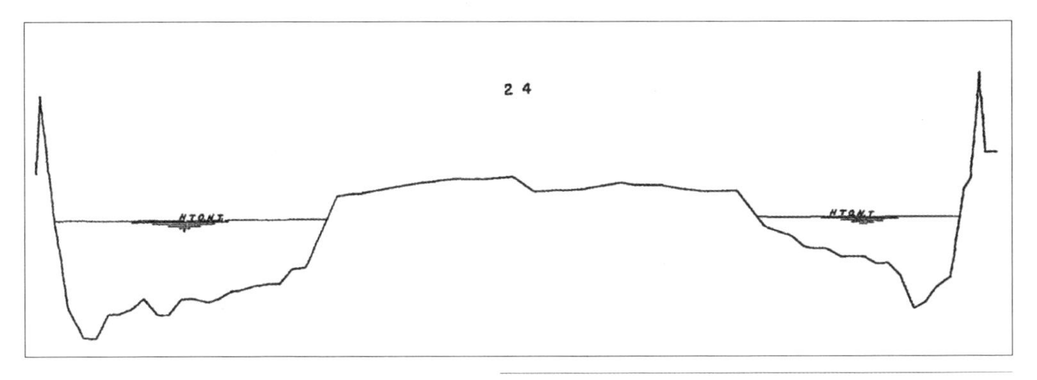

1963년 당시 장항습지 인근 하천 단면을 보면 강 중앙에 섬이 있었고
좌우로 물이 나누어져 흘렀다. 건설부, 『한강하상변동조사보고서』, 1963.

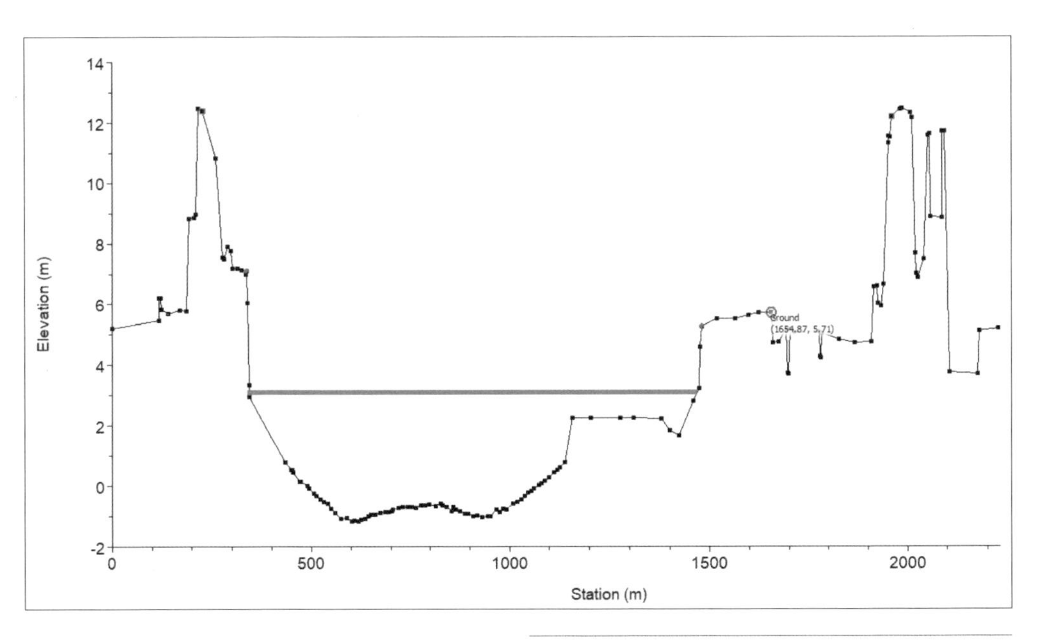

2018년 장항습지 지점의 한강 단면도를 보면 1963년과
전혀 다른 형태가 나타나고, 오른쪽에 장항습지가 높게 나타나 있다.
국토교통부, 『한강(팔당댐~하구) 하천기본계획(변경) 보고서』, 2020.

쓸려 내려가지 않아 숲의 형태로 장항습지가 조성되었다. 하중도 준설로 섬이 사라지지 않았다면 장항습지는 생기지 않았을 것이다.

오늘날 이곳이 습지로서 긍정적인 기능을 하고 있지만 그 탄생이 준설로 인한 부작용의 결과라는 것은 아이러니하다. 오늘날의 장항습지와 그 이전에 존재했던 하중도 가운데 어느 쪽이 더 바람직했을까, 하는 부분은 판단이 필요하다. 더 거슬러 올라가 하중도 이전에 신평리가 있었던 걸 생각하면 그 역시도 판단이 필요하다. 장항습지의 면적이 갈수록 넓어지는 것에 대한 판단도 빠질 수 없다. 제대로 된 판단을 위해서는 가장 자연스러운 모습, 원래 모습을 아는 것, 나아가 존중하는 것이 필요하고 중요하다. 강에 인위적인 변형을 가하면 강은 이에 따라 새로운 형태로 적응하거나 변화한다. 연쇄적으로 변형이 이어진다. 변형에 변형을 거듭하면 원래의 모습은 사라진다. 자연적으로 이루어진다면 자연스러운 과정으로 받아들이겠지만 인위적인 변형이라면 달리 생각해야 한다. 인위적 변형 이전의 원래 모습으로 돌아가는 것이 복원이다. 그러자면 원래의 모습, 원형을 알아야 한다.

신곡 수중보, 한강을 단절시키다

무엇을 위한 수중보였을까

한강에는 두 개의 수중보水中洑가 있다. 잠실대교 아래 잠실 수중보와 김포대교 아래 신곡 수중보다. 수중보는 물속에 설치한 둑으로 하천 수위를 확보하기 위해 만든다. 물속에 있어 보가 있다는 것이 잘 드러나지는 않아도 강을 가로질러 만든 구조물이기 때문에 강물의 흐름을 방해하고 물고기 등 생물의 이동을 차단하는 악영향이 있다. 작은 하천에는 농업용수 등을 취수할 목적으로 보를 설치하지만 한강 같은 대하천에서는 많이 설치하지 않는다.

신곡 수중보는 한강을 횡단하는 길이 1,007미터의 수중 구조물로, 1988년에 설치했다. 한강종합개발사업의 대규모 준설로 평상시 한강의 수위가 1~2미터 낮아지면 취수장에서 물을 취수할 수 없다. 하천 주변 지하수위가 낮아지고 교각 등 하천 구조물의 기초도 노출된다. 서해 조석으로 인한 염수의 역류도 발생한다. 이런 부작용을 방지하기 위해서였다. 이유는 또 있었다. 선박 운행이다. 낮아진 수위를 높여 배도 다니게 하는 것이 목적이었다. 신곡 수중보 규모는 유람선 등 선박 운행에 필요한 수심 2.5미터를 확보하기 위해 최상단 높이를 해발 2.4미터로 결정했다.

신곡 수중보에서는 특이한 물의 흐름을 볼 수 있다. 거꾸로 흐르는 물의 흐

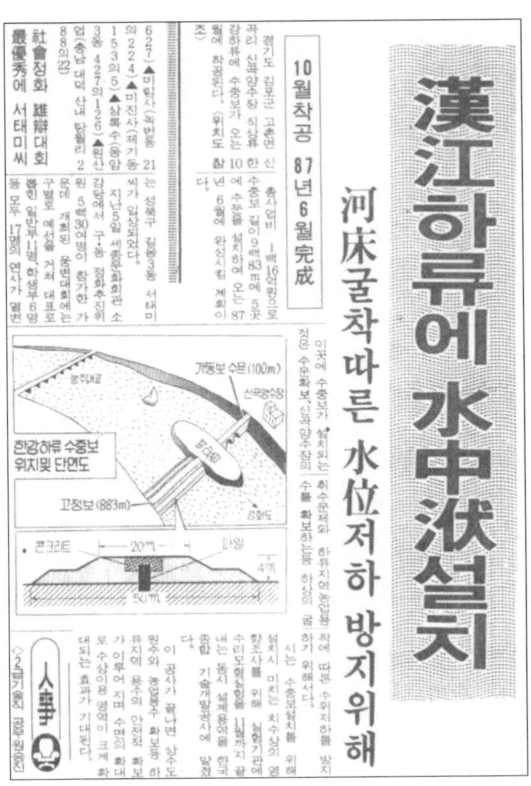

漢江하류에 水中洑설치

河床굴착따른 水位저하 방지위해

10월착공 87년6월完成

경기도 김포군 고촌면 신곡리 신곡양수장 직상류 한강하류에 수중보가 오는 10월에 착공된다.〈위치도 참조〉

총사업비 1백16억원으로 수중보 길이 9백83m에 5곳에 수문을 설치하여 오는 87년 6월에 완성시킬 계획이다.

이곳에 수중보가 설치되는 것은 수운확보, 신곡양수장의 취수문제와 하류지역 농업용수를 확보하는등 하상의 굴착에 따른 수위저하를 방지하기 위해서다.

시는 수중보설치를 위해 설치시 미치는 치수상의 영향조사를 위해 실험기관에 수리모형실험을 11월까지 끝내는 동시 설계용역을 한국종합 기술개발공사에 맡겼다.

이 공사가 끝나면 상수도원수와 농업용수 확보등 하류지역 용수의 안전적 확보가 이루어 지며 수면의 확대로 수상이용 영역이 크게 확대되는 효과가 기대된다.

…627)▲미림사(녹번동 21의224)▲미진사(제기동 153의5)▲삼복수(용암3동 427의126)▲원산업(충남 대덕 산내 탑립리 288의22)

社會정화 雄辯대회
最優秀에 서태미씨

…는 성북구 길음3동 서태미씨가 입상되었다.

지난5일 세종문화회관 소강당에서 구·동 정화추진위원 5백30여명이 참가한 가운데 개최된 웅변대회에는 구별로 예선을 거쳐 대표로 뽑힌 일반부11명, 학생부6명 등 모두 17명의 연사가 열변…

人事

◇2급기술직 공무원승진

1985년 9월 11일 신곡 수중보 설치 관련 보도. 하상 굴착에 따른 수위 저하를 방지하기 위해 신곡 수중보를 설치한다는 내용이다. 서울시, 서울시보 제131호.

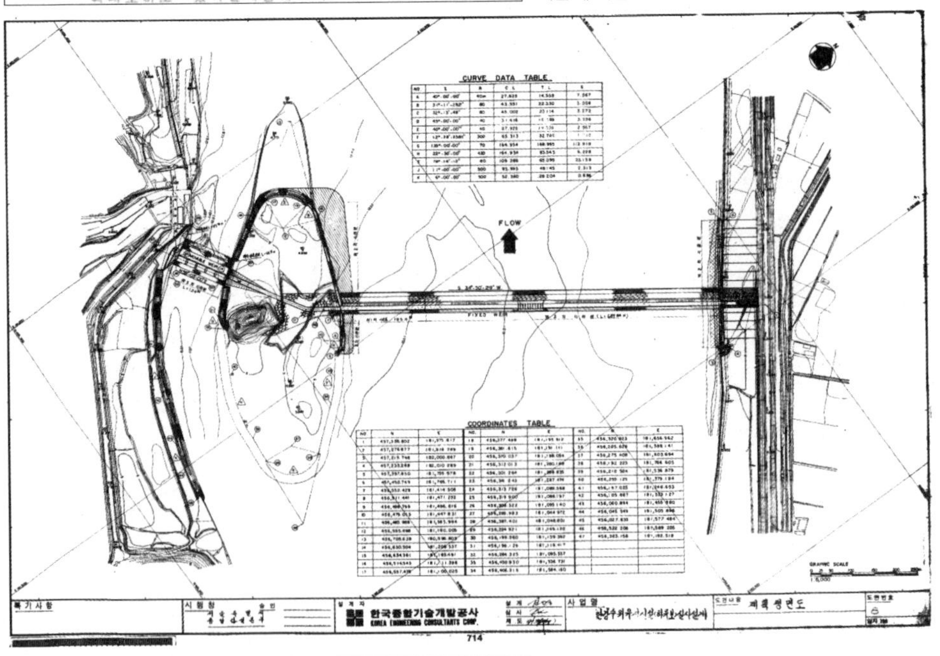

신곡 수중보 준공 당시 평면도. 서울시, 『한강종합개발사업준공도』, 1987.

신곡 수중보를 넘어가는 강물. 보로 인해 강 흐름은 단절되고, 보 아래쪽 생물들은 위쪽으로 이동할 수 없다. ©김원

름을 수시로 볼 수 있다. 서해 조위가 간조일 때 강물은 서울에서 서해로 흐른다. 하지만 만조가 되면 서해에서 서울 쪽으로 흐른다. 만조가 크면 여의도와 한강대교에서도 거꾸로 흐르는 물의 흐름을 관찰할 수 있다.

신곡 수중보는 1985년 12월 설치 공사를 시작했다. 그런데 공사를 위한 기본계획 및 실시설계 보고서는 1986년 2월에 발간했다. 최종 설계보고서가 나오기도 전에 공사를 시작한 것이다. 1985년 12월 2일 항공사진을 통해 가물막이 공사를 이미 절반 정도 진행한 것을 알 수 있다. 실제 공사 시작은 공식적으로 알려진 것보다 더 일렀던 것으로 보인다. 얼마나 무리하게 추진한 것인지 알 수 있다.

신곡 수중보 고정보와 가동보 연결 지점에 백마도가 있다. 1910~1930년대 지도에는 오류도라고 나와 있다. 오류도 옆에는 김포평야에 농업용수를 공급하

한강의 강물이 하류에서 상류로, 신곡 수중보 위를 지나 거꾸로 흐르고 있다. ©김원

만조가 클 경우 물 흐름에 단차가 발생, 서울 쪽으로 강물이 빠르게 이동하는 모습을 볼 수 있다. 장항 IC 인근이다. ©김원

기 위한 양수장이 있었다. 그때만 해도 반대편 고양 쪽 신평리 섬에서 한강 물길이 본류와 샛강으로 나뉘어 흐르고 있었다. 1947년 항공사진을 보면 신평리 섬은 이미 사라지고 고양 쪽에 제방을 건설한 모습이 보인다. 백마도가 작지만 뚜렷하게 보인다. 1969년에는 한강 중앙에 큰 모래톱이 생겼다. 하중도처럼 보인다.

1984년에는 백마도 인근으로 모래가 쌓여 섬이 이전에 비해 더 커 보인다. 1969년과는 전혀 다른 모습이다. 오늘날의 백마도 모습과도 다르다.

신곡 수중보 설치를 위한 계획을 담은 보고서. 이 보고서는 1986년 2월에 발간되는데 실제 공사는 1985년 12월에 이미 진행하고 있었다. 서울시.

앞서 말했듯 신곡 수중보 설치 공사는 1985년 12월 시작했다고 하는데 12월 2일 항공사진에는 물막이 공사를 이미 절반 정도 진행한 것으로 보이고, 백마도에는 매립이 이루어져 1984년과는 다른 모습이다. 공사를 시작한 뒤 1년이 지난 1986년 12월에는 고정보 공사를 거의 완료했는데 당시 수면에는 단차가 생기고 있다.

1992년 항공사진을 보면 수중보를 운영하고 있음을 알 수 있다. 수중보로 인해 상·하류 수면에 단차가 발생하고 이에 따른 물결이 형성되고 있다. 2020년 항공사진을 보면 수중보로 인한 물결의 모습은 거의 나타나지 않는다. 서해 조석으로 인해 수위가 상승하면서 나타나는 현상이다.

신곡 수중보 지점의 한강 단면을 보면 큰 면적을 수중보 구조물이 차지하고 있음을 알 수 있다. 좌측(남쪽)에는 가동보가 설치되어 있고 우측에는 고정보가 표고 2.4미터로 설치되어 있다. 한강을 가로막아 흐름에 큰 영향을 미치고 있다.

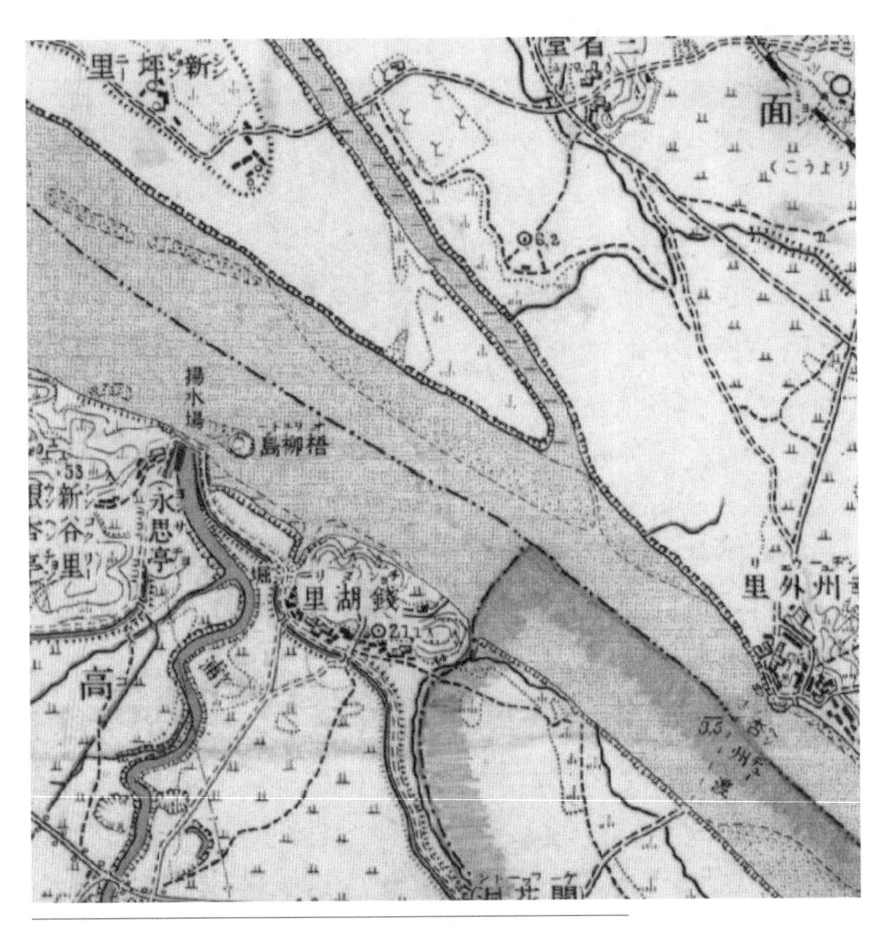

1910~1930년대 신곡 수중보 인근 지도에는 오늘날 백마도를 오류도라고 표기했다.

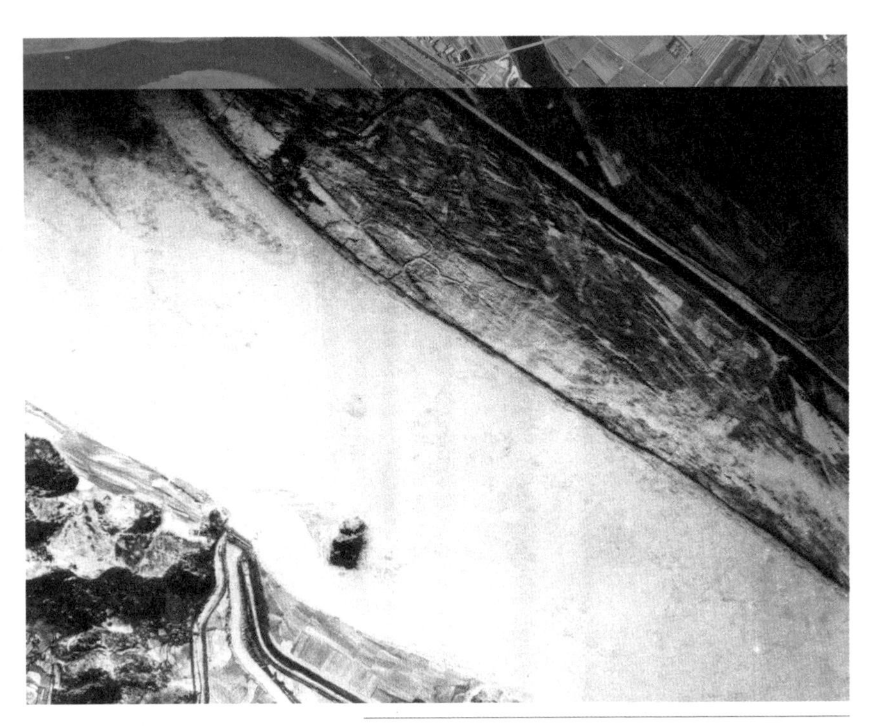

1947년 당시 신곡 수중보 인근 항공사진. 백마도만 뚜렷하게 보인다.

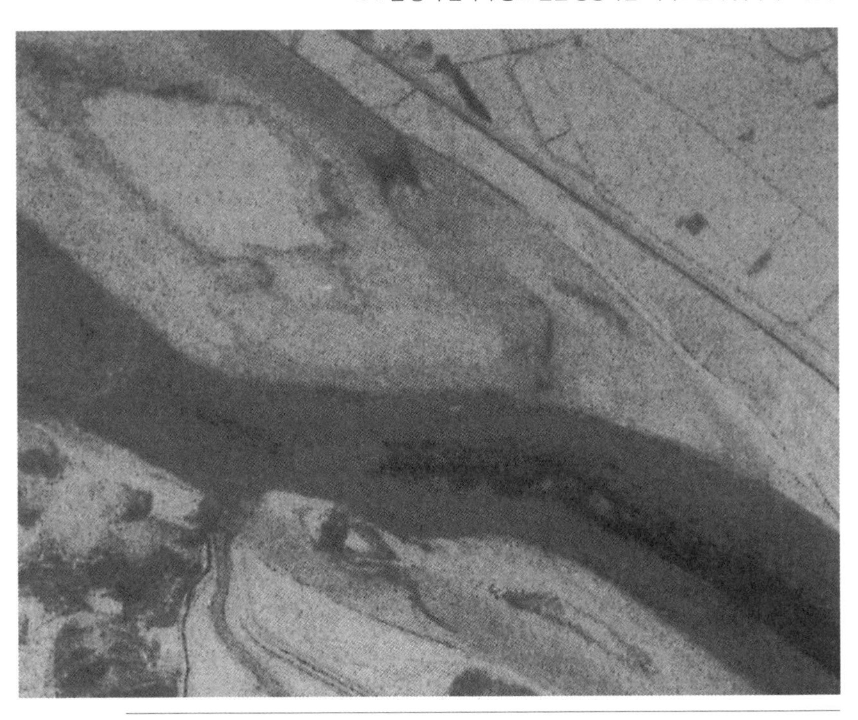

1969년 당시 신곡 수중보 인근 항공사진. 신평리가 사라지면서 신곡 수중보 지점에 모래톱이 생겼다.

1984년 당시 신곡 수중보 인근 항공사진. 백마도 인근으로 모래톱이 생겼다.
1969년에 비해 크게 달라진 모습이다.

1985년 12월 2일 당시 신곡 수중보 인근 항공사진. 신곡 수중보 건설을 위한 물막이 공사가 진행 중이다.

1986년 12월 2일 당시 신곡 수중보 인근 항공사진. 신곡 수중보를 건설하고 있다.

1992년 당시 신곡 수중보 인근 항공사진. 수중보로 인한 물결이 뚜렷하다.

2020년 신곡 수중보 인근 항공사진. 서해 조위의 영향에 따라 수중보의 낙차가 달라져 밀물 때는 물결이 없거나 작아진다.

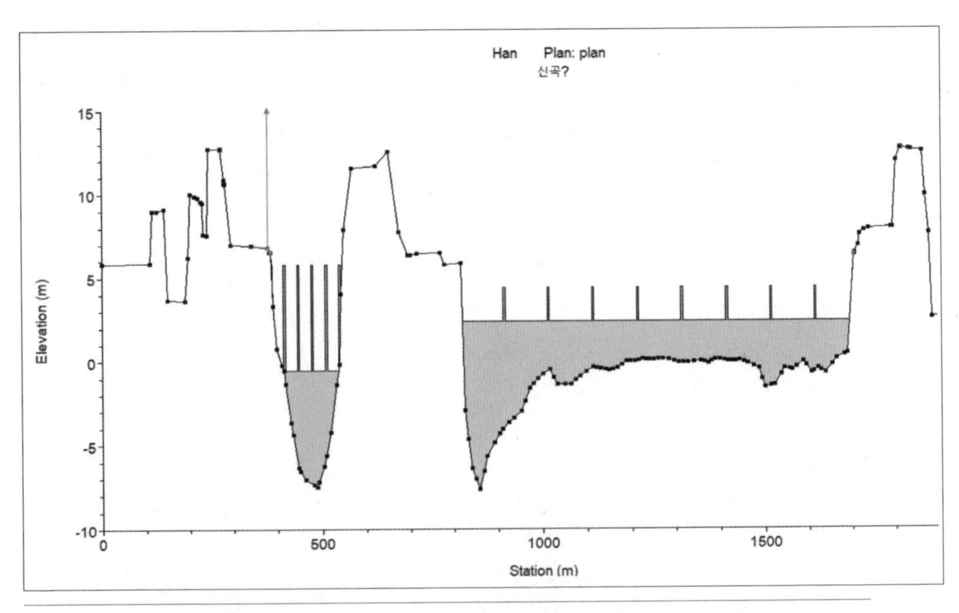

2018년 신곡 수중보 지점 단면도. 해발 표고 2.4미터의 고정보가 오른쪽(북쪽)에 설치되어 있고 왼쪽에 5개의 수문으로 이루어진 가동보가 설치되어 있다. 국토교통부, 『한강(팔당댐~하구) 하천기본계획(변경) 보고서』, 2020.

무리한 출발, 현재 진행형인 부작용

신곡 수중보는 1988년 6월 준공 직후부터 문제점이 드러났다. 1988년 6월 8일 『동아일보』는 '한강 썩이는 행주 수중보'라는 제목으로 '수중보 설치로 인해 수위가 높아지고 유속이 느려져 한강이 급속하게 오염되고 있다'는 기사를 실었다. '강물의 흐름을 막아 한강이 폐수장화되었고 이에 따라 물고기가 떼죽음을 당했는데 환경영향평가를 하지 않고 주먹구구식으로 건설한 신곡 수중보 때문'이라고 했다. 충분한 검토 없이 강에 손을 댄 결과였다.

낙동강, 금강, 영산강에는 농업용수 확보를 위해 하굿둑을 설치했으나 한강 하구에는 이를 설치하지 않았다. 하굿둑은 바닷물이 강으로 들어오는 것을 막기 위해 강 하구에 설치하는 구조물이다. 따로 하굿둑이 없어서 한강 하구는 바닷물이 흘러들어온다. 그 때문에 하루 두 번씩 서해 바닷물이 한강으로 역류하고 있다. 이로써 바닷물과 민물이 섞이는 기수역이 형성된다. 물만 역류하고 섞이는 것이 아니라 물속 생물도 물을 따라 이동하면서 많은 하구河口 생물이 함께 살고 있다. 서해 조석의 영향은 서울 여의도까지 미친다.

강물이 바다로 흘러들어가는 어귀인 하구 지역에 설치한 신곡 수중보는 바로 이 한강 하구를 가로막고 있다. 강물의 흐름을 방해하고 생물의 이동을 차단한다. 서해의 회유성回游性 어류들이 한강을 거슬러 올라갈 수 없게 만든다. 신곡 수중보 설치 이후 지금까지 서해와 한강 생태계의 단절은 계속 이어지고 있다.

신곡 수중보가 단절시킨 건 또 있다. 애초에 수중보를 만들 때 선박 운행 역시 그 목적 중 하나였다. 그로 인해 서울시 구간에서는 배가 다닐 수 있게 되었다. 하지만 서울과 김포 사이에서는 배가 다닐 수 없다. 수중보가 가로막고 있기 때문이다. 수중보는 이 구간에서는 선박의 통행을 돕기는커녕 오히려 가로막는 시설물이다.

신곡 수중보는 수중보 자체의 문제에 국한되지도 않는다. 신곡 수중보가 미치는 영향은 신곡 수중보 상류 전 구간이다. 잠실 수중보 직하류까지 영향을 미친다. 신곡 수중보 유무에 따라 서울시 구간의 한강 수위가 변화한다. 신곡 수중

아 일 보 1988年6月8日 水曜日 ① (日刊)

東亞日報

漢江 썩이는 幸州 수중보

122億들여 만든것 江물 흐름막아 下流는 廢水場化

환경영향 예측않고 건설한탓

汚水괴어 물고기떼죽음 惡臭

죽어가는 물고기 환경영향평가를 하지 않고 주먹구구식으로 건설된 한강수중보가 완공된이후 한강지천인 旭川동으로부터 흘러내린 폐수가 괴어 떼죽음을 한 물고기가 강중 오물과 뒤엉켜있는 원효대교부근 한강모습. <徐美洙기자>

원효대교 북단지역의 한강유람선 선착장부근에서 잡힌 물고기. 몸통및 지느러미 일부가 볼록 튀어나오거나 패이고 시커멓게 변색됐다. 이곳에서는 몸통이 굽은 기형어도 가끔 낚시에걸려 올라온다.

279

1988년 6월 8일 『동아일보』가 보도한
신곡 수중보로 인한 한강 수질 문제 관련 기사.

보는 비록 눈에 잘 보이지 않는 물속 구조물이지만, 설치 직후부터 오늘날까지 생태계·선박 운행·강 수위 등 한강 전체에 큰 영향을 미치고 있다. 이 문제를 그대로 두어야 할까? 앞으로도 이렇게 한강에 부정적인 영향을 미치는 것을 계속 보고만 있어야 할까. 원래의 한강 모습으로 복원하려는 시도를 시작해야 하지 않을까. 신곡 수중보의 미래, 한강의 미래를 위한 답은 과거에서, 원형에서 찾아야 한다.

창릉천 · 난지도

3장.

난지도, 쓰레기장으로, 다시 공원으로

난지도는 섬일까, 아닐까

난지도, 한강의 대표적인 섬이었던 곳

성산대교와 가양대교 사이 강변북로에는 하루 평균 25만 8,381대의 차량이 다닌다.* 전국 도시 고속도로 중 최다 교통량이다. 이곳을 다니는 이들 가운데 이곳이 원래 섬이었다는 걸 아는 이들은 얼마나 될까.

원래 이곳은 한강의 큰 섬이었다. 이름은 난지도였다. 난지蘭芝는 난초蘭草와 영지靈芝를 아울러 이르는 말로 상서롭고 아름답다는 뜻이다. 1861년 『대동여지도』를 비롯해 1930~1960년대 지도를 보면 난지도가 오랫동안 큰 섬으로 유지되어 왔음을 알 수 있다. 난지도를 둘러싸고 흐르는 난지천으로 지속적으로 물길이 흘렀다. 완전한 형태의 섬이었다. 홍제천과 불광천은 한강이 아닌 난지천으로 합류해서 흘렀다. 난지도는 여의도, 잠실도 등과 함께 한강의 대표적인 섬이었다.

오늘도 강변북로를 다니는 수많은 이들 가운데 강변북로와 나란히 있는 산이 쓰레기 더미라는 걸 아는 이들은 또 얼마나 될까. 서울시가 난지도에 쓰레기를 버리기 시작하면서 난지는 쓰레기장, 쓰레기 매립장의 이름이 되었다.

* 2023 서울특별시 교통량 조사 자료, 서울시.

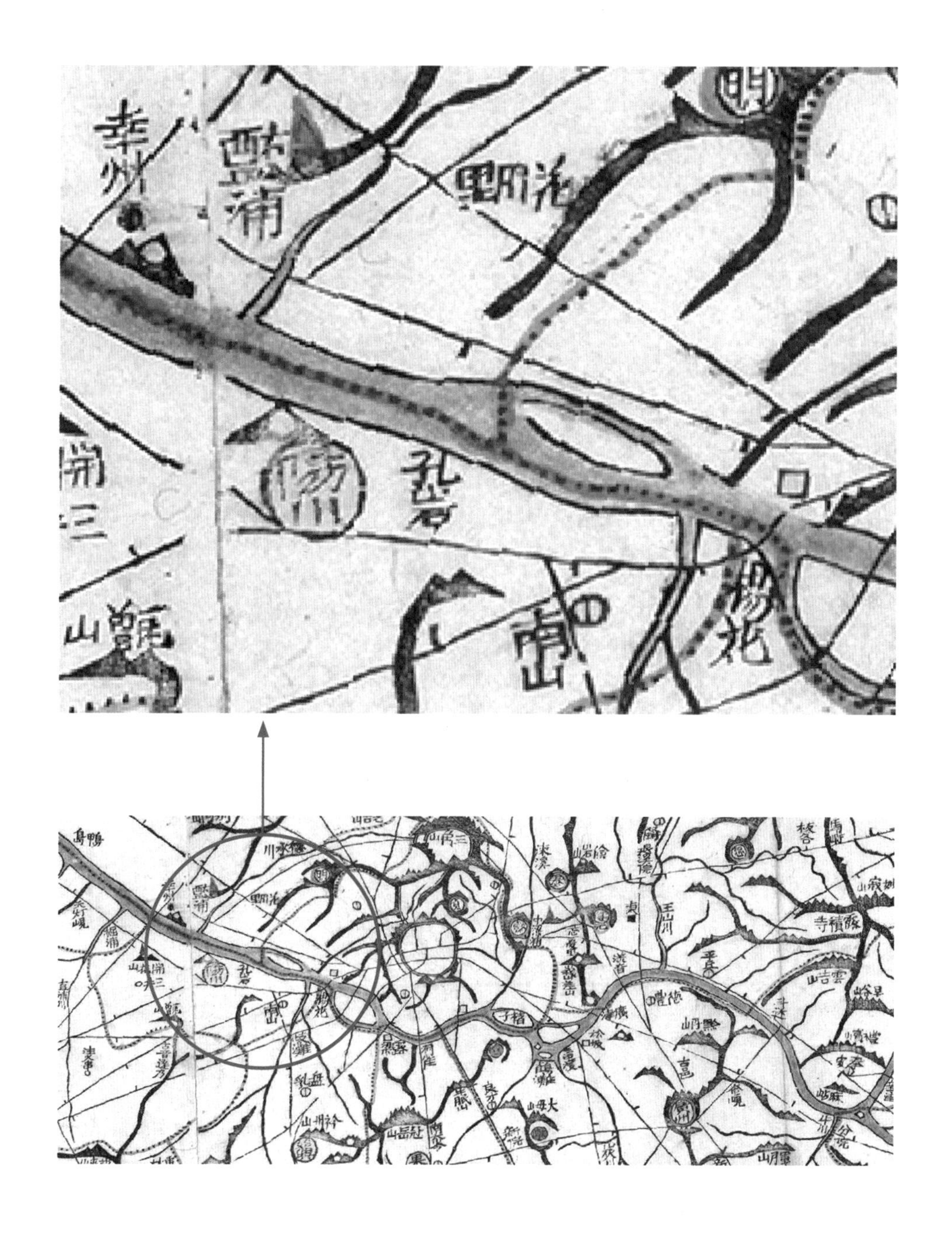

1861년 제작한 『대동여지도』 여의도 인근에 난지도를 뚜렷하게 표시했다.

1938년 경성 지도에 표시한 난지도와 그 일대. 난지도 규모가 꽤 크고
난지천도 폭이 상당히 넓었음을 알 수 있다. 서울역사박물관.

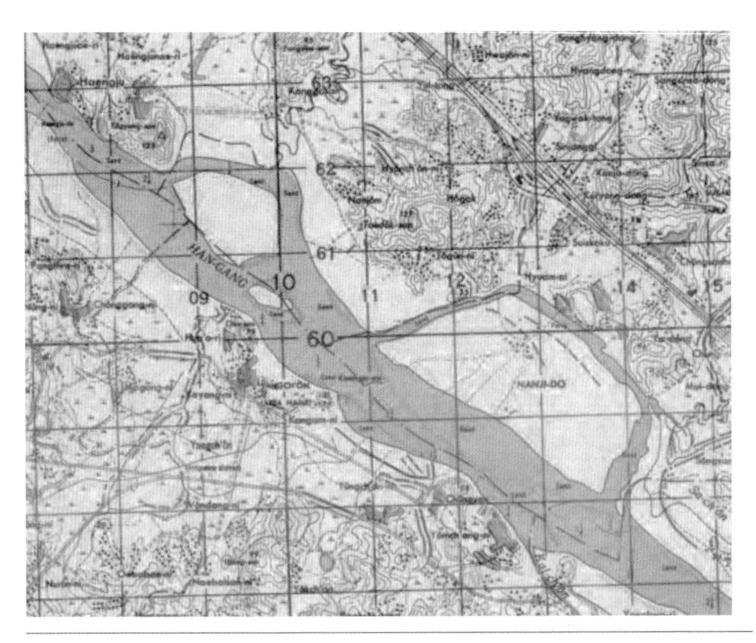

1951년 <경성도>에 표시한 난지도와 그 일대. 1930년대 지도에 비해 한강의 폭은 늘어났고
난지도와 난지천은 크기와 규모가 줄었다. 하류 쪽에는 1930년대 지도에 없던 섬 여러 개를 표시했다.
서울역사박물관, 『서울지도』, 2006.

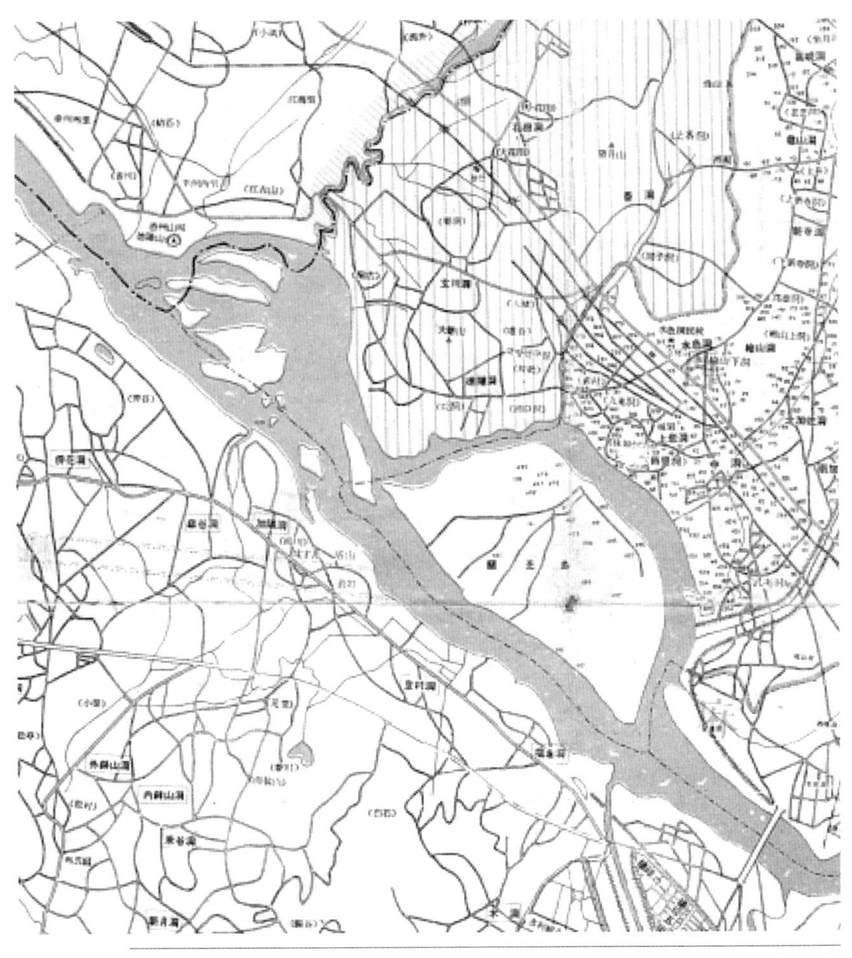

1966년 『최신 서울특별시 전도』. 1951년에 비해 난지도 모양이나 인근의 섬의 크기와 형태가 다르다.
서울역사박물관, 『서울지도』, 2006.

1960년대 중반 재첩잡이하는 난지도 아이들.
서울특별시사편찬위원회, 『사진으로 보는 서울 4. 다시 일어서는 서울(1961~1970)』, 2005.

1960년대 난지도 나루터. 배를 타야만 난지도에 들어갈 수 있었다.
서울시 건설안전본부, 『난지도 매립지 안정화 공사 건설지』, 2003.

1970년 쓰레기 매립 이전의 난지도. 서울시 건설안전본부, 『난지도 매립지 안정화 공사 건설지』, 2003.

쓰레기를 매립하기 전까지만 해도 난지도, 이 섬에는 70여 세대 주민들이 모여 살았다. 주로 땅콩과 수수를 재배했다. 젖소 등 가축을 기르기도 했다. 갈대가 무성하고 새들의 먹이가 되는 동식물이 풍부해 겨울이면 고니, 흰뺨검둥오리 등 수만 마리의 철새들이 몰려들었다.*

오늘날 난지도라는 이름은 남아 있지만 이곳은 더이상 섬이 아니다. 사방을 둘러싸고 흐르는 물길이 없으니 당연히 섬이 아니다. 있던 물길을 인공적으로 메워 섬이 아니게 만들었다. 섬이 아닌 난지도는 난지봉이라고 해야 하는 것 아닐까. 주위에 없던 물길을 인공적으로 만들어 선유봉은 선유도가 되었으니 말이다.

난지도 인근은 지형의 특성상 물의 흐름에 따라 변화가 큰 곳이다. 난지도뿐만 아니라 한강이나 난지천 수면 폭도 변화가 크고, 지도에서 섬으로 표시한 곳들의 지형 변화도 다양하다. 한강 하류 구간은 하천의 경사가 완만하여 모래

* 서울시 건설안전본부, 『난지도 매립지 안정화 공사 건설지』, 2003.

의 퇴적이나 강물에 의해 강바닥이 패는 세굴洗掘이 많이 나타나기 때문이다. 고정되지 않고 물의 흐름에 따라 쉽게 변화하는 지형 특성을 가지고 있다.

난지도가 사라졌다, 쓰레기 매립장이 되었다

오랜 세월 한강의 큰 섬으로서 그 위상을 지켰던 난지도는 어느 날 갑자기 사라졌다. 한강 하구부에 있는 섬이 지닌 가치에 대한 인식이 없던 시절의 일이었다. 섬은 버려진 곳, 마음대로 개발해도 되는 땅으로 여겨졌다. 환경적 가치는 고려조차 하지 않았다.

난지도 개발은 아무런 계획 없이 시작했다고 해도 과언이 아니다. 난지천이 사라지고, 불광천과 홍제천의 물길이 바뀌고, 난지도라는 거대한 섬이 사라지는 데 걸린 시간은 불과 몇 달이었다.

개발을 시작할 때만 해도 이곳을 쓰레기 매립장으로 만들 생각은 누구도 하지 않았다. 쓰레기 산이 되리라고는 상상도 하지 않았다. 주먹구구식이었고 임기응변으로 속전속결 개발이 이루어졌다. 난지도의 개발 과정은 다음과 같이 요약해볼 수 있다.

① 1977년 1월, 홍수 범람을 방지하기 위해 난지도를 관통하는 제방을 만든다. 새마을 노임 소득 사업의 일환이기도 했다. 난지도와 성산동 사이를 흐르는 샛강인 난지천을 매립하고 난지도를 관통하는 제방을 쌓아 농지로 활용하는 한편 한강에는 고수부지를 마련하는 것 또한 주요 목적이었다.

② 1977년 3월, 구자춘 서울시장이 난지도에서 행주산성을 잇는 강변도로 건설계획을 발표했다. 이로써 제방은 도로를 겸하게 된다.* 1977년

* 서울역사박물관, 『착실한 전진: 1974-1978(2)』, 2017.

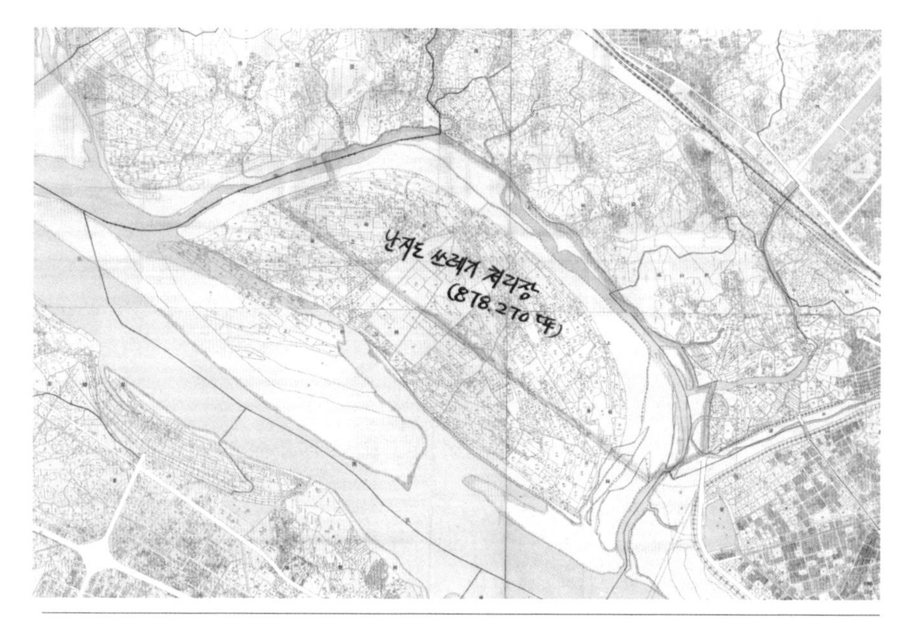

1977년 8월 3일. 「도시계획시설(쓰레기 및 오물처리장) 결정 및 지적 승인」 지도 속 난지도에 쓰레기 처리장이라고 표시했다. 난지도를 관통하는 선을 따라 제방을 건설해 왼쪽은 한강 고수부지가 되었고 오른쪽은 쓰레기 매립장이 되었다. 오늘날과 달리 불광천과 홍제천은 난지천으로 합류하고 있었다. 서울역사박물관.

1월에 시작한 제방 공사는 6월에 거의 끝이 난다.

③ 1977년 8월, 서울시의 쓰레기 매립장 필요성이 대두되자, 서울시는 이곳을 쓰레기 및 오물처리장으로 승인한다.

④ 1993년, 쓰레기 매립을 중지한다.

⑥ 2002년 5월, 공원으로 탈바꿈한다.

1977년 6월에 난지도 제방 공사를 끝내고 8월에 이곳을 쓰레기 매립장으로 승인한 그 이듬해인 1978년 3월부터 이곳에 쓰레기를 매립하기 시작했다. 그때만 해도 제방 높이인 7미터까지만 쓰레기를 매립하고 이를 흙으로 덮어 녹지대로 조성할 예정이었다. 그러나 그뒤로도 난지도를 대체할 매립장을 찾지 못했다. 결국 운영 기간을 연장, 1993년 3월까지 15년 동안 서울의 쓰레기를 이곳에

1977년 3월 22일 난지도 제방 공사 장면. 서울역사박물관.

1977년 6월 17일 난지도 제방 공사 장면. 서울역사박물관.

1977년 5월 19일 난지도 제방 공사 장면. 난지도 제방 공사는 영세민 취로 사업의 일환이기도 했다. 서울역사박물관.

1977년 완성한 난지도 제방. 왼쪽은 1978년부터 쓰레기를 매립했고, 오른쪽은 고수부지로 조성했다.
서울특별시사편찬위원회, 『사진으로 보는 서울 5. 팽창을 거듭하는 서울(1971~1980)』, 2008.

1983년 8월 19일 쓰레기를 매립하고 있는 난지도. 서울역사박물관.

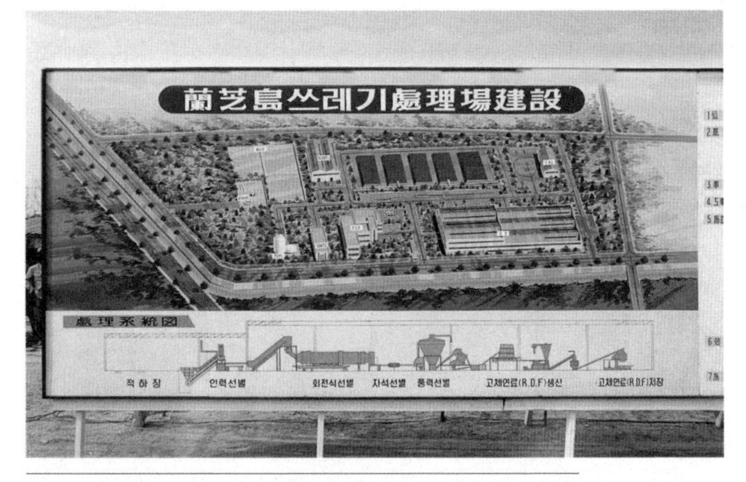

1984년 3월 27일 공사 시작한 난지도 쓰레기 처리장 조감도. 서울역사박물관.

1986년 쓰레기 매립 현장. 서울시 건설안전본부, 『난지도 매립지 안정화 공사 건설지』, 2003.

2002년 쓰레기 매립장 안정화 공사 이후 난지도. 쓰레기가 쌓여 거대한
산이 되었다. 서울시 건설안전본부, 『난지도 매립지 안정화 공사 건설지』, 2003.

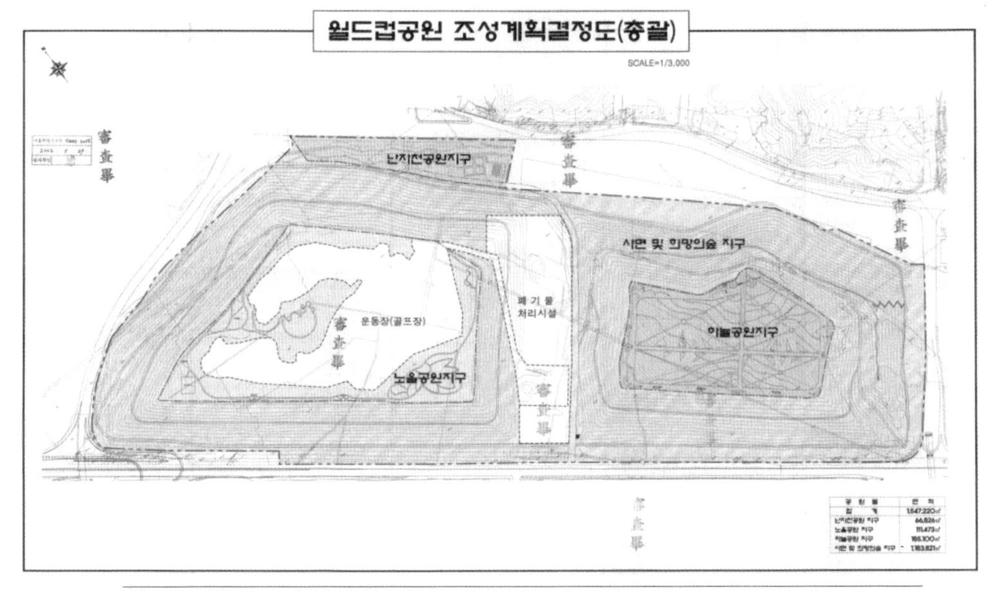

2002년 5월 29일 고시한 도시계획시설(월드컵 근린공원) 조성계획 결정 및 지형도면. 매립된 쓰레기 위에 조성할 노을공원 지구와 하늘공원 지구가 표시되어 있다. 서울역사박물관.

매립한다. 매립 면적은 81만 3,000평이었고 여기에 매립된 쓰레기는 9,200만 세제곱미터였다. 쓰레기가 쌓이면서 난지도는 높이 94~99미터의 거대한 산이 되었다.*

쓰레기 매립 완료 이후 안정화 과정을 거쳐 난지도는 2002년 공원이 되었다. '하늘공원', '노을공원', '월드컵공원', '평화의공원' 등 이름도 아름답다.

난지도는 어떻게 달라졌는가

1910~1930년대 지도 속 난지도는 크다. 난지도를 감싸고 돌아가는 난지천의 수면 폭도 넓다. 난지도 앞 한강의 수면 폭과 비슷할 정도이다. 홍제천은 사천沙川

* 서울시 건설안전본부, 『난지도 매립지 안정화 공사 건설지』, 2003.

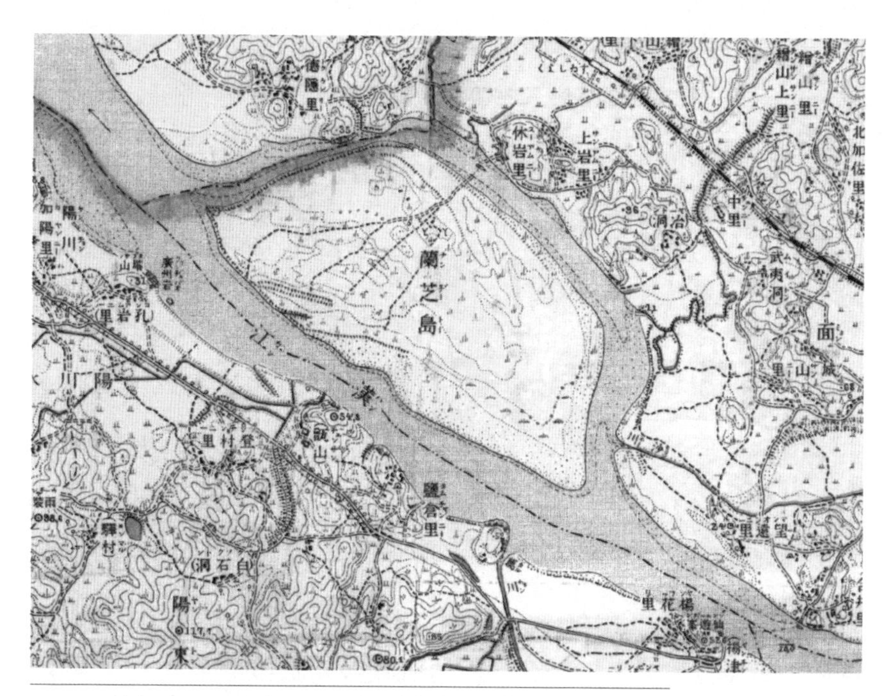

1910~1930년대 지도 속 난지도. 한강과 난지천으로 둘러싸인
완전한 형태의 섬이다. 홍제천과 불광천은 한강으로 합류하지 않고 난지천으로 합류한다.

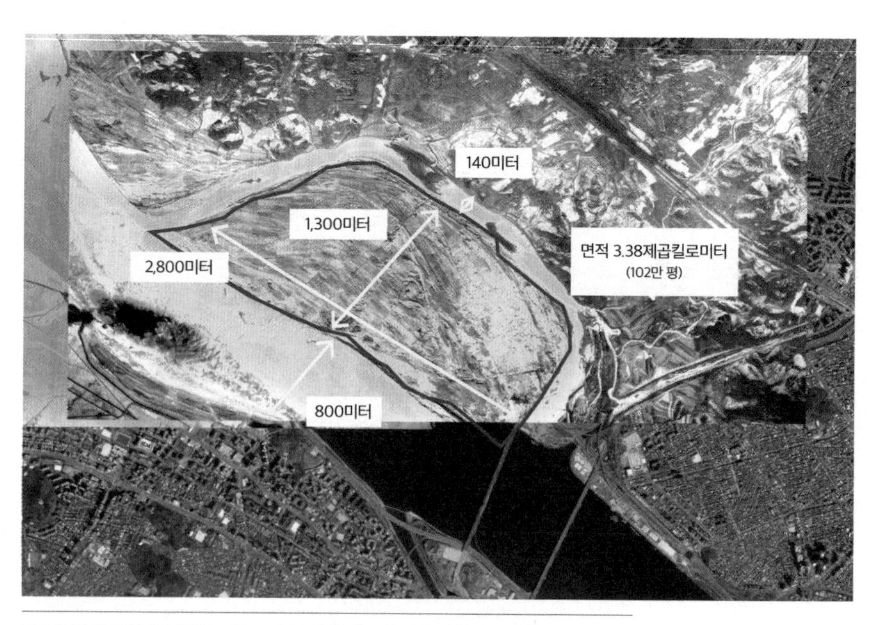

1947년 항공사진 속 난지도. 1910~1930년대 지도에 비해 면적이 줄어들고
한강 수면 폭은 증가했다. 홍제천 제방 건설로 난지천으로 합류하는 물길이 바뀌었다.

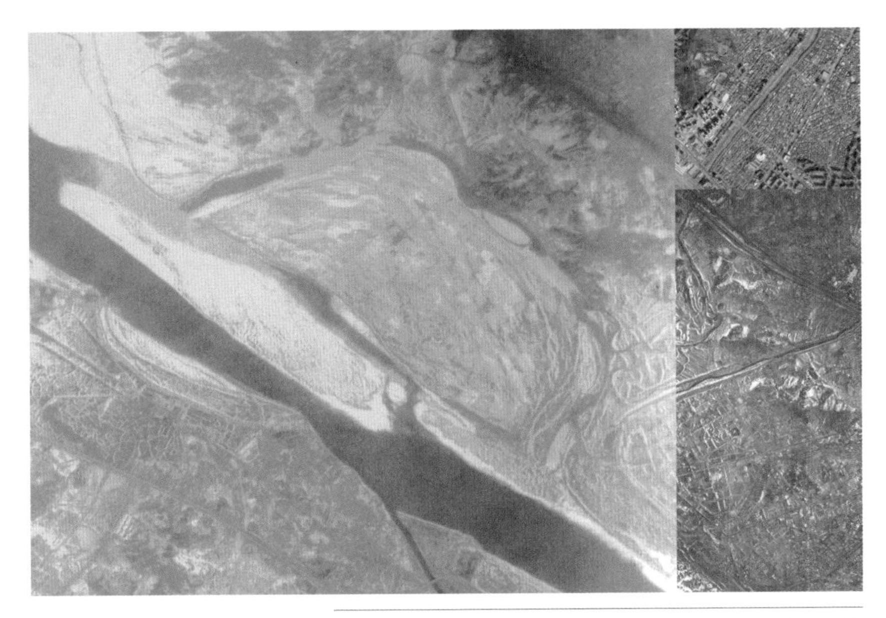

1969년 항공사진 속 난지도. 난지도 앞에 큰 규모의 모래톱이 형성되었다.
오른쪽 홍제천과 불광천 합류 지점 물길이 복잡하게 얽혀 있다.

1972년 항공사진 속 난지도. 난지도 앞 모래톱이 계속 유지되고 있다.

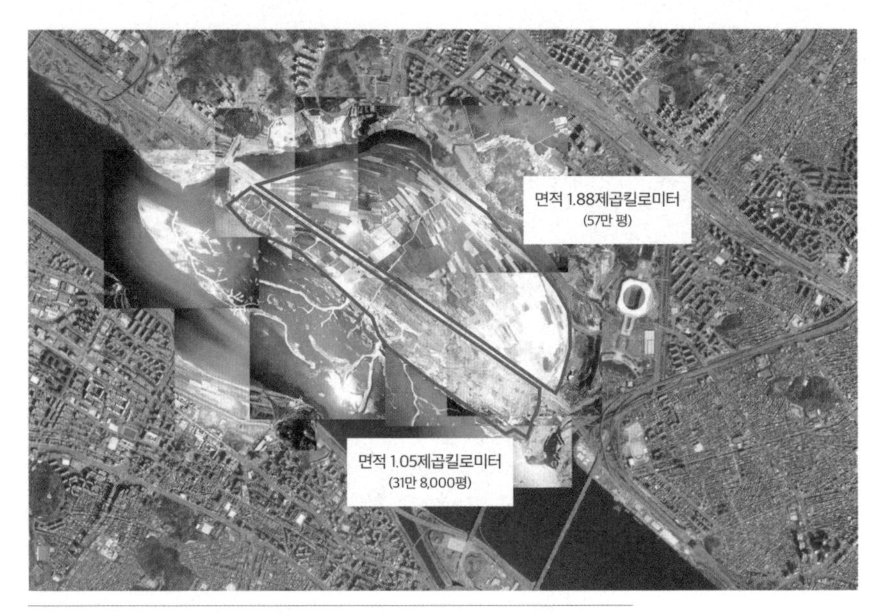

1975~1977년 항공사진 속 난지도. 난지도 앞 모래톱이 준설로 거의 사라졌다.
난지도를 관통하는 제방이 만들어졌고 난지천 물길은 양쪽 끝에서 막혔다.
난지천 일부가 매립되고 있다. 난지도가 제방에 의해 매립장과 고수부지로 나뉘었다.

1983년 항공사진 속 난지도. 난지도와 난지천은 쓰레기 매립장이 되었고,
오른쪽 홍제천과 불광천 물길은 완전히 바뀌었다.

2011년 항공사진 속 난지도. 매립장에서 공원으로 변했고, 불광천이 흐르던 곳에는 월드컵 경기장(흰색 지붕)이 들어섰다.

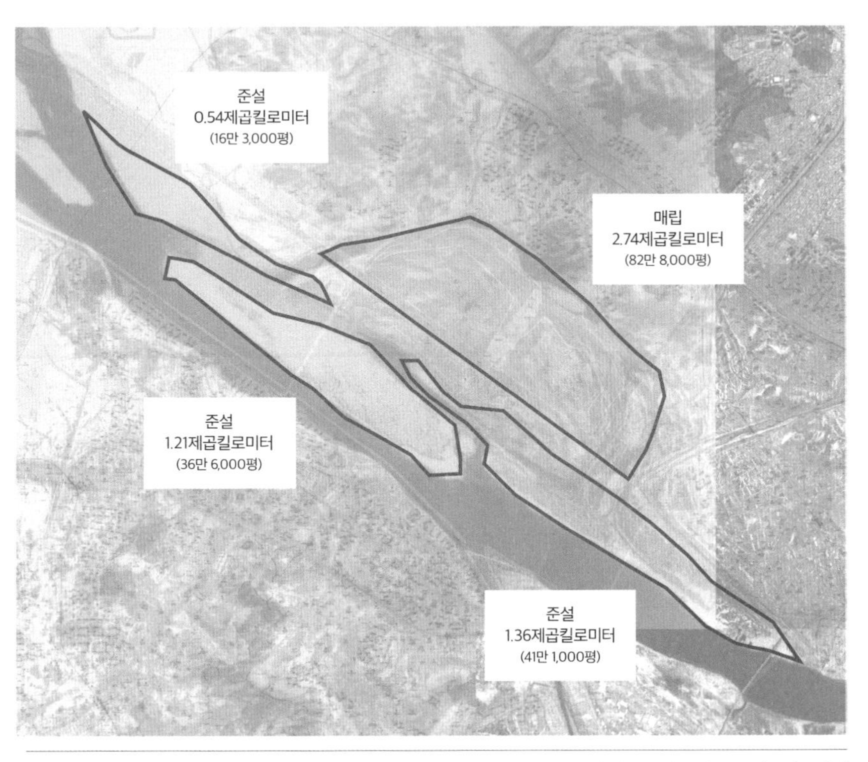

1969년 항공사진과 오늘날 지도를 중첩한 난지도. 이전과 비교했을 때 매립된 난지도 면적은 약 2.74제곱킬로미터(82만 8,000평)이고 인근에서 준설되어 사라진 모래사장의 면적은 약 3.12제곱킬로미터(94만 4,000평)이다.

으로 표시했다. 난지천에 합류하는 불광천은 만곡彎曲이 심하다. 난지도 안에는 여러 길이 있고 넓은 지역을 농경지로 활용하고 있다.

오늘날 확인 가능한 난지도 최초의 항공사진은 1947년의 것이다. 사진 속 난지도는 넓은 지역이 물길로 둘러싸여 완전한 형태의 섬으로 보인다. 대부분 평평한 지형이며 경작지이다. 1910~1930년대 지도에 비해 크기가 좀 줄어들었다. 한강 쪽으로 약간 볼록하던 형태가 약간 오목하게 달라졌다. 항공사진에서 측정한 난지도의 면적은 3.38제곱킬로미터(102만 평)로 오늘날 여의도 면적보다 1.2배 정도 더 크다. 긴 쪽이 약 2.8킬로미터, 짧은 쪽은 약 1.3킬로미터였다. 난지도 앞 한강의 수면 폭은 약 800미터, 난지천은 약 140미터였다. 섬은 물론 주위를 흐르는 물길도 규모가 꽤 컸다. 1910~1930년대 지도와 달리 홍제천에는 제방이 건설되었고 이에 따라 물길의 형태가 다르게 나타나 있다.

1969년에는 난지도 앞 한강에 큰 규모의 모래톱이 형성되었다. 모래톱 면적은 약 1.21제곱킬로미터(36만 6,000평)였고 이 모래톱으로 인해 한강의 수면 폭도 상당히 좁아 보인다. 홍제천과 불광천은 복잡하게 얽히면서 합류하고 있다. 1963년 이 지점의 한강 단면도에는 난지도가 섬의 모습으로 잘 나타나 있다. 왼쪽으로 깊은 한강 본류와 더불어 오른쪽 얕고 넓은 난지천이 있고 그사이에 넓게 난지도가 자리 잡고 있다. 1953년에 비해 하상河床이 크게 달라져 있다.

1972년에도 난지도 앞 모래톱은 크기가 줄어든 채 계속 유지되고 있다. 모래톱 준설이 진행 중이고, 난지천 시작 부분의 모래는 준설로 거의 사라진 상태이다. 난지도 전체 형상은 1969년과 비슷하고 대부분 농경지로 이용 중이다.

1975~1977년 사이 난지도는 크게 달라진다. 오랜 세월 유지되던 섬의 모습이 순식간에 변화한다. 제방이 만들어지고 섬 주위를 둘러싸고 있던 샛강은 매립되면서 난지도는 육지가 된다. 1.88제곱킬로미터(57만 평)의 쓰레기 매립장과 1.05제곱킬로미터(31만 8,000평)의 고수부지로 분리된다. 난지천 입구와 출구를 막고 매립을 시작한다. 난지도 앞 모래톱은 준설로 인해 거의 남아 있지 않다. 이 무렵 항공사진으로 측정한 난지도와 난지천 매립지 전체 면적은 약 2.6제

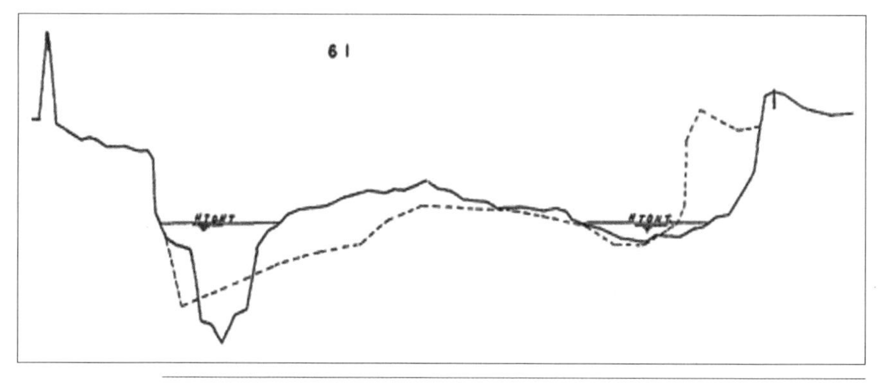

1963년 당시 난지도 하천 단면이다. 중간 난지도 왼쪽으로 깊은 한강이 있고 오른쪽으로 얕은 난지천이 있었다. 점선은 1953년도 하천 단면이다. 건설부, 『한강하상변동조사보고서』, 1963.

곱킬로미터(78만 7,000평)이다. 너무 쉽게 섬은 사라졌고 쓰레기 매립지가 등장했다. 1983년 항공사진을 통해 1978년부터 진행한 쓰레기 매립 상황을 잘 볼 수 있다. 격자로 나누어진 도로를 따라 쓰레기가 매립되고 있다. 매립한 난지천은 원래 모습을 찾기 어렵다. 홍제천과 불광천은 인공수로가 되었고 합류하는 지점은 한강으로 바뀌었다. 난지도 앞에 있던 모래톱은 완전히 사라졌다.

2011년 난지도 매립장은 공원이 되었다. 불광천이 흐르던 곳에 월드컵 경기장이 들어섰다. 한강 쪽에는 고수부지 공원이 조성되었다. 섬을 없애고 쓰레기를 파묻던 땅은 이제 공원으로 탈바꿈했다. 난지도라는, 섬과는 아무 관계 없는 이름만 남았다.

1969년 항공사진을 기준으로 현재와 비교하면 매립된 난지도와 난지천 전체 면적은 약 2.74제곱킬로미터(82만 8,000평)이고 준설로 사라진 인근 모래사장 면적은 약 3.12제곱킬로미터(94만 4,000평)이다.

홍제천과 불광천, 난지도와 더불어 원형을 잃고 인공수로로

홍제천은 북한산에서 발원하여 불광천과 합류한 후 한강으로 합류한다. 세검정

1975년 항공사진 속 홍제천과 불광천 인근. 홍제천이 불광천과 만나서 난지천으로 합류한다. 홍제천의 만곡이 크다.

1977년 항공사진 속 홍제천과 불광천 인근. 인공수로로 바뀐 불광천이 홍제천으로 합류한다. 홍제천 제방을 한강 쪽으로 연장했다.

1980년 항공사진 속 홍제천과 불광천 인근.
불광천과 홍제천은 쓰레기로 매립되어 완전히 사라졌다. 새로 만들어진 홍제천이 한강으로 합류한다.

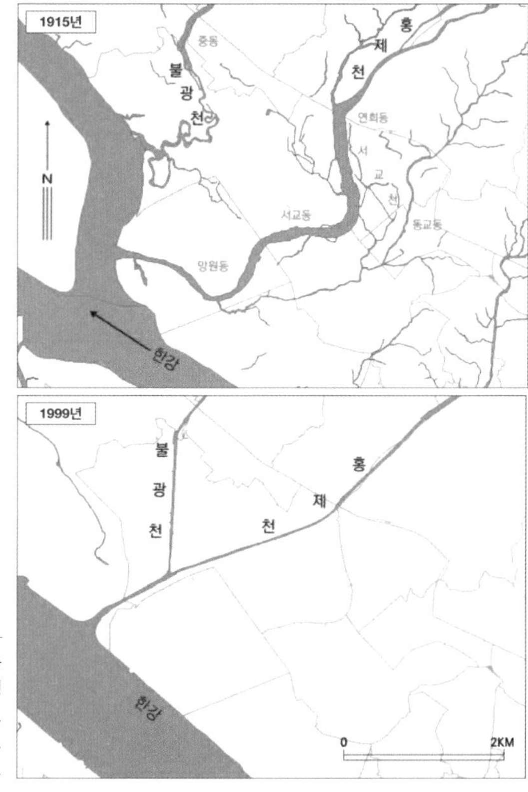

1915년 홍제천과 불광천은 별도의 하천이었으나 1980년경 지금 같은 하천으로 변형되었다. 서울특별시사편찬위원회, 『서울의 하천』, 2000.

을 지나면서 모래가 많이 퇴적되어 물이 모래 밑으로 스며서 흐르는 까닭에 모래내라고도 하며 한자로 사천沙川이라고 했다. 불광천은 홍제천의 1차 지류다. 북한산 비봉에서 발원하여 서대문구를 지나 마포구에서 홍제천과 합류하여 한강으로 흐른다. 연신내라고도 불렸다.

오늘날 홍제천과 불광천은 서울 도심지를 흐르는 하천이다. 상류부는 복개되어 있고, 옹벽이나 콘크리트 호안으로 정비를 했다. 물길을 따라 도로, 교량, 하수 및 우수관로 등 많은 구조물 등을 설치했다. 한강의 지류 중 큰 변화가 있는 하천을 꼽으라면 홍제천과 불광천을 꼽을 수 있다. 합류부 위치가 달라졌을 뿐만 아니라 인공 하천을 만들어 이어 붙였다. 원래 난지천으로 합류하던 홍제천도 한강 쪽으로 제방을 연장했다. 1980년에는 기존의 홍제천과 불광천이 흐르던 자리는 쓰레기로 매립되었고 새로 만들어진 불광천이 홍제천으로 합류하고 있다. 홍제천은 난지천이 아닌 한강 본류에 바로 합류하게 되었다. 강을 자르고 이어 붙여 원래 흐르던 방향을 바꿔 한강의 지류로 만들었다. 구불구불하게 흐르던 강을 직선으로 만들었다. 원래의 강은 흔적도 없다. 우리가 보고 있는 홍제천과 불광천은 강이 아니라 인공수로이다. 1977년 이후 크게 달라진 모습이다. 난지도를 쓰레기 매립지로 바꾸면서 인근의 홍제천과 불광천도 덩달아 원래 모습을 잃었다.

경기도와 서울의 경계, 창릉천 변천사

100년 전, 이곳에 제방이 없었다면

창릉천은 행주산성 인근에서 합류하는 한강의 지류로, 경기도와 서울시 경계에 있으며 북한산이 발원지이다. 길이 22킬로미터, 유역 면적 76.72제곱킬로미터의 비교적 작은 지류인 창릉천은 행주산성이 있는 덕양산 주위의 넓은 평지에서 한강과 합류한다. 경사 1/850 정도인 완만한 평지로, 주위는 주로 농경지였다. 따라서 창릉천은 자유도自由度가 크다. 하천 형태의 변화가 산으로 막힌 지역보다 자유롭다는 뜻이다. 홍수가 나면 창릉천은 쉽게 형태가 바뀐다. 한강에 의해 하천의 길이가 짧아지거나 늘어난다. 평지를 흐르기 때문에 직선이 아니라 구불구불한 형태다. 한강과 창릉천을 구분하기 어렵다. 평지 자연 하천의 특징을 잘 보여준다.

창릉천은 일제 강점기부터 달라졌다. 1938년 조선총독부가 펴낸 『1935년 조선직할하천공사연보』에는 창릉천 우안으로 강매리와 행주산을 연결하는 제방이 검은색 선으로 뚜렷하게 표시되어 있다. 1929년 조선총독부가 펴낸 『조선하천조사서』에는 없는 것으로 미루어 1930년대 초에 만들어진 제방으로 추정한다. 이 제방은 창릉천 하구에 건설했는데 창릉천 범람을 막고, 한강의 홍수가 행주산성을 넘어 일산 쪽 평야 지대로 넘치는 것을 방지하기 위해서였던 것으로 보

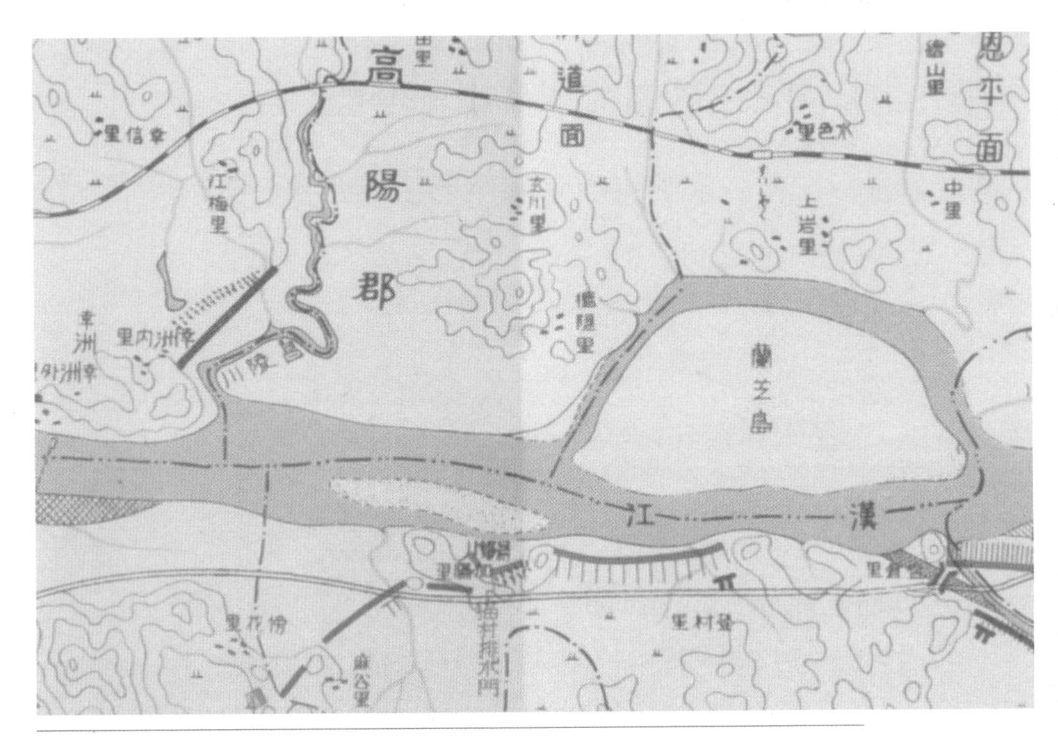

1935년 지도에 나온 창릉천 합류부 인근. 난지도와 창릉천 사이에 넓은 저지대가 형성되어 있고
창릉천은 구불구불하게 흘러 한강에 유입한다. 창릉천 옆으로 1930년대 초에 건설된 제방(검은 선)이 표시되어 있다.
조선총독부, 『1935년 조선직할하천공사연보』, 1938.

1980년 2월 9일 난지도-행주산성 간 제방 축조 공사 기공식. 서울기록원.

1980년 2월 9일 난지도-행주산성 간 제방 축조 공사 기공식이 열렸다. 서울기록원.

1980년 2월 9일 시작한 난지도-행주산성 간 제방 축조 공사 조감도.
난지도-행주산성을 연결하는 제방 3,280미터와 지천 제방 1,570미터를 쌓았다.
교량 1개소, 수문 2개소를 건설하고 도로를 포장하여 강변 5로를 조성했다. 서울기록원.

인다. 이 제방이 없었다면 한강과 창릉천의 홍수는 행주내리와 행주외리를 넘어 넓은 지역으로 범람했을 것이다. 창릉천 제방으로 보이기는 하지만 사실상 한강 제방의 역할을 했던 이 제방은 오늘날에도 남아 있다.

창릉천과 한강 합류부는 일제 강점기 이후 1980년 이전까지 인위적인 큰 변화가 없었다. 하지만 1980년 2월 창릉천이 합류하는 지점에서 난지도까지 연결되어 있던 넓은 평야 지대에 한강을 따라 길이 3,280미터의 제방이 만들어지면서 일대의 지형은 크게 달라진다. 한강의 모습 역시 변화한다.

창릉천 물길은 어떻게 흘러야 할까

난지도와 행주산성 사이의 한강은 폭이 매우 넓은 구간이었다. 1910~1930년대 지도에는 난지도에서 행주산성까지 한강 우안이 넓은 범람원으로 나타나 있다.

1947년 항공사진에는 원래 모습이 뚜렷하게 보인다. 한강의 수면 폭은 약 2킬로미터로 매우 넓고 창릉천은 1910~1930년대 지도보다 훨씬 짧아 보인다. 창릉천 자체는 만곡이 매우 심한 형태로 구불구불하다. 1930년대 초에 만들어진 길이 약 1.1킬로미터의 제방 모습이 뚜렷하다. 제방 근처에는 옛 물길의 형태가 그대로 남아 있어 창릉천 물길이 복잡했음을 알 수 있다. 한강 중앙에는 큰 규모의 하중도가 희미하게 보인다. 1969년에는 한강 하중도가 많이 작아졌다. 창릉천이 길어졌고 한강의 수면 폭도 크게 줄어들었다. 이러한 한강 변화는 서해 조석으로 인해 수위가 변화함으로 인해 발생하는 면도 있다. 난지도에서 시작하는 물길이 창릉천으로 합류하고 있다. 창릉천 상류 쪽에 제방을 건설하면서 하천이 직강화되었고 옛 물길은 단절되었다.

1972년에는 하중도의 모습이 크게 줄어들었고 한강의 수면 폭도 줄었다. 범람원에 물길이 복잡하게 나타나고 있다. 모래톱인 부분도 있고 일부 지역에는 식생이 자라고 있다. 1974년에는 범람원에 복잡하던 물길이 일부 막혔다. 모래톱 부분에서는 준설을 진행하고 있다. 1970년대 들어서 본격화된 준설을 이 지

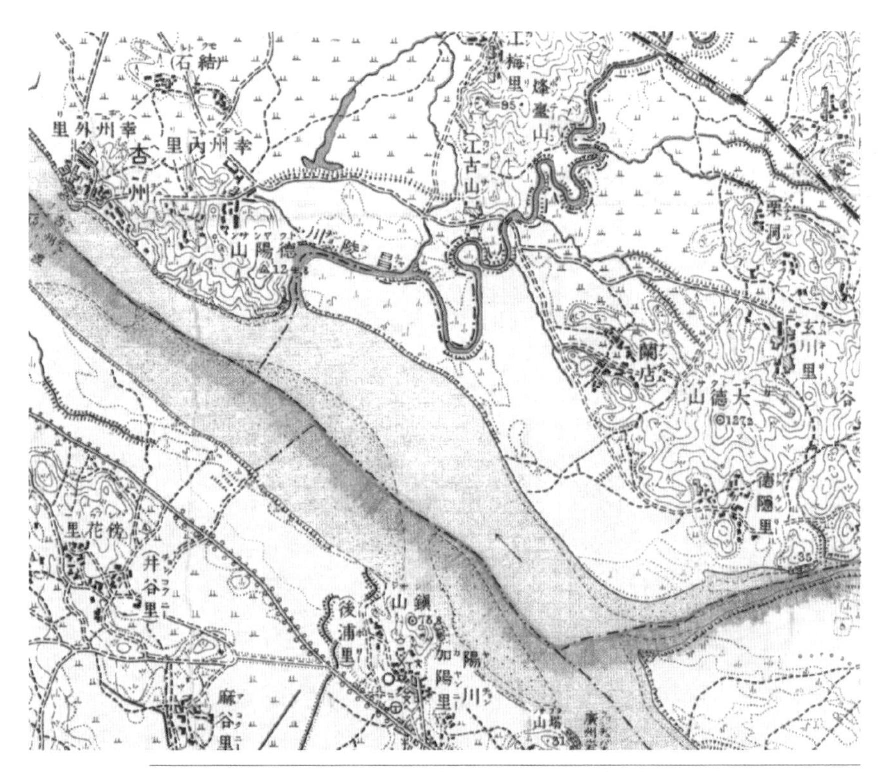

1910~1930년대 창릉천 합류부 인근 지도. 난지도에서 행주산성 사이 전체가 한강의 범람원이었다.

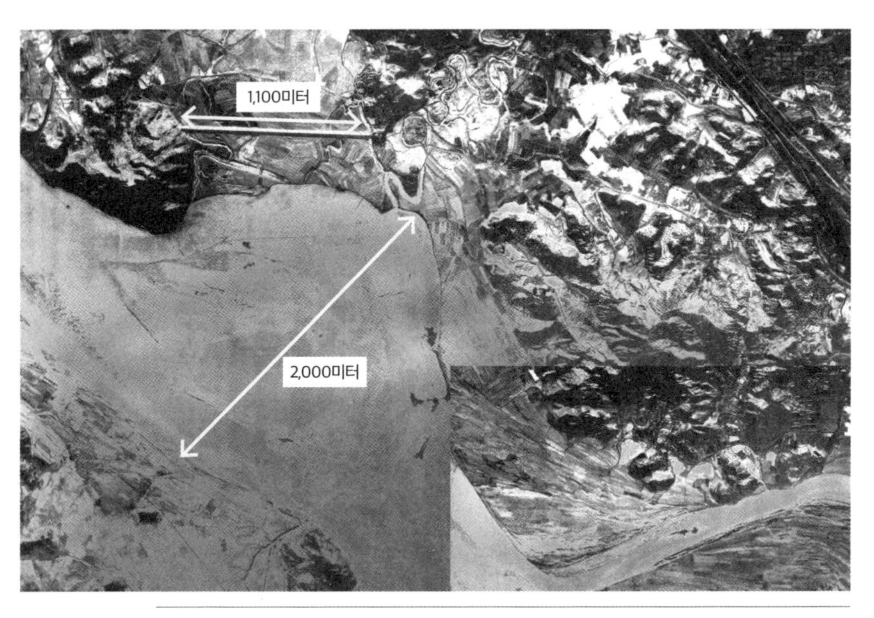

1947년 창릉천 합류부 인근 한강 수면 폭이 약 2킬로미터로 매우 넓다.
1930년대 초에 만들어진 제방의 길이는 약 1,100미터이다. 창릉천 하구부는 현재보다 훨씬 짧다.

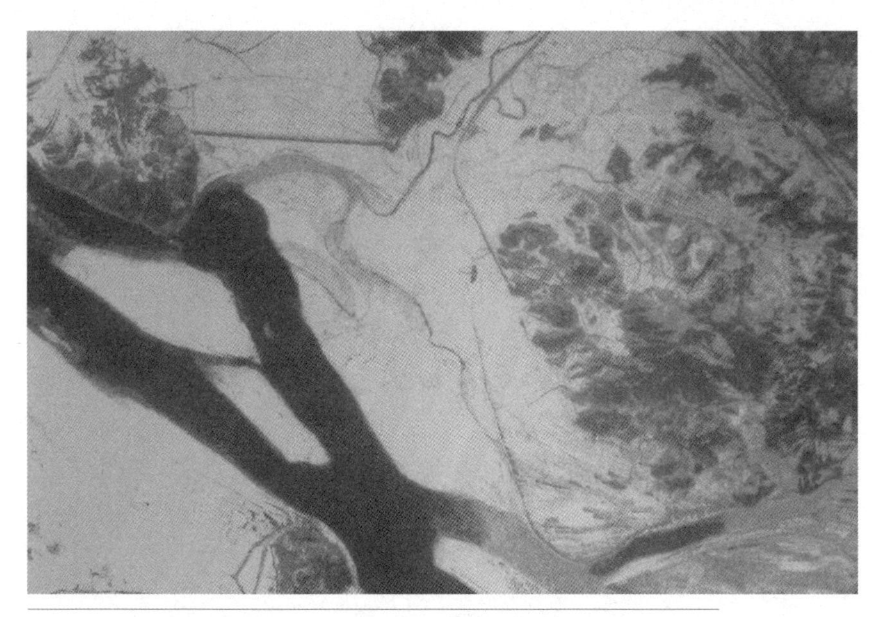

1969년 항공사진 속 창릉천 합류부 인근. 1947년에 비해 한강 하중도의 모습이 줄어들었고
창릉천 합류부 물길의 길이도 길어졌다. 난지도에서 시작하는 물길이 창릉천으로 연결되고 있다.

1972년 항공사진 속 창릉천 합류부 인근. 하중도의 모습이 크게 줄어들고
한강의 하폭이 줄어든 것이 뚜렷하다. 창릉천 합류부에 물길이 복잡하게 얽혀 있다.

1974년 항공사진 속 창릉천 합류부 인근. 복잡하던 물길이 일부 막혔고 준설이 진행 중이다.

1979년 항공사진 속 창릉천 합류부 인근. 복잡하던 범람원 물길이 정리되고 대부분 농지로 이용하고 있다.

1980~1981년 항공사진 속 창릉천 합류부 인근. 난지도-행주대교 간 제방과 창릉천 제방 건설로 일대 모습이 완전히 달라졌다. 창릉천 합류부도 직강화되면서 옛 물길이 단절된 채 남아 있다.

2015년 항공사진 속 창릉천 합류부 인근. 1980년대 이후 현재와 비슷한 모습이 유지되고 있다. 범람원이던 곳에 난지하수처리장이 건립되었다.

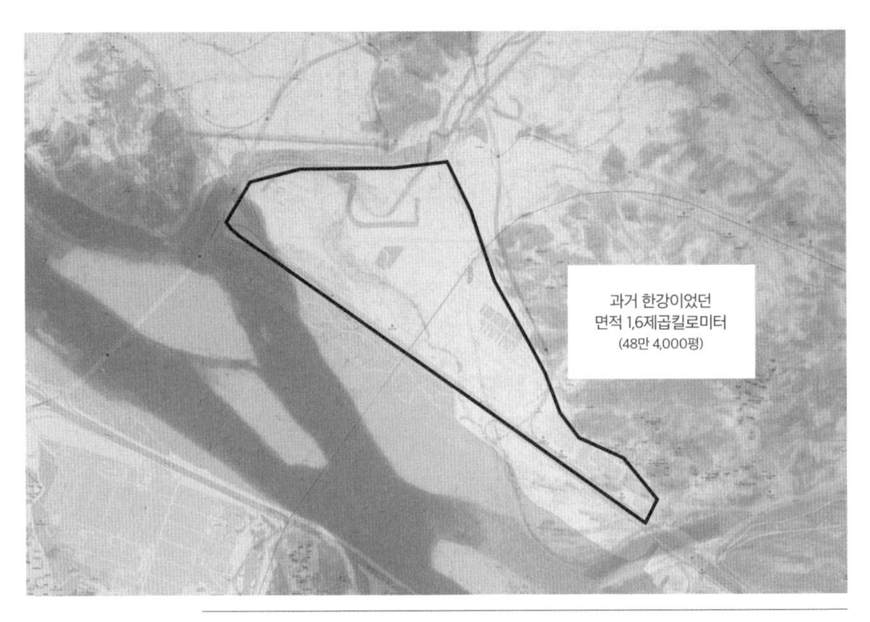

1969년과 오늘날을 비교하면 약 1.6제곱킬로미터(48만 4,000평)의 한강 면적이 줄어들었다.

역에서도 시작한 것이다. 1979년에는 범람원의 형태가 다르게 나타난다. 농지로 조성한 곳이 많으며 복잡하던 물길을 대부분 매립하여 창릉천만 뚜렷하게 남아 있다. 옛 물길의 흔적이 남아 있는 곳도 있다. 한강 하중도의 모습은 찾아볼 수 없다.

1980년에 시작된 제방 공사로 이 부근의 지형은 크게 변화한다. 난지도-행주산성 한강 제방과 창릉천 제방이 건설되면서 기존의 범람원은 사라진다. 창릉천은 직강화되었고 옛 물길은 흔적으로만 남았다. 오늘날과 비슷한 모습이 되었다.

1980년대 이후에는 큰 변화 없이 비슷한 모습을 유지하고 있다. 과거 범람원이던 곳에 난지하수처리장을 세웠다. 1969년 항공사진과 비교해 보면 약 1.6제곱킬로미터(48만 4,000평)의 한강 면적이 줄어들었다.

창릉천은 원래 평지를 흐르는 하천의 특성상 구불구불하게 만곡을 이루며 흘렀으나 주위에 제방을 쌓으면서 강은 직선화되었고 제방 안에 갇히는 형국이 되었다. 강이 흐르던 곳은 농경지나 택지가 되었다. 창릉천 주위에는 개발되기 전 원래 흐르던 강의 흔적이 아직도 조금 남아 있다. 일제 강점기 이후 근현대를 거치며 강을 개발해온 과정은 대체로 다음과 같은 특징을 지녔다.

① 원래 흐르던 구불구불한 물줄기를 직선화한다.
② 강을 따라 양쪽에 제방을 쌓는다.
③ 강의 물길이 변화하지 못하고 고정화된다.
④ 제방으로 보호하는 지역에 농경지나 택지를 조성하여 이용한다.

이러한 과정을 통해 강폭은 좁아진다. 홍수는 제방 안쪽 강에 갇힌다. 강 역시 제방 안에 갇힌다. 강의 자유도는 사라진다. 강 주변의 땅을 이용하는 경제적인 효율성이 높아진다. 반면 강의 자연성이 없어지고 홍수 피해 잠재성을 증가시킨다.

창릉천 역시 예외가 아니다. 1930년대 이미 제방에 의해 흐름은 제한을 받았고, 1980년대 들어서는 원형의 물길이 거의 사라졌다.

오늘날의 하천 복원은 곧 강의 자유도 확보를 뜻한다. 원래 흐르던 물길 그대로를 복원하는 것이다. 강의 폭을 넓혀 물이 자유롭게 흐르게 하는 것이다. 인공적으로 직선으로 흐르는 물길이 아니라 강물 스스로 길을 찾아가는 구불구불한 원형의 물길을 보장하는 것이다. 원형의 물길을 잃고 인공적인 물길을 따라 흐르는 창릉천에도 바로 그런 제대로 된 복원의 물길을 열어줘야 한다.

여의도 · 밤섬 · 선유도

4장.

여의도,
변신을 거듭하다

지금보다 세 배 더 컸던 여의도

여의도는 넓었다, 한강은 좁고 깊게 흘렀다

여의도는 누구나 안다. 안다고 생각한다. 국회의사당, 63빌딩, 여의도광장, 거대한 빌딩, 그리고 아파트……. 대한민국 정치와 금융의 중심지. 대체로 여기까지다. 조금 더 안다면 여의도 비행장과 밤섬 폭파까지다. 더 이상은 모른다. 안다고 생각하지만 모르는 게 더 많다. 오래전 일이라 그렇기도 하다.

1914년 여의도는 경기도 고양군 용강면이었다. 한강 이북으로 여겨졌다. 지금보다 세 배 이상 더 큰 섬이었고, 훨씬 낮은 평지였다. 제방도 없는 광활한 모래사장이었다. 넓은 곳의 폭은 약 4킬로미터에 달했다. 1880년대 일본 육군측량부가 측량한 지도에 의하면 백사장의 넓이는 250~300만 평 정도였다.* 오늘날 여의도 면적을 2.9제곱킬로미터(87만 평)라고 하는데 1969년 항공사진을 통해 추정해 보면 여의도 원래 면적은 전체 면적 9.6제곱킬로미터, 약 290만 평으로 지금보다 3.3배 정도 더 컸다.

그때만 해도 홍수가 나면 잠기지만 평상시에는 모래가 넓게 펼쳐진 곳이었다. 거대한 모래사장이었다. 지대가 높은 곳에는 논도 있었다. 넓은 평지에 두 개

---

* 손정목, 『서울도시계획이야기 2』, 한울, 2003.

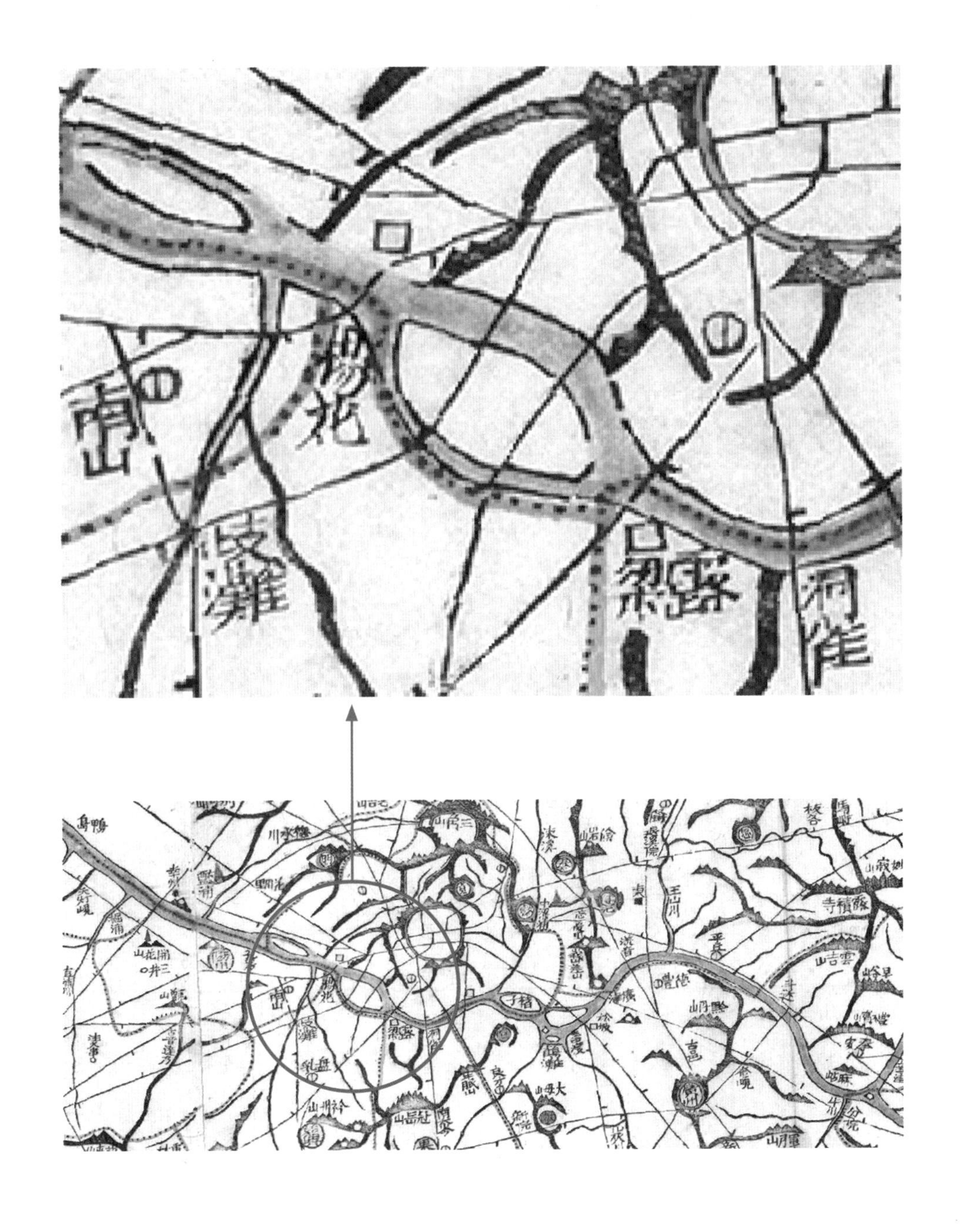

1861년 제작한 『대동여지도』에는 여의도가 뚜렷하고 샛강도 크게 표시했다.

의 봉오리가 있었다. 높이 41미터의 양말산은 오늘날의 국회의사당 근처에 있었고 오늘날 밤섬 근처에 있던 원래 밤섬에는 사람이 살았다.

큰 홍수가 나면 잠기는 곳이어서 사람이 살기는 어려웠다. 일부 지역을 농경지로 활용했다. 조선시대에는 뽕나무밭도 많았다. 목장도 있었다. 『신증동국여지승람』은 여의도를 잉화도로 기록하고, '서강 남쪽에 있는 목축장으로 사축서, 전생서의 관원 한 사람씩을 보내 목축을 감독한다'라고 적었다. 조선 초 여의도는 땅이 넓고 편평하여 양과 염소를 기르는 목장이었고, 이 목장은 국가에서 관리 감독했다.* 오랜 세월 그렇게 유지되어 왔다.

우리에게 익숙한 압구정이 원래 여의도에 있었다는 걸 아는 사람은 얼마나 될까. 압구정동은 잘 알려져 있듯 조선시대 책사 한명회의 정자인 압구정에서 유래했다. 압구정이 있던 자리는 압구정동 현대아파트 11동 뒤편이다. 그런데 원래는 여의도에 있었다. 한명회가 여의도 자신의 정자에 압구정이라는 현액을 단 것은 상당부원군에 봉해진 이후의 일이다. 김수온이 지은 「압구정기」에는 다음과 같이 나와 있다.

> '왕도에서 남쪽으로 5리 떨어진 곳, 양화나루 북쪽 마포 서쪽에 언덕 하나가 있는데 높다랗고 시원스럽다. 상당부원군 한공이 그 위에 정자를 짓고 노닐 장소로 삼았다. (중략) 내가 보니 이 정자의 빼어난 모습은 오직 한강 하나에 달려 있다. 정자를 경유해서 아래로 내려가면 강이 더욱 넓어져 넘실거리며 큰 바다와 이어진다. 바다에 늘어서 있는 섬들이 아스라한 사이에 숨었다 나타났다 한다. 상선이나 화물선이 뱃머리를 부딪치며 노를 두드리고 왕래하는데 그 수를 알 수가 없다.'

압구정을 오늘날의 압구정동 근처로 옮긴 것은1467년(성종7)의 일이다.**

---

* ** 윤진영 등, 『한강의 섬』, 마티, 2009.

1884년 마포에서 바라본 여의도. 가운데 보이는 산이 양말산으로 오늘날 국회의사당이 있는 곳이다. 보스턴미술관.

1884년 마포에서 바라본 밤섬과 절두산. 왼쪽 윗부분에 밤섬이 있고 가운데가 절두산이다.
마포에 정박한 많은 배들이 보인다. 이곳의 수면 폭은 200~300미터, 수심은 9미터 정도였다. 보스턴미술관.

원래 여의도 땅은 지금보다 8미터가량 낮았다. 개발을 위해 윤중제를 둘러싸고 그 안에 한강 모래를 채워서 높였다. 한강 물은 지금보다 좁고 깊게 흘렀다. 1969년 밤섬 근처 수면 폭은 300미터, 마포 근처는 200미터 정도였다. 1910~1930년대 지도에는 이 지점의 물 깊이가 9미터로 표시되어 있다. 현재 물 깊이는 3.5~6.5미터 정도다.

1884년 사진에는 한강 마포와 여의도 사이 물길이 잘 나타나 있다. 겨울이라 수량이 적어 여의도와 마포 사이에는 모래톱이 드러나 있고 수면 폭은 좁다. 작은 배가 여의도 쪽에 있고 여러 사람이 모래 위에 길을 만들며 오가고 있다. 광활한 여의도 모래사장의 모습이 한눈에 보인다. 같은 해에 촬영된 다른 사진에 나타난 밤섬은 마포에서 멀지 않다.

우리나라 최초의 비행장이 이곳에

1916년 9월 여의도에 우리나라 최초의 비행장이 생겼다. 일제 강점기였다. 그때만 해도 간이 비행장이었다. 그만큼 여의도는 넓었다. 1922년 12월 10일 우리나라 최초의 비행사 안창남의 고국 방문 비행이 이루어졌다. 1928년에는 본격적인 비행장으로 운영을 시작했다. 경성 비행장으로 불렀다. 비행학교도 생겼다. 1929년 9월 5일 정식 비행장이 되었고, 9월 10일부터 만주 대련-여의도-도쿄 노선의 여객 수송을 시작했다. 1936년 10월 17일 베를린올림픽에서 마라톤 금메달을 딴 손기정이 이곳으로 귀국했다. 그는 이른바 '일장기 사건'으로 공항에서 붙잡혔다. 광복 후 1945년 8월 18일 초대 국무총리를 지낸 이범석 장군이 중국 서안에서 미군 특별기를 타고 여의도 비행장을 통해 귀국했다. 미군 진주 이후에는 미군 공군기지가 되었다가 1948년 5월 5일 국방경비대 항공부대 창설 이후 한국 공군의 발상지가 되었다. 1954년 국제공항으로 정식 개항한다. 1961년 국제공항 기능을 김포로 이전했고, 1964년 국내 공항 노선도 이전했다. 이후 공군 전용 비행장이었다가 1971년 성남시로 비행장을 이전했다. 비행장으로서 55년

1965년 물에 잠긴 여의도 부근. 서울특별시사편찬위원회, 『사진으로 보는 서울 4. 다시 일어서는 서울(1961~1970)』, 2005.

1945년 광복 직후 미군이 촬영한 여의도 사진으로 여의도 비행장과 한강철교 모습이 뚜렷하다. 멀리 밤섬과 선유도가 보인다. 홍수로 여의도의 곳곳이 물에 잠겼고 한강수면 폭이 넓다. 국사편찬위원회.

1930년대 당인리 발전소 주변. 아래쪽에 당인리 발전소 건물과 굴뚝이 보이고 한강 건너편에 여의도와 양말산이 있다. 한강에는 여러 척의 돛단배가 다니고 있다. 당인리 발전소는 오늘날의 서울화력발전소다. 서울시립대박물관.

1958년 사진으로 멀리 오른쪽에 모래사장과 밤섬이 보인다.
당인리발전소 굴뚝에서 연기가 피어오르고 있다. 이 지점의 한강 수면 폭은 약 300미터였다.
서울특별시사편찬위원회, 『사진으로 보는 서울 3. 대한민국 수도 서울의 출발(1945~1961)』, 2004.

1962년 마포 강변. 강변 너머 멀리 여의도와 밤섬이 보인다.
서울특별시사편찬위원회, 『사진으로 보는 서울 4. 다시 일어서는 서울(1961~1970)』 2005.

1940년대 여의도 비행장.
샛강 넘어 비행장과 비행기가 보인다.

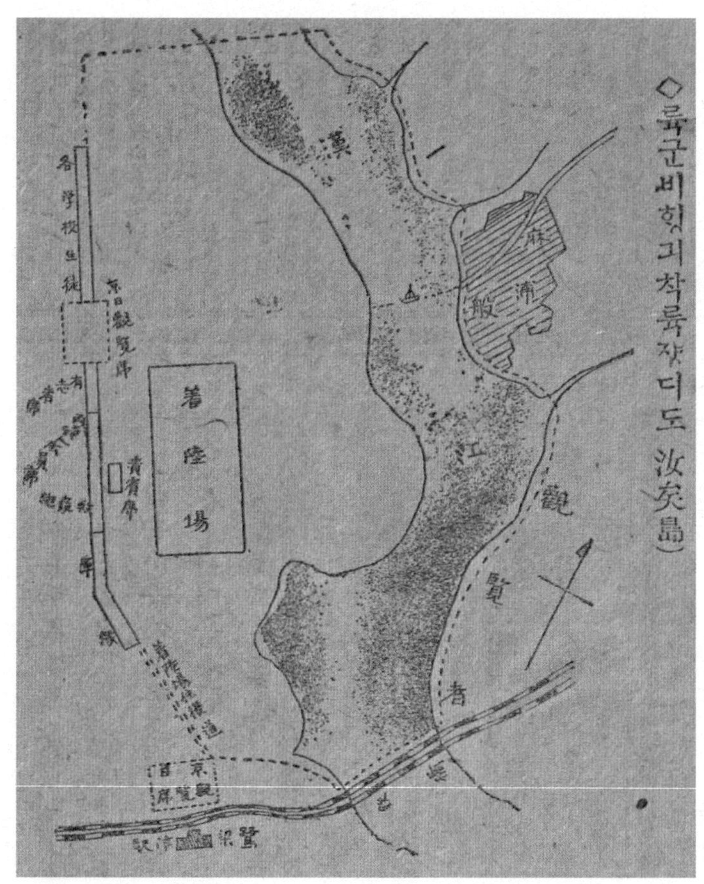

1920년 3월 7일 『매일신보』에 실린 여의도 비행장 약도. 오른쪽에 한강, 왼쪽 여의도에 착륙장이 표시되어 있고 아래쪽에는 한강철교가 표시되어 있다. 서울역사박물관.

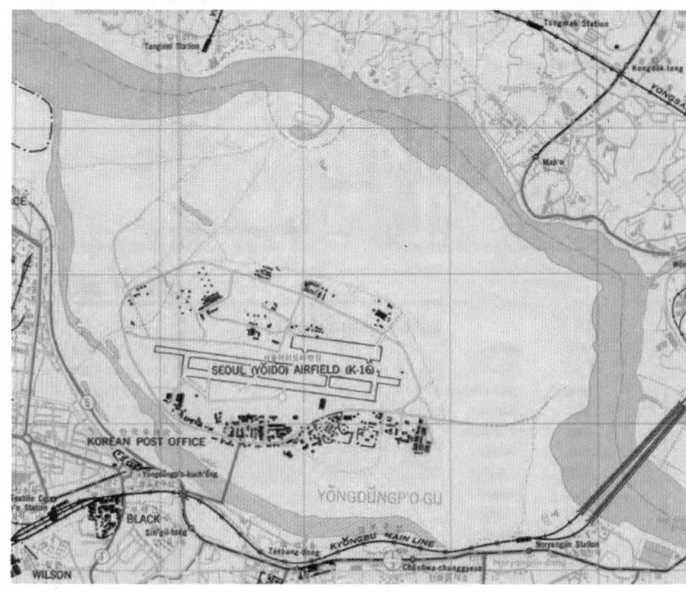

1950년대 여의도 비행장으로 표시한 서울시가 지도. 활주로와 건물 위치를 자세히 표시했다. 서울역사박물관.

1958년 여의도. 아직 개발되기 전으로 멀리 비행장과 밤섬(왼쪽 위)이 보인다.
서울특별시사편찬위원회, 『사진으로 보는 서울 3. 대한민국 수도 서울의 출발(1945~1961)』, 2004.

1968년 한강대교와 여의도. 윤중제 공사 시작 전의 여의도와 샛강을 볼 수 있다.

동안 그 기능을 유지했다.*

최초의 비행장을 세울 만큼 넓기도 했지만 큰 홍수가 나면 침수가 되는 곳이기도 했다. 1925년 을축년 대홍수 때에는 대부분이 침수되었다. 강 중간에 있는 넓은 모래섬이기 때문이다. 그럼에도 불구하고 55년 동안 비행장으로 사용했던 걸 보면 그만큼 모래사장이 넓었고, 자주 침수되는 건 아니었음을 알 수 있다. 비행장으로 활용되기는 했지만 여의도의 외형적인 형상은 크게 바뀌지 않았다.

한강을 정복하라, 100일 안에!

1968년 여의도는 급격하게 달라진다. 밤섬을 폭파한 흙과 여의도를 준설한 모래를 약 8미터 높이로 쌓아 올려 지금의 여의도를 만들었다. 원래 여의도와 마포 사이 한강 수면 폭은 200미터였다. 나머지는 모래사장이었다. 모래를 준설하여 수면 폭을 1,100미터로 넓혔다. 섬을 파서 섬을 메워 여의도를 만들었다. 계획도 없었다. 일단 매립부터 했다.

'오랜 꿈이던 한강 정복의 구체안 마련'

1967년 김현옥 서울시장은 여의도 개발계획을 완성하면서 감격의 일성을 토했다. 그에게 한강은 정복의 대상이었고 여의도는 버려진 땅일 뿐이었다. 한강 정복의 일환으로 여의도가 개발 대상에 올랐다.

이 모든 일은 1967년 여름 김현옥 시장의 돌발적인 아이디어에서 비롯한다. 한강대교 남단에서 여의도 입구를 연결하는 길이 2,200미터, 폭 20미터의 강변 제방도로 옆에 생긴 땅을 보고 그는 무릎을 쳤다.

---

* 손정목, 『서울도시계획이야기 2』, 한울, 2003.

'강을 메우고 제방을 쌓으면 땅이 생기는구나. 땅을 팔면 돈이 되는구나.
제방은 도로가 되는구나.'

그로서는 기가 막힌 아이디어였다. 강을 막으면 집도 지을 수 있고 도로도 만들 수 있었다. 필요한 모든 것을 해결할 수 있었다. 그의 눈은 여의도로 향했다.

'저 넓은 섬을 매립하면 엄청난 돈을 벌 수 있겠구나.'

여의도 모래사장이 돈으로 보였다. 광활한 여의도를 개발하여 택지로 팔면 돈을 벌 수 있다고 생각했다. 그때부터 그는 미치기 시작한다.* 그는 군인 출신이었다. 투철한 군인정신에 광기가 더해졌다. 당시 대통령은 역시 군인 출신 박정희였다. 김현옥은 당장 여의도 개발계획을 만들라고 지시한다. 1967년 8월이다. 한 달 후인 9월 9일 '한강개발 3개년 계획'을 완성하여 9월 21일 대통령에게 보고하고 그다음 날 발표한다. 그렇게 만들어진 한강개발 3개년 계획의 구체적인 사업 내용과 건설의 목표는 다음과 같다.

사업 내용**

- 강남북안에 총 74킬로미터의 제방도로 건설
- 제방도로 이면에 공유수면 매립을 통해 총 69만 7,000평의 택지 조성
- 윤중제 건설을 통한 여의도 126만 평 개발

---

* 손정목, 『서울도시계획이야기 2』, 한울, 2003.

** 서울역사편찬원, 『서울도시계획사 2』, 2021.

건설의 목표*

- 한강을 이용하는 적극적인 도시 및 산업개발 촉진
- 한강을 도시의 중심지 생활권으로 들어오게 한다.
- 한강을 최대한 이용하고 지배한다.

핵심은 여의도 개발이었다. 여의도 개발은 여의도를 매립하여 지반고를 높여 택지를 조성하는 것이었다. 해발 약 15미터 정도의 여의도를 둘러싸는 제방을 쌓고 그 안에 한강에서 준설한 모래를 채워 약 8미터가량 지반고를 높이는 것이었다. 한강은 정복의 대상이었기에 오래 걸릴 일이 아니었다. 그해 12월 27일 한겨울 윤중제 공사 기공식을 하고, 1968년 2월 10일 밤섬을 폭파한다. 거기에서 나온 돌을 쌓아 5월 31일 윤중제 공사를 완료한다. 길이 7.6킬로미터, 높이 15.5미터, 폭 21미터의 윤중제를 110일 만에 만든 것이다. 8시간씩 3교대로 24시간 철야 작업을 진행했고, 연 5만 8,400대의 중장비와 연인원 52만 명이 동원되어 850만 세제곱미터의 모래를 쌓았다. 군사작전 같은 공사로 여의도는 순식간에 원래 모습을 잃어버리고 만다. 1968년 6월 1일 대통령이 참석한 준공식이 끝난 뒤 서울시 향토예비군 12개 중대가 윤중제 위를 행군했다.**

윤중제로 둘러싸인 땅을 순차적으로 매립했다. 1969년 33만 평, 1970년 14만 평, 1971년 15만 평, 1972년 12만 평, 1973년에는 13만 평의 땅이 생겼다.*** 한강 본류, 밤섬, 샛강 등에서 굴착한 토사로 여의도를 매립하고, 택지를 조성하고, 제방을 축조했다. 매립을 위해 사용한 토사는 모두 1,245만 9,214세제곱미터로, 한강 본류에서 1,115만 3,147세제곱미터, 밤섬에서 42만 2,000세제곱미터, 샛강에서 80만 9,407세제곱미터 등을 퍼냈고, 택지 조성에 1,006만

---

* 이덕수, 『한강 개발사』, 한국건설산업연구원, 2016.

** 손정목, 『서울도시계획이야기 2』, 한울, 2003.

*** 이덕수, 『한강 개발사』, 한국건설산업연구원, 2016.

1967년 강변1로 모습이다. 당시 서울시장 김현옥은 강변1로 건설로 새로 생긴 택지를 보고 여의도 개발을 마음먹는다. 멀리 한강철교와 한강대교가 보인다. 서울특별시사편찬위원회, 『사진으로 보는 서울 4. 다시 일어서는 서울(1961~1970)』, 2005.

3,379세제곱미터 제방 축조에 240만 8,445세제곱미터 등을 썼다.* 여의도를 둘러싼 제방의 해발 표고는 15.5미터이고 매립한 여의도는 13미터다. 지금도 유심히 보면 윤중제 제방과 여의도 사이에 높이 차가 있다는 것을 알 수 있다.

윤중제라는 이름은 원래 특정 지역을 원형으로 둘러서 쌓는 제방을 일컫는 일반명사다. 하지만 여의도의 윤중제는 1972년 11월 26일 서울시 공고 제268호가 명명한 정식 명칭이다.** 제방의 이름은 지명을 따르는 게 일반적이다. 여의도에 쌓은 제방은 여의제라고 하는 게 자연스럽다. 그런데 어떤 이유에선지 윤중제가 되었다. 여의도를 둘러싸서 쌓은 제방이기에 윤중제가 맞긴 하지만 제방의 종류를 의미하는 일반명사를 제방 이름으로 삼아 윤중제의 이름이 윤중제가 되었다. 윤중로도 그래서 생겼다.

윤중로, 하면 많은 이들이 벚꽃을 떠올린다. 해마다 봄이 오면 많은 사람을 불러들이는 윤중로 벚나무는 언제 심었을까? 1971년 봄의 일이다. 재일교포가 서울시에 기증한 묘목 2,400주를 윤중제에 심은 것이 시작이니*** 어느새 50년이 넘었다. 1982년에는 창경궁에 있던 벚나무 등 1만 그루를 윤중제에 옮겨 심기도 했다.****

그 어떤 계획도, 설계도, 비전도 없이

"아이고 이 땅을 어떻게 하나?"

1970년 8월 서울시 기획관리관 손정목이 여의도 땅을 보고 한 말이다. 그

---

* 서울특별시사편찬위원회, 『한강사』, 서울시, 1985.

** 서울역사편찬원, 『서울도시계획사 2』, 2021.

*** 손정목, 『서울도시계획이야기 2』, 한울, 2003.

**** 서울역사편찬원, 『서울도시계획사 2』, 2021.

도 그럴 것이 밤섬을 폭파하여 제방을 쌓고 한강 모래를 매립하여 87만 평의 택지를 조성했는데 정작 이를 어떻게 쓸까에 대한 계획은 없었다. 일단 만들고 본 것이다. 매립하면서 누군가는 의문을 품었을 것이다. 이 땅을 매립하여 어디에 쓸까를 두고 고민하면서 매립했고 매립하면서 고민했다. 고민은 매립이 끝난 이후에도 이어졌다. 이 넓은 땅을 어디에 쓰지?

여의도 개발 구상은 1969년 5월이 되어서야 모습을 드러내고 1971년 최종 계획을 확정한다.* 1969년 한국종합기술개발공사가 '여의도 및 한강연안 개발 계획'을 통해 큰 그림을 제시하긴 했지만 구체적이지도 않았다. 그 이후 여러 번 대폭 수정을 거듭한다. 서울시 한강건설특별회계는 막대한 부채를 안은 채 허덕이고 있었다.**

아이디어 회의에서 나온 것이 고급 아파트를 짓는 것이었다. 택지를 활용해서 고급 아파트를 짓자는 말이 윤중제 완공 2년 후인 1970년 4월경에 나왔다. 시범아파트다. 고급 아파트를 짓자고 말은 꺼냈고 막상 착수했으나 그해 9월부터 시작한 입주자 모집에 희망자가 없었다. 서울시장이 가두 홍보를 하고 간부들이 입주 신청을 해야 할 정도였다. 광장도 당초에는 생각하지 못했다. 대통령이 어느 날 갑자기 지시해서 만들었다. 5·16광장이었다. 지금의 여의도 광장이다. 1970년 10월 대통령 박정희는 길이 1,350미터, 폭 280~315미터, 면적 12만 평의 광장을 만들라는 상세한 지시를 내린다. 전시를 대비한 비상 군용 비행장을 만들려는 목적이었다. 이름까지 5·16광장으로 직접 지어주었다. 광장 공사는 1971년 2월 22일 착공, 같은 해 9월 18일 준공한다.

1969년 기공식을 거행한 국회의사당은 1975년 8월 준공했다. 1972년 항공사진에 보이는 것은 건설 중인 국회의사당 건물과 시범아파트가 전부다. 여의도에 본격적으로 건물이 들어서는 것은 1970년대 후반이 되어서였다.

---

* 손정목, 『서울도시계획이야기 2』, 한울, 2003.

** 서울특별시사 편찬위원회, 『한강사』, 서울시, 1985.

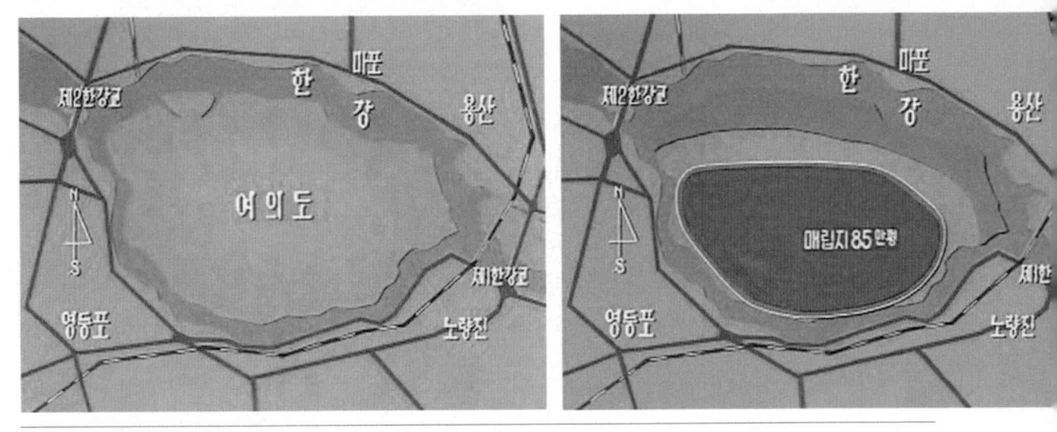

1968년 여의도 개발 모식도. 285만 평의 여의도를 둘러싸는, 길이 7.6킬로미터 제방을 쌓고 그 안을 매립하여 85만 평의 택지를 조성했다. 표시한 매립 면적은 공식 자료와는 차이가 있다. 왼쪽은 개발 전, 오른쪽은 개발 후다. 국립영화제작소.

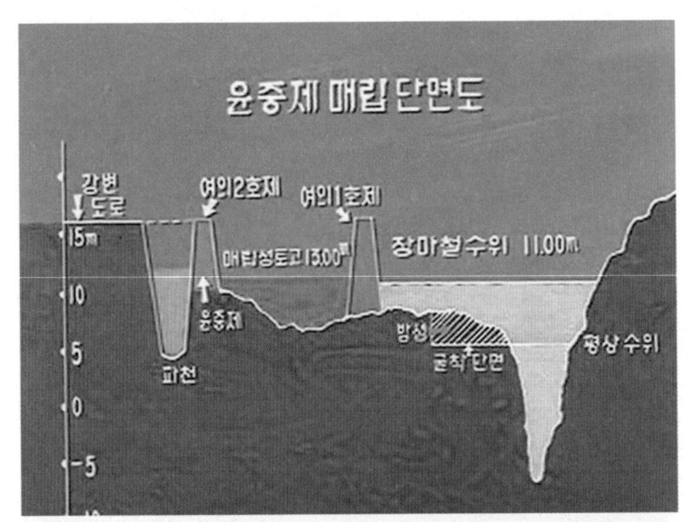

1968년 윤중제 매립 단면도. 해발 15.5미터 제방을 쌓고 그 안에 한강을 굴착한 토사를 해발 13미터로 매립하여 지금의 여의도를 만들었다. 파천이라고 쓴 샛강 하폭은 250미터, 본류 하폭은 1,300미터로 계획했다. 본류의 계획 홍수위는 14미터였다. 국립영화제작소.

1968년 3월 17일 촬영한 여의도. 윤중제 공사를 막 시작했을 때로, 왼쪽으로 건설 중인 윤중제 제방이 일부 보인다. 오른쪽 위쪽의 밤섬은 폭파된 상태다. 『한국일보』

1968년 5월 31일 여의도 윤중제 준공식을 준비하는 모습. 한강 건설 제1단계 작업 준공식 입간판이 세워져 있고, '노력의 거듭 속에 기적은 있다'는 표어도 보인다. 서울역사박물관.

1968년 여의도. 윤중제가 모습을 드러내고 있다. 샛강 곳곳이 파헤쳐져 있다.

1968년 여의도. 윤중제 공사가 진행 중이다. 오늘날 63빌딩 근처다.

1968년 여의도. 윤중제 공사가 거의 완료되었다. 멀리 비행장 활주로가 보인다. 서울특별시사편찬위원회, 『사진으로 보는 서울 4. 다시 일어서는 서울(1961~1970)』, 2005.

1968년 2월 10일 밤섬 폭파 당시의 여의도. 서울역사박물관.

1968년 여의도. 1968년 5월 31일 완공한 윤중제에 '서울은 싸우면서 건설한다'는 팻말이 보인다. 서울역사박물관, 『돌격 건설! 김현옥 시장의 서울 II』, 2013.

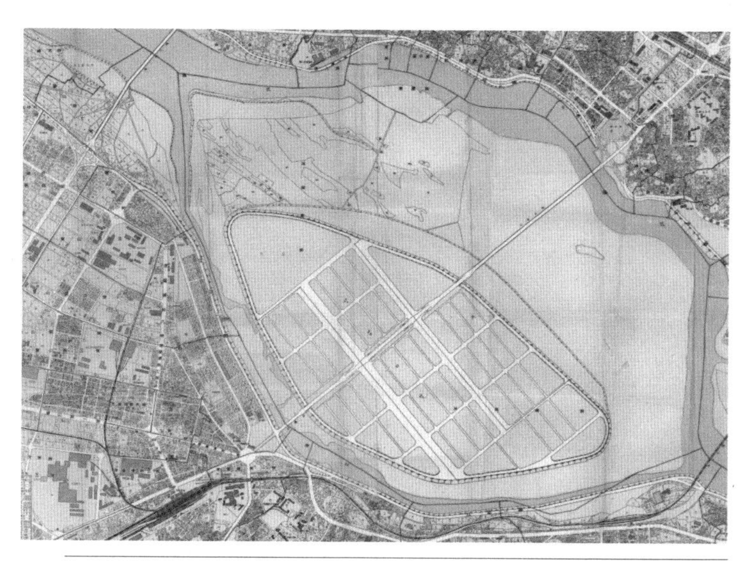

1969년 서울시 여의도 택지지도. 윤중제 공사 이후 택지 조성 계획 및 개발 지역을 표시했다. 서울기록원.

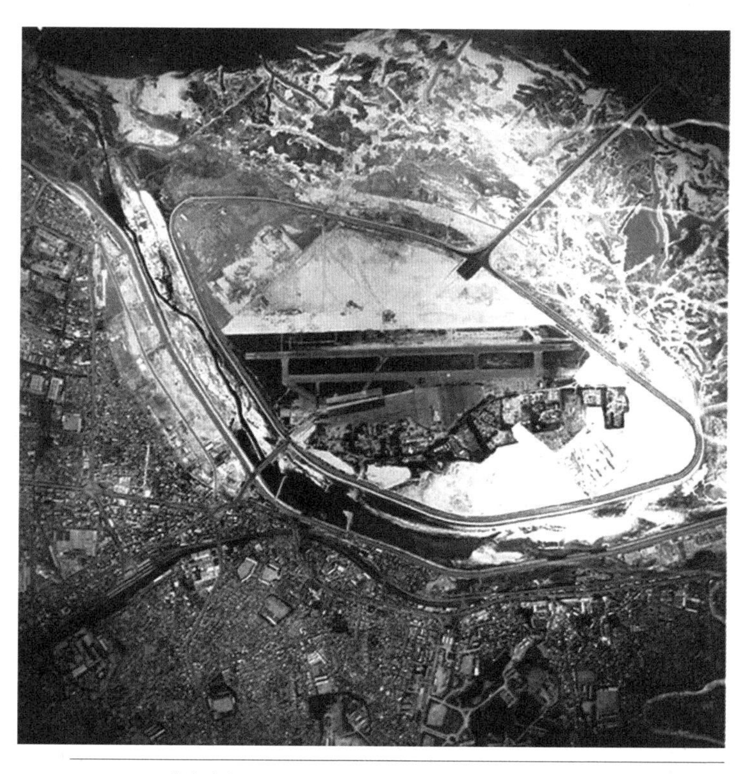

1960년대 여의도. 여의도 비행장과 마포대교가 보이는 것으로 보아 1969년 말 또는 1970년대 초에 촬영한 것으로 보인다. 윤중제가 완성되고 대규모 준설이 이루어지고 있다. 여의도는 매립되고 있다.

1971년 마포대교 인근 한강. 마포대교와 한강철교 사이 모래를 준설하고 있다. 셀수스 협동 조합.

1971년 절두산 성지에서 바라보는
여의도 밤섬. 폭파 이후지만 남아 있는
섬의 흔적이 보이고 광활한 모래사장도
그대로다. 셀수스 협동조합.

1973년 여의도. 완공한 윤중제와
건립 중인 국회의사당 건물이 보인다.
국가기록원.

1974년 여의도 샛강. 서울역사박물관,
『여의도: 방송과 금융의 중심지』, 2020.

1970년 9월 25일 촬영한 여의도에 건설될 시범아파트 조감도. 멀리 마포대교가 보이고 시범아파트 앞 한강도 보인다. 당시 한강에는 모래가 많았는데 모래 대신 강물만 표시되어 있다. 서울역사박물관.

1973년 여의도 시범아파트 단지와 마포대교. 아래쪽에 여의도 시범아파트가 보이고, 마포대교 아래 위쪽으로 모래를 준설하고 있다. 서울역사박물관.

1975년 매립이 진행 중인 여의도. 윤중제 안쪽으로 매립 중인 여의도와 멀리 마포대교가 보인다. 서울역사박물관.

1977~1980년 여의도. 본격적으로 건물이 들어서고 있다.

1981년 여의도. 63빌딩을 세우는 중이고,
한강 준설은 막바지 단계다. 서울특별시사편찬위원회,
『사진으로 보는 서울 6. 세계로 뻗어가는 서울(1981~1900)』, 2010.

1981년 여의도. 원효대교가 건설되었다. 이때까지도 한강에는
모래가 많이 있었고 끊임없이 준설이 이루어지고 있었다.

누구를 위한, 무엇을 위한 변신인가

1969년 2월 항공사진에는 완성한 윤중제가 뚜렷하다. 윤중제 안쪽이 일부 메워지고 있다. 동서 방향의 공항 활주로도 보인다. 마포대교 설치 기초 작업이 보인다. 밤섬의 흔적도 남아 있다. 곳곳에 모래 준설 흔적도 있다. 만초천 합류 지점에 모래가 많다. 당시만 해도 많은 양의 모래가 만초천에서 나오고 있었다.

1910~1930년대 지도를 보면 여의도 대부분 지역의 해발 표고는 5~10미터 정도이고, 한강은 여의도와 마포 사이에 좁게 흘렀다. 이 당시 지도와 1969년 항공사진을 겹쳐보면 거의 일치한다. 개발을 시작한 1969년까지 여의도의 모습이 거의 변하지 않았음을 알 수 있다. 40~50년 동안 여의도의 모습이 변하지 않았다면 그 이전에도 비슷한 모습을 유지했다고 추정할 수 있다. 지금보다 3.3배 이상 넓었던 여의도가 크게 달라지기 시작한 것은 윤중제 공사 이후부터다.

1972년 항공사진으로 본격적인 개발 상황을 알 수 있다. 국회의사당이 들어서고 시범아파트가 공사 중이다. 기존 공항 활주로는 사라지고 5·16광장이 들어섰다. 많은 지역이 매립되고 있다. 한강의 준설은 본격적으로, 광범위하게 이루어지고 있는 중이다.

여의도 인근 한강에서 1968년 준설을 시작한 뒤 1986년까지 18년 동안 준설은 끊임없이 이어졌다. 1970년대에는 물 위에 드러난 모래가 준설로 사라졌고 1980년대에는 물속 모래도 준설되었다. 강을 파서 강을 메우는 동안 한강도 원래 모습을 상실했고 여의도도 원래 모습을 잃었다. 인공의 한강이 되었고 인공의 여의도가 되었다. 여의도는 한강에서 가장 먼저 제 모습을 잃은 곳이 되었다. 여의도에 이어 한강 전역에서 준설과 매립이 이루어졌다.

1984년 항공사진을 보면 이때에도 준설이 계속되고 있는 것을 알 수 있다. 준설의 결과는 넓은 수면의 출현이었다. 모래는 전혀 보이지 않고 넓은 수면만 광활하게 펼쳐진 한강이 되었다. 그렇게 만들어진 한강의 모습은 1988년 이후 거의 달라지지 않는다.

2020년 항공사진을 보면 1969년에 비해 약 3.2제곱킬로미터(96만 8,000

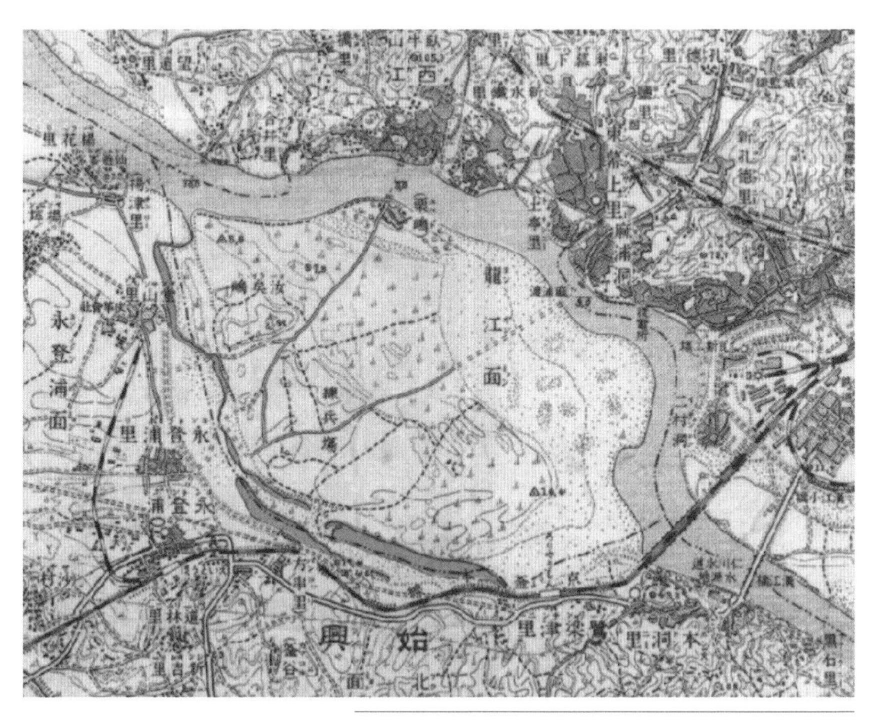

1910~1930년대 여의도 지도. 여의도는 오늘날보다 훨씬 큰 섬이었다.

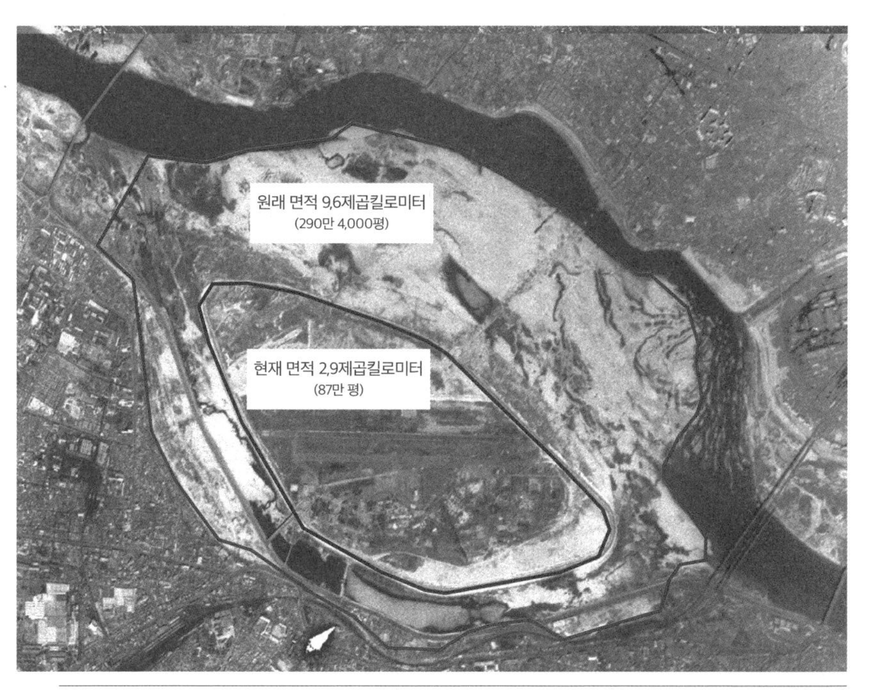

1969년 여의도 항공사진. 윤중제만 완성된 상태이고 기존 활주로(동서 방향)를 비롯한 대부분이 예전 모습이다. 마포대교 건설을 위한 기초 작업을 진행하고 있다. 항공사진에서 측정한 여의도의 전체 면적은 약 9.6제곱킬로미터(290만 4,000평)로 오늘날 2.9제곱킬로미터(87만 평)보다 훨씬 더 넓었다.

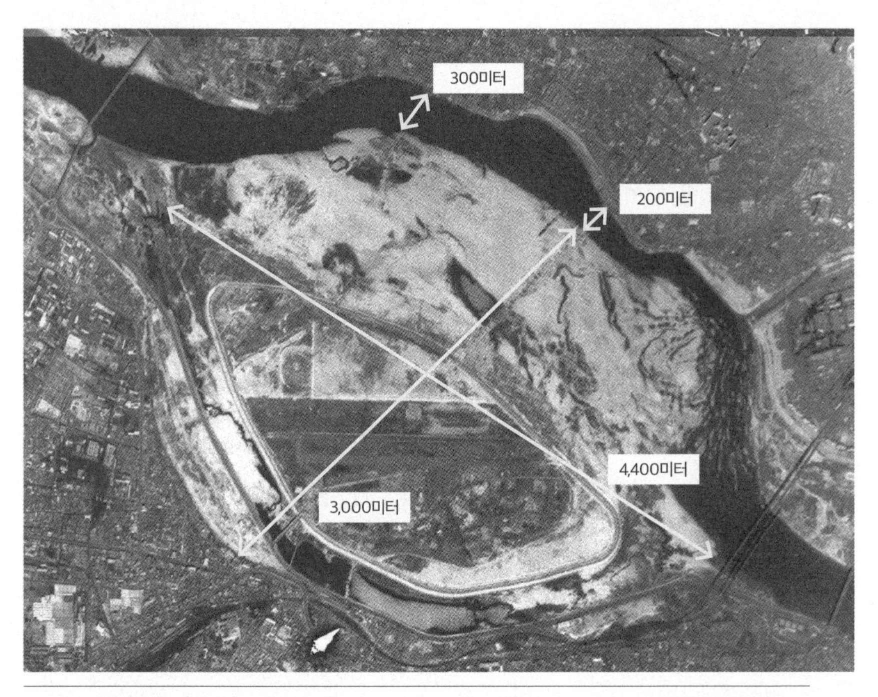

1969년 한강 수면 폭을 보면 마포대교 지점은 약 200미터, 밤섬 지점은 약 300미터로 지금보다 훨씬 좁았다.

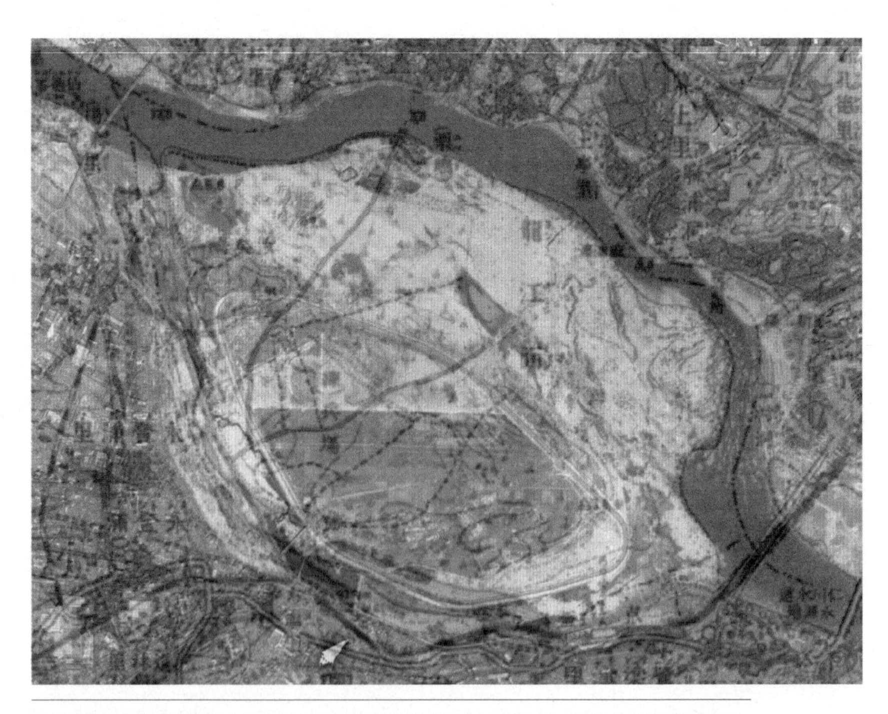

1910~1930년대 여의도 지도와 1969년 촬영한 항공사진을 겹쳐보면 거의 일치하는 것을 알 수 있다.

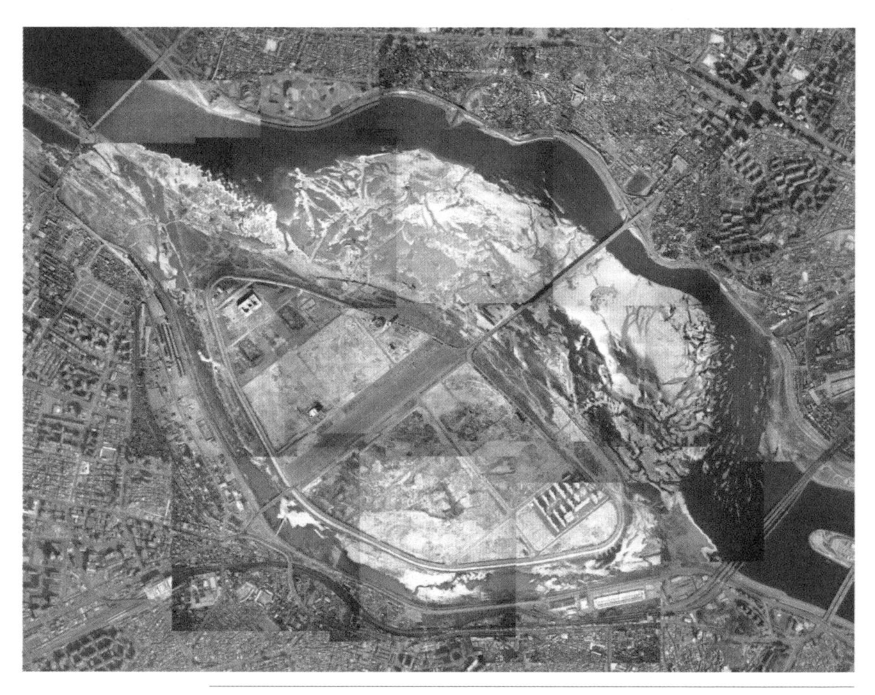

1972년 여의도 항공사진. 5·16 광장이 들어섰고 국회의사당과 시범아파트가 공사 중이다. 한강 모래 준설을 본격적으로 시작한다.

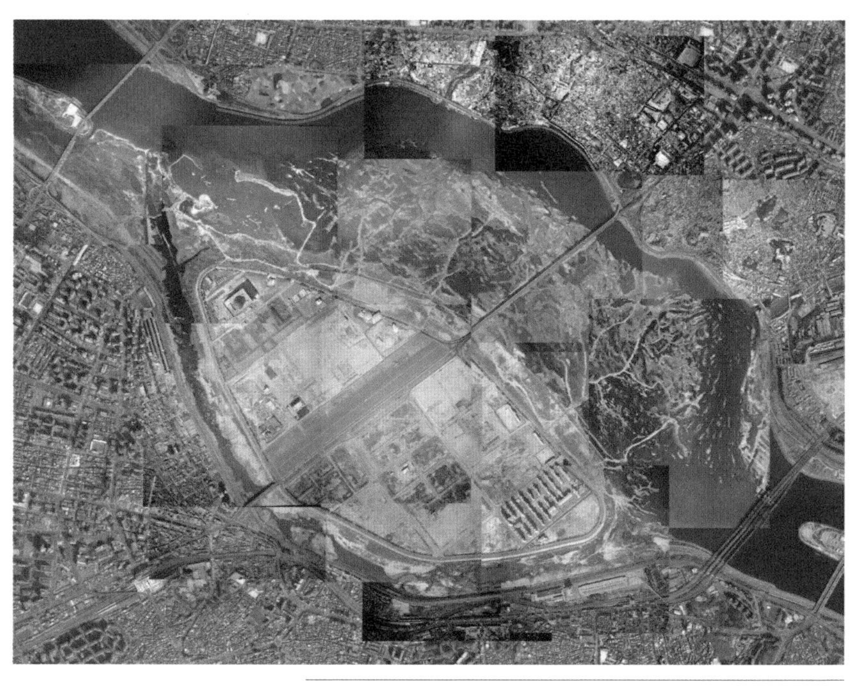

1974년 여의도 항공사진. 준설이 상당히 진행되어 모래가 많이 줄어들었다.

1977년 여의도 항공사진. 준설을 계속 진행하고 있다.

1984년 여의도 항공사진. 준설을 거의 마무리했다.

1988년 여의도 항공사진. 준설을 완료해 모래가 전혀 보이지 않는다. 밤섬은 일부만 남아 있다. 오늘날 모습과 같다.

2020년 여의도 항공사진. 과거와는 크게 달라진 모습이다.

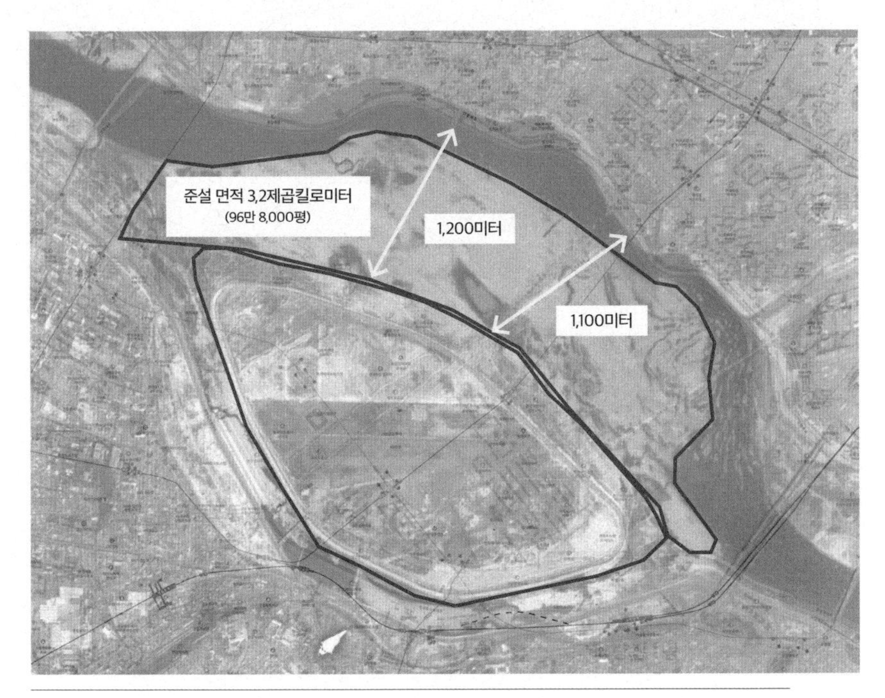

1969년 촬영한 여의도 항공사진과 현재 지도를 중첩해 보면 1969년 사진에 있던 모래 약 3.2제곱킬로미터(96만 8,000평)가 사라졌다. 마포대교 지점 수면 폭은 약 1.1킬로미터로 1969년 200미터에 비해 크게 넓어졌다. 밤섬 지점 수면 폭도 300미터에서 1.2킬로미터로 크게 늘어났다.

평)의 모래사장이 사라진 것을 알 수 있다. 마포대교 지점의 수면 폭은 1969년 약 200미터에서 2020년 1.1킬로미터로 늘어났고 밤섬 인근은 약 300미터에서 1.2킬로미터로 크게 늘어났다.

여의도는 상전벽해다. 아름다운 백사장이었을 땅이 거대한 빌딩 숲이 되었다. 다시 예전의 모습으로 절대 돌아갈 수 없다. 그렇다고 이대로 두어야 할까? 건물을 모두 허물고 빈 땅으로 만들 수는 없지만 원래 여의도에 있던 드넓은 모래사장은 복원이 가능하다. 불가능하지 않다. 예전과 똑같은 모습이 될 수는 없겠지만 원형에 좀 더 가까운 모습으로 만들어갈 수는 있다.

그러자면 무엇부터 해야 할까. 원래 여의도 모습을 기억하는 일이 첫번째다.

그리고 한강 회복을 위해 노력해야 한다. 최대한 원래의 모습과 가깝게 되돌려야 한다. 원래 여의도 모습을 한강 복원의 기준으로 삼아야 한다. 이 기준을 바탕으로 한강을 관리해야 한다. 폭파하면서까지 없애버린 밤섬이 저절로 되살아나고 있다. 한강의 복원이 불가능하지 않다는 걸 밤섬을 통해 배울 수는 없는 걸까.

사람이 폭파한 밤섬의 부활

그 섬에 사람이 살고 있었네

밤섬은 무인도다. 사람이 살지 않은 지 오래되었다. 한강 가운데 있는 섬이라 접근도 어렵다. 그렇게 하여 오늘날 밤섬은 철새 도래지가 되었다. 다양한 생태계를 잘 보전한 땅이 되었다. 1999년 서울시는 제1호 생태경관보전지역으로 지정했고, 2012년 6월 람사르 습지로 등록되었다. 서울 한복판에 람사르 습지로 존재한다는 사실은 밤섬의 소중한 가치다.

한강에는 밤섬 같은 섬이 많았다. 대부분 모래섬으로 큰 홍수가 나면 잠겼지만 평상시에는 드러나 있었다. 몇 개의 섬에는 사람이 살았다. 밤섬에는 오랫동안 사람이 살았다.

조선 초기부터 500년 넘게 사람이 살고 있었다고 전해진다. 1933년 여의도에 102가구 612명이 살았다는 기록이 있다. 적지 않은 사람이 살고 있었다는 걸 말해준다. 1968년에는 17대에 걸쳐 62가구 443명이 살고 있었다.*

밤섬 주민들은 주로 뱃사공, 배 목수, 어업에 종사했다. 선원들을 위한 서비스업이나 땅콩 등 기호식품을 강 밖에 제공하는 농업에도 종사했다고도 한다.

---

* 손정목, 『서울도시계획이야기 2』, 한울, 2003.

실제 한강에서 떠다니는 배는 대부분 이곳에서 만들어졌다.*

1968년 폭파로 사라지기 직전 밤섬의 면적은 0.057제곱킬로미터(1만 7,393평)였다. 단순한 모래섬이 아니어서 사람이 살 수 있었다. 넓게 펼쳐진 모래사장은 여의도와 닿았고, 바로 옆으로 한강이 흘렀다. 하지만 암석으로 이루어진 높은 곳이 있었다. 그 때문에 사람이 살 수 있었다. 1968년 폭파 이전 사진을 보면 넓은 모래사장과 더불어 암석으로 이루어진 밤섬을 확인할 수 있다.

밤섬과 여의도는 조선 후기 지도에 하나의 섬으로 그려지곤 했다. 위쪽을 율도, 아래쪽을 잉화도라고 했다. 구분 없이 두 섬을 합쳐 율도라고만 표시한 지도도 많다. 두 섬은 이처럼 떨어질 수 없는 관계였지만 성격은 꽤 달랐다. 밤섬은 뽕밭으로, 여의도는 목축장으로 활용했다. '밤섬 안에서 백성이 개간하여 경작하는 것을 금하고 뽕나무만 심어서 그것이 자라거든 섬 안의 심을 만한 곳을 가려서 옮겨 심게' 한 기록이 조선 초『문종실록』에 나와 있다. 이때만 해도 밤섬의 뽕나무를 서호 일대의 아름다운 풍광으로 꼽았다. 조선 중기에는 경작지가 들어섰다.『인조실록』에는 밤섬보다 뽕나무가 잘 되는 곳이 없으니 경작을 못 하게 해 달라는 기사가 있다. 18세기 문인 채제공의 시에는 밤섬에 참외밭이 있어 이를 판매했다고도 나온다. 넓은 들판을 경작지로 활용하면서 조선 후기에는 이곳 백성들이 상당히 부유했다고도 한다. 조선 후기에는 활터로 이용했다.

밤섬이 있는 서강과 마포 일대에 많은 문인이 살았고, 이름난 시인들이 밤섬의 아름다움을 노래한 시가 많이 남아 있다.**

'밤섬의 풍광은 사람을 시름겹게 하니'_ 권벽, 16세기 후반

'뱃사공이 밤섬 좋다 일러 주면서'_ 이행, 1502년

'밤섬에서 노닐면서'_ 심육, 18세기

---

* 윤진영 등,『한강의 섬』, 마티, 2009.

** 윤진영 등,『한강의 섬』, 마티, 2009.

1964년 밤섬. 홍수로 인해 밤섬과 여의도 사이가 잠겼다.
서울특별시사편찬위원회, 『사진으로 보는 서울 4. 다시 일어서는 서울(1961~1970)』, 2005.

1966년 밤섬. 섬 주위에 모래가 많이 보인다. 서울시 보도자료. 2014. 1. 21.

1968년 밤섬. 섬 형태가 밤 모양을
닮아 밤섬이라고 했다.

1968년 밤섬. 폭파되기 직전으로,
암석으로 이루어진 높은 곳에
사람들이 살고 있었다. 서울기록원.

1968년 2월 10일 폭파 직전의 밤섬.
서울역사박물관, 『돌격 건설! 김현옥
시장의 서울 II』, 2013.

'평평한 모래판은 제비 꼬리처럼 갈라지고'_ 김재찬, 19세기

밤섬을 없애는 데 걸린 시간? 닷새!

1968년 2월 10일 오후 3시, 서울시는 밤섬을 폭파한다. 밤섬 폭파에 걸린 시간은 단 몇 초였다. 밤섬에 살던 수백 명의 주민들이 밤섬에서 쫓겨나는 데 걸린 시간은 단 5일이었다. 이들은 단 5일 만에 마포구 창전동 와우산 연립주택으로 거주지를 옮겨야 했다.* 국가는 개발이라는 이름으로 그들에게 삶을 희생할 것을 요구했다. 토지와 주택 보상비를 받긴 했지만, 그걸로 희생의 대가를 다 치렀을 리가 없다. 수백 년 동안 사람이 사는 땅이었던 밤섬에서 사람들이 사라지고, 수천 년 유지되어 오던 섬이 흔적도 없이 사라지는 데 걸린 시간은 불과 몇 달이었다. 밤섬의 사람들은 그렇게 쫓겨났고 밤섬은 그렇게 사라졌다.

그렇게까지 밤섬을 없애야 하는 이유는 무엇이었을까. 여의도 윤중제를 건설하기 위해서였다. 폭파 후 이곳에서 모두 11만 4,000세제곱미터의 잡석을 채취했다. 트럭 4만 대 분량이었다. 폭파 작업에 든 총공사비는 5,480만 원이었고 밤섬 폭파로 나오는 잡석으로 5,000만 원이 회수되어 실제 공사비는 480만 원이 들었다.** 당시 『조선일보』의 밤섬 폭파 관련 기사는 다음과 같다.

> "'밤섬'은 문명의 바다에 뜬 원시의 섬처럼 아직도 태고의 꿈을 간직한 마을이라고 한다. 그 주민들은 타의든 자의든 500년 동안 대대손손 그들대로의 생활 방식을 지니며 살아왔다는 것이다. 그들은 아직도 부군신이라는 토속신을 믿고 의지한다. 서울특별시민이지만 강물로 밥을 짓고 초롱불로 어둠을 밝히며 살아온 사람들이기도 하다. (중략) 쫓겨난 '밤섬'의 주

---

* 「자취 감출 신비의 마을 밤섬」, 『조선일보』, 1968. 2. 4.

** 「근대화에 밀려 수장되는 한강 섬마을 「밤섬」 폭파」, 『조선일보』, 1968. 2. 11.

1968년 2월 10일. 폭파되는 밤섬. 국립영화제작소.

1968년 3월 16일. 폭파 이후 밤섬. 대부분의 섬이 사라졌다. 서울역사박물관,
『돌격 건설! 김현옥 시장의 서울 II』, 2013.

민들을 생각해 보자. 가난하고 불편한 터전에서 살아온 사람들이지만 그들은 문명한 땅보다 도둑 없는 미개의 그 섬에서 살기를 더 원했는지도 모른다. 근대화는 외부의 행복이 아니라 내면의 행복을 건설할 때 비로소 즐거운 것이 된다는 사실을 잊어선 안 된다."_『조선일보』, 1968. 2. 13.

밤섬을 폭파한 이유는 또 있다. 윤중제 건설로 좁아진 한강의 폭을 넓히기 위해서였다. 1967년 11월 건설부와 서울시는 여의도 개발 조건으로 한강 본류의 폭을 1,300미터로 유지하도록 합의한다. 밤섬을 폭파해야만 이 폭을 확보할 수 있었다. 밤섬 폭파는 한강의 폭도 확보하고 윤중제 설치를 위해 필요한 석재도 확보하는 일석이조의 아이디어였던 셈이다.

사람은 폭파하고, 자연은 다시 되살리고

한강의 밤섬은 그렇게 순식간에 사라졌다. 폭파 전 밤섬은 서쪽 아랫밤섬 일부였고, 윗밤섬을 포함한 그 일대는 거대한 백사장이었다. 폭파 이후 섬 주위 모래사장은 모두 준설로 파헤쳐졌다.

이걸로 밤섬은 완전히 사라졌다고 여겼다. 자연은 예측할 수 없다. 물속에 남아 있던 밤섬의 뿌리가 조금씩 성장하기 시작했다. 어떤 이유인지는 알 수 없지만 준설 이후 기존 밤섬 인근에 약 17만 3,200제곱미터(5만 2,400평)의 면적이 남았다. 1988년 항공사진에서 측정한 면적이다. 그뒤로 뜻밖에 이 섬이 자라기 시작한다. 약 12년 동안 5만 2,200제곱미터(1만 5,800평)의 면적이 늘어 2000년에는 22만 5,400제곱미터(6만 8,200평)가 된다. 다시 20년이 지난 2020년에는 4만 7,900제곱미터(1만 4,500평)가 증가, 27만 3,300제곱미터(8만 2,700평)가 된다. 1988년에 비해 1.6배 늘어났다. 1988~2000년 사이에 연평균 4,350제곱미터(1,300평), 2000~2020년 사이에 연평균 2,395제곱미터(724평) 증가했다. 꾸준히 섬이 자라온 것이다.

폭파의 영향으로 밤섬은 크게 달라졌다. 1963년과 2018년 측정한 밤섬 지역 한강 단면은 크게 다르다. 밤섬 개발이 이루어지기 이전인 1963년 밤섬 왼쪽은 수로와 더불어 거대한 모래사장이 있었다. 오른쪽은 오늘날과 비슷한 형태였다. 1968년부터 시작한 밤섬 폭파와 준설로 밤섬 왼쪽 지형은 크게 달라졌다. 밤섬을 포함하여 대부분의 모래사장이 준설로 사라진다. 1988년 밤섬 왼쪽 모래사장은 모두 사라지고 넓은 수면이 그 자리를 차지했다. 그 결과 오른쪽은 수면 폭이 300미터로 개발 이전과 비슷하지만 왼쪽은 760미터로 크게 넓어졌다. 폭파 이전인 1963년 밤섬 높이는 약 12미터로 추정하는데 2018년 밤섬의 표고는 7.36미터로, 4.6미터가량 낮아졌다.

사라진 줄 알았던 밤섬의 면적이 1.6배 넓어지는 데 32년이 걸렸다. 인간은 순식간에 섬을 폭파했지만 자연은 이를 서서히 회복시키고 있다. 인간이 간섭하지 않는 동안 자연은 스스로를 회복하고 있다. 원래 섬이 있던 자리에 섬이 다시 자리를 잡고 있다. 원래 밤섬처럼 암반으로 된 높은 섬이 되기는 어려워도 모래가 쌓이면서 면적은 매년 점점 넓어지고 있다. 『동아일보』 보도에 따르면* 밤섬 면적은 1966년 4만 5,684제곱미터(13,800평)에 불과했으나 2013년부터 꾸준히 늘어나고 있다. 밤섬 면적이 늘어나는 이유에 대해 학술적으로 규명한 바는 없지만 섬 윗부분은 폭파해서 골재로 활용했지만 아랫부분인 수중 섬은 그대로 남아 그 위에 모래가 쌓이면서 면적이 늘어난 것으로 보인다.

강은 콘크리트 바닥이 아니다. 물과의 상호작용으로 끊임없이 변화한다. 홍수 때 강물에 떠내려온 모래가 쌓이기도 하고 쌓인 곳이 다시 씻겨 내려가기도 한다. 끊임없이 자기 균형을 유지한다. 강의 특성이다. 밤섬의 면적이 다시 늘어나는 것도 같은 원리다. 홍수가 나면 모든 것을 쓸고 간다고 여기지만 함께 쓸려온 모래가 쌓여서 섬을 키우기도 한다는 걸 밤섬이 보여준다. 원래 밤섬에는 모래가 잘 쌓였다. 폭파된 뒤에도 원래의 속성은 남았다. 자연은 그렇게 오랜 시간

---

* 「한강 밤섬, 토사 쌓여 5년새 8600제곱미터 커져」, 『동아일보』, 2023. 5. 11.

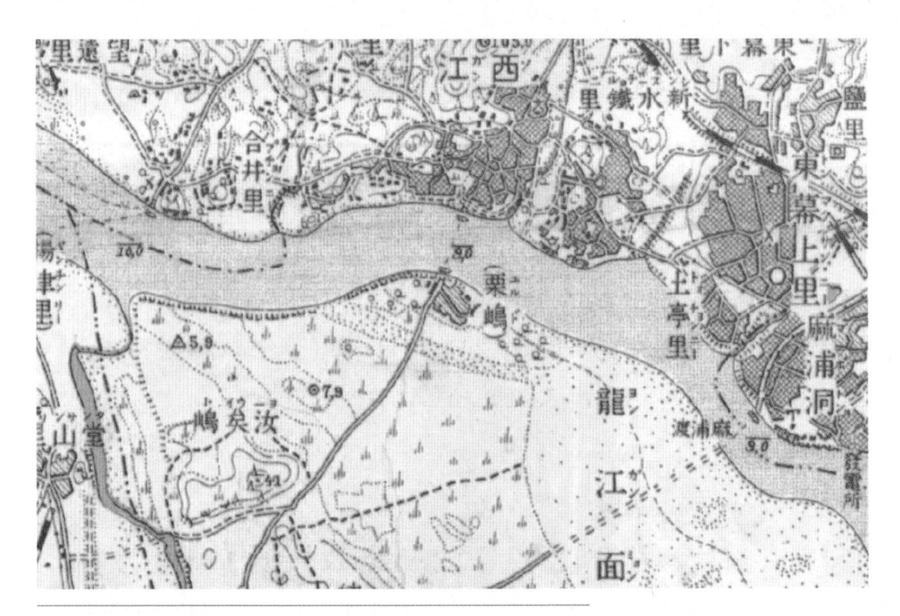

1910~1930년대 밤섬 지도. 여의도와는 따로 밤섬을 율도라고 표시하고 있다.

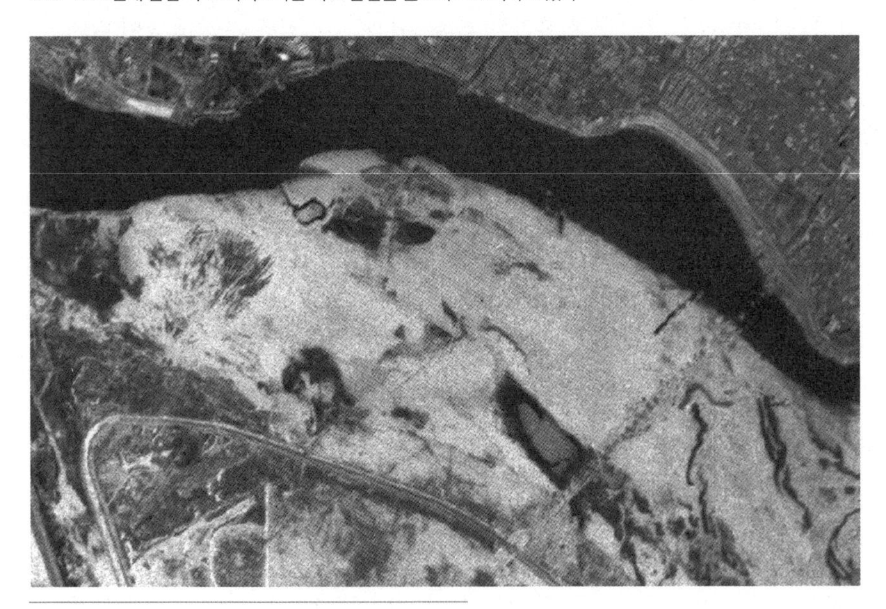

1969년 밤섬 항공사진. 1968년 2월 폭파 이후 흔적만 남았다.

1972년 밤섬 항공사진. 준설로 인해 밤섬의 흔적이 보이지 않는다.

1975년 밤섬 항공사진. 밤섬 주위 준설이 이어지고 있다.

1978년 밤섬 항공사진. 준설 이후 일부만 남았다.

1982년 밤섬 항공사진. 밤섬 자리에 서강대교가 들어서고 있고, 그 주변에서 준설을 하고 있다.

1988년 밤섬 항공사진. 밤섬 주위 준설은 끝났고, 오늘날과 비슷한 밤섬 형태만 남았다.

2000년 밤섬 항공사진. 서쪽과 동쪽 면적이 늘어나면서 섬의 형태가 변화하고 있다.

2020년 밤섬 항공사진. 지속적으로 면적이 늘어나고 있다.

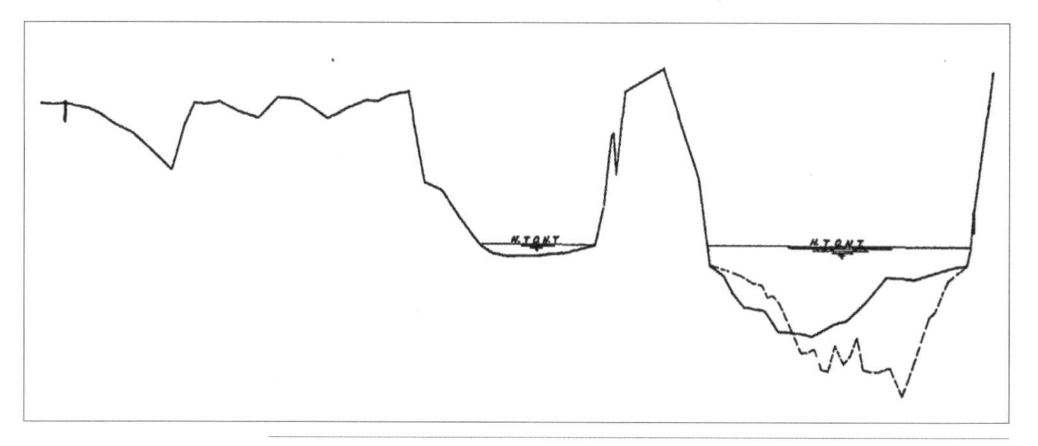

1963년 건설부에서 발간한 『한강하상변동조사보고서』에 수록한 밤섬 형태.
중간에 밤섬이 있고 오른쪽으로 한강이 흘렀다. 왼쪽으로는 오른쪽에 비해 높으면서도 작은 물길이 있고
왼쪽으로 넓은 모래사장이 있었다. 점선은 1953년 당시 하천 단면이다.

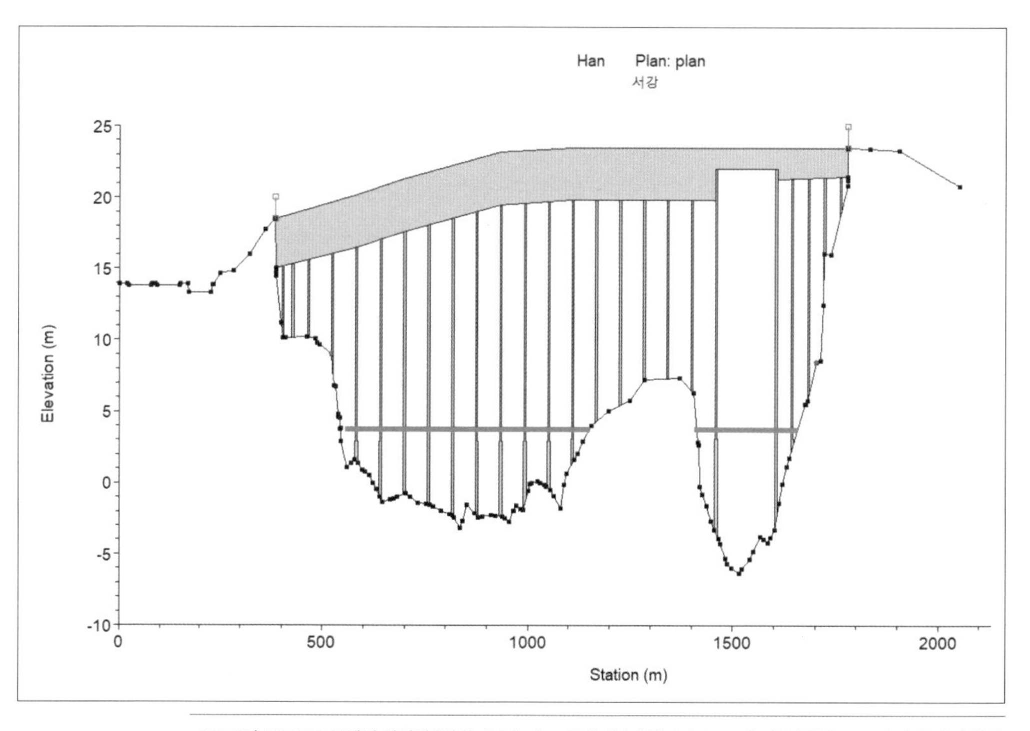

2020년 국토교통부에서 발간한 『한강(팔당댐~하구) 하천기본계획(변경) 보고서)』에 수록한 2018년 당시 밤섬 형태.
서강대교 지점의 한강 단면으로 중간에 솟아오른 부분이 밤섬이다. 폭은 87미터다. 밤섬 윗부분은 폭파해 사라지고
아랫부분은 그대로 남아 있다. 1960년대에 비해 왼쪽 부분이 크게 넓어졌다. 밤섬 오른쪽 수면 폭은 약 300미터로
밤섬 폭파 이전과 비슷하고 밤섬 왼쪽 수면 폭은 약 760미터로 오른쪽에 비해 두 배 정도 넓다.
서강대교 지점 한강의 평상시 수면 폭은 약 1,200미터다.

밤섬 면적 변화(단위 : 제곱미터)

연도	1966	2013	2018	2023
밤섬 면적	4만 5,684	27만 9,531	28만 4,381	29만 3,012

* 자료: 서울시, 2023.

밤섬 측정 결과(단위 : 제곱미터)

연 도		1988	2000	2020
밤섬 면적	합 계	17만 3,200	22만 5,400	27만 3,300
	아랫밤섬(서측)	5만 8,700	8만 8,900	11만 7,600
	윗밤섬(동측)	11만 4,500	13만 6,500	15만 5,700

* 2020년 밤섬 전체 면적은 1988년에 비해 약 1.6배 늘어났다. 서측 아랫밤섬은 두 배, 동측 윗밤섬은 1.4배 늘어났다.

** 항공사진에서 지리정보시스템(GIS)을 이용하여 측정한 값으로 서울시 발표 자료와는 차이가 있다.

에 걸쳐 차츰차츰 모래를 쌓아 다시 섬을 키웠다. 그렇다고 무작정 계속 커지지는 않는다. 일정한 균형을 유지하며 퇴적과 세굴을 반복한다. 밤섬은 누군가 만든 것이 아니라 자연 그 자체이기 때문이다.

오늘날 밤섬이 생태의 보고가 된 것은 인간의 손길이 미치지 않아서였을 것이다. 사람들이 쉽게 접근할 수 있었다면 밤섬의 자연은 회복이 어려웠을 것이다. 이것은 역설적으로 새로운 가능성을 보여준다. 인간의 간섭을 줄이고 회복할 수 있는 여건만 조금 만들어준다면 자연은 인간의 예상보다 훨씬 빨리 회복한다. 파괴만큼 빠를 수는 없지만, 절망할 만큼 느리지도 않다. 한 번 파괴한 자연은 복원하기 어렵지만, 아주 불가능한 것은 아니다. 한강 위에 스스로 존재하고 있는 밤섬은 어쩌면 우리에게 그럴 수 있다고 말해주는 건 아닐까. 우리가 밤섬에서 배워야 하는 교훈이 아닐까. 한강이 스스로 복원할 수 있게 우리가 할 일을 찾아야 하지 않을까.

선유도, 봉우리가 변하여 섬이 되었네

선유도의 원래 이름, 선유봉

한강에는 강 중간의 섬을 지나가는 다리가 두 개 있다. 1917년 만들어진 한강대교(제1한강교)와 1965년 개통한 양화대교(제2한강교)다. 다리를 건너노라면 각각 노들섬과 선유도가 있다. 예전에는 제1중지도와 제2중지도로 불렸다. 대중교통으로도 손쉽게 접근할 수 있다.

선유도는 주위로 한강이 흐르고 다리를 건너지 않고는 갈 수 없으니 섬이 맞다. 그러나 원래 선유도는 강 중간에 떠 있는 섬이 아니었다. 강변의 작은 봉우리였다. 이름도 선유봉이었다. 1910~1930년대 지도를 보면 높이 52.6미터의 봉우리다. 선유도의 원래 모습이다. 여의도에서 가장 높은 곳은 41미터, 대부분 평지였으니 선유봉은 주변에서 꽤 높은 봉우리였다.

선유봉은 한강 팔경 중 하나였다. 많은 누각과 정자가 이곳에 자리를 잡았다. 수많은 기록이 남아 있다. 겸재 정선의 선유봉 그림은 익숙하다. 율곡 이이는 29세 때 친한 벗들과 양화도에서 배를 타고 선유봉을 유람하며 시회를 즐겼다. 선조 연간에 조선에 온 중국 사신들에게 선유봉 아래 뱃놀이는 필수였다. 선유봉에 올라 경관을 즐기기도 했고 다녀간 흔적을 글씨로 남기기도 했다. 많은 문인이 배를 타고 선유봉의 경관을 관망하거나 선유봉에 올라 주변 경관을 조망했

1948년 4월 13일 선유봉에서 촬영한 사진. 서울시.

다. 선유봉 주위 서호는 한강을 대표하는 명승이었다. 조선 초기에는 신도팔경의 하나였고, 후기에는 서호십경으로 불렸다.*

지금의 한강은 한강 전체를 통틀어서 말하지만 조선시대에는 여러 이름으로 불렸다. 한강이라고 불린 곳은 오늘날 한남동 앞이다. 그곳에는 한강진이라는 나루터가 있었다. 동호대교 인근은 동호東湖라고 불렸다. 서강대교 인근의 서호西湖와 대칭을 이루었다. 서호는 서강西江이라고도 했다. 한강을 중심으로 동쪽은 동호, 서쪽은 서호였다. 용산은 남호南湖라고 했다. 뚝도, 노량, 용산, 마포, 양화진을 5강江이라고 했다.**

* 윤진영 등, 『한강의 섬』, 마티, 2009.

** 서울특별시사편찬위원회, 『한강사』, 서울시, 1985.

섬이 된 뒤로 선유도는 공원으로 익숙하다. 수질정화원, 수생식물원, 녹색 기둥의 정원, 시간의 정원 등 보거나 갈 곳이 많다. 공원 이전에는 정수장이었다. 서울 서남부 지역에 수돗물을 공급하는 선유 수원지였다. 1978~2000년 운영하던 정수장을 폐쇄한 뒤 시설을 활용해 2002년 4월 지금의 선유도 공원을 만들었다. 봉우리에서 섬으로, 섬에서 정수장으로, 정수장에서 공원으로 변신을 거듭했다. 그렇게 선유봉은 선유도가 되어 일제 강점기부터 현재까지 100년의 역사 동안 그 모습을 끊임없이 바뀌와야 했다.

선유봉을 선유도로 만든 까닭은?

선유봉이 달라지기 시작한 것은 1929년 무렵으로 거슬러 올라간다. 조선총독부가 1929년 발간한 『조선하천조사서』의 한강 개수 계획에는 여의도와 안양천을 연결하는 제방 건설 계획과 더불어 선유봉 근처 준설 계획이 나와 있다. 1938년 발간한 『1935년 조선직할하천공사연보』에는 준설을 이미 완료한 부분과 계획 중인 부분을 함께 표시했다. 1935년 무렵 선유봉 주위 준설이 이루어졌음을 추정할 수 있다. 준설 목적은 선유봉 주위의 좁은 한강 폭을 넓혀 홍수를 소통시키기 위한 것으로 보인다. 이때부터 선유도는 점차 섬으로 변형을 시작했다. 1936년 지도에는 선유봉으로 표기하고, 두 개의 봉우리 등고선을 표시해뒀다. 인근은 농경지, 봉우리 기슭에는 민가를 표시했다.

1910~1930년대 지도에 높이 52.6미터로 표시했던 선유도 봉우리는 1965년 모두 제거된 듯하다. 1965년 1월 사진에 일부 보이던 봉우리가 같은 해 항공사진에는 남아 있지 않다. 오늘날 선유도 봉우리 높이는 19.8미터로 과거에 비해 크게 낮아졌다.

1963년 한강 측량자료에서 선유도의 모습을 추측할 수 있다. 한강 중간의 선유도 오른쪽으로 한강이 흐르고 있지만 왼쪽은 평상시에는 물이 흐르지 않았다. 일제 강점기에 왼쪽이 준설되기는 했지만 평상시에도 물이 흐르는 완전한

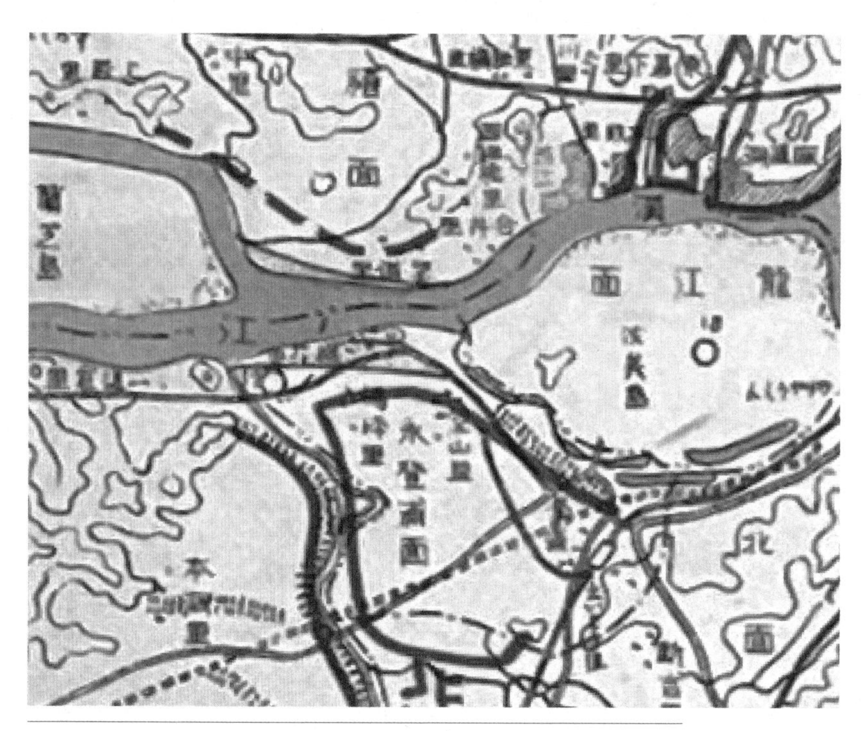

1929년 조선총독부에서 발간한 『조선하천조사서』에 수록한 한강 개수 계획 중 여의도 부근.
선유봉을 작게 그렸고, 그 부근으로 제방을 위한 붉은 선을 그려넣었다.
여의도 왼쪽 선유봉 근처에 붉은색으로 준설 계획을 표시했다.

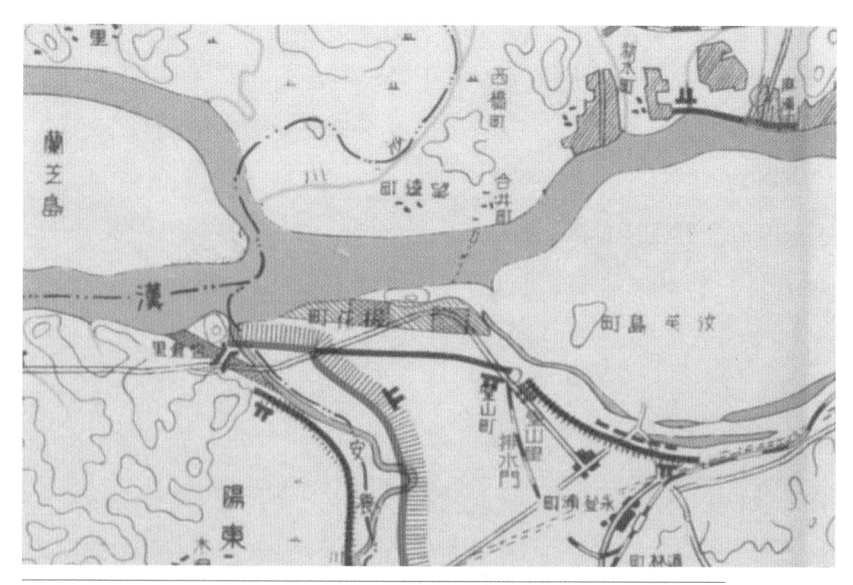

1938년 조선총독부에서 발간한 『1935년 조선직할하천공사연보』에 수록한 선유봉 인근 개수 계획.
선유봉 주위에 이미 굴착한 부분은 파란색으로, 굴착 예정지는 붉은색으로 표시했다.

1936년 지도 「대경성전도」에서는 선유봉으로 표시했다. 주변은 농경지다. 서울역사박물관, 『서울지도』, 2006.

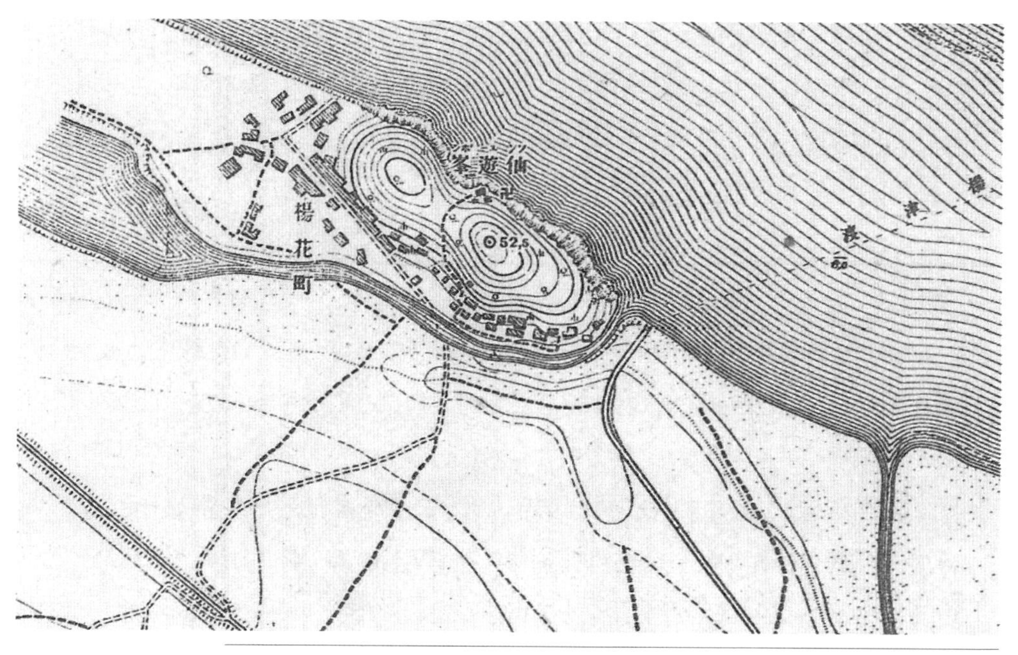

1936년 지도에서는 선유봉의 등고선이 보인다. 두 개의 봉우리로, 최고봉의 높이 해발 52.5미터로 표시했다.
강정숙 등, 『잃어버린 선유봉』, 영등포문화재단/영등포 구립도서관, 2022.

형태의 섬은 아니었다. 1969년 항공사진에 나타난 모습도 비슷하다. 이 사진을 보면 선유도 주위는 모래가 많이 있어 아직 완전한 섬의 형태는 아니다.

선유도가 오늘날과 같은 완전한 형태의 섬이 된 것은 1970년대에 이루어진 준설 때문이다. 1963년 지도에는 선유봉으로 표시했지만 1975년 지도에는 제2중지도로 표시했고, 섬 주위로 물길이 형성되어 있는 것이 보인다. 이후에도 선유도 인근에서는 지속적인 준설이 이루어지면서 1990년에는 지금과 같은 형태로 바뀌게 된다. 섬이 아니었던 봉우리가 섬으로 바뀌고, 봉우리가 깎여 평지가 된 곳이 오늘날의 선유도다. 1969년과 오늘날을 비교해 보면 선유도 주위에서 준설한 모래 면적은 약 0.37제곱킬로미터(11만 2,000평) 정도다.

선유도 변천 과정은 드라마틱하면서 동시에 시대에 따른 사회상을 고스란히 보여준다.

① 1930~1935년 : 한강 변에 있던 봉우리 주위를 준설한다.

② 1965년 : 양화대교 건설과 함께 봉우리 높이가 52.6미터에서 19.8미터로 크게 낮아졌다.

③ 1970년대 초 : 봉우리 주위 준설로 물길이 형성되어 완전한 형태의 섬이 된다.

④ 1978년 : 정수장인 선유 수원지를 설치한다.

⑤ 2002년 : 선유도 공원을 조성한다.

일제 강점기인 1930년대는 홍수로 인한 피해가 워낙 컸던 시대였다. 이를 막기 위해 준설을 했다. 1960년대는 강을 건널 다리가 필요한 시대였다. 선유도를 이용하면 비용을 절감할 수 있었다. 한강에 설치되는 두 번째 다리인 양화대교를 위해 선유도는 깎여 나갔다. 1970년대는 모래가 필요한 시대였다. 한강의 모래를 준설하면서 봉우리는 섬이 되었다. 이후 서울 시민들을 위한 정수장이 필요했다. 한강 바로 옆, 사람이 살지 않는 섬은 정수장을 만들기에 최적이었

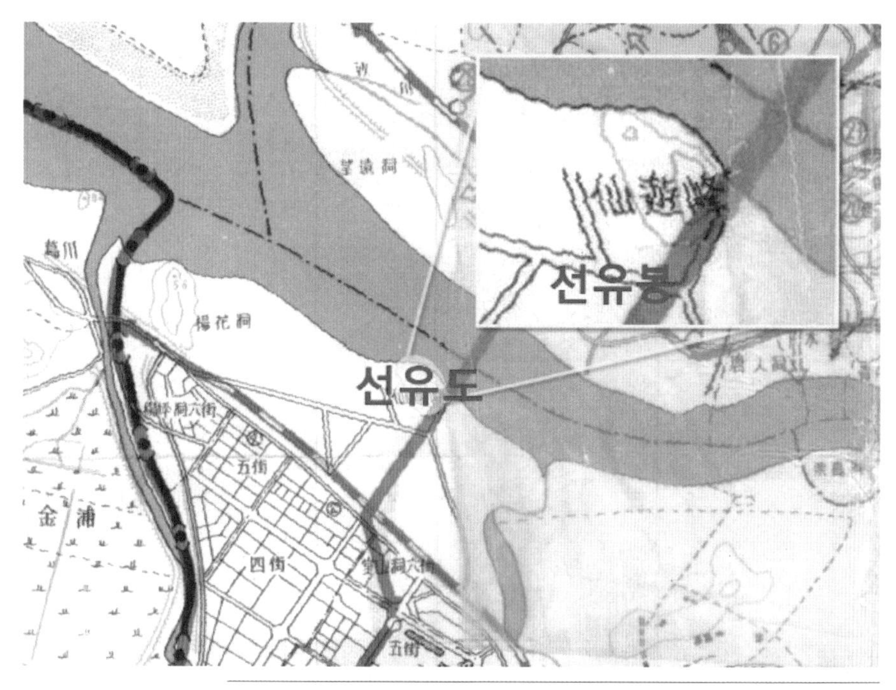

1963년 지도 「서울시 도시계획 가로망도」에는 여전히 선유봉이라고 표시했다. 서울기록원.

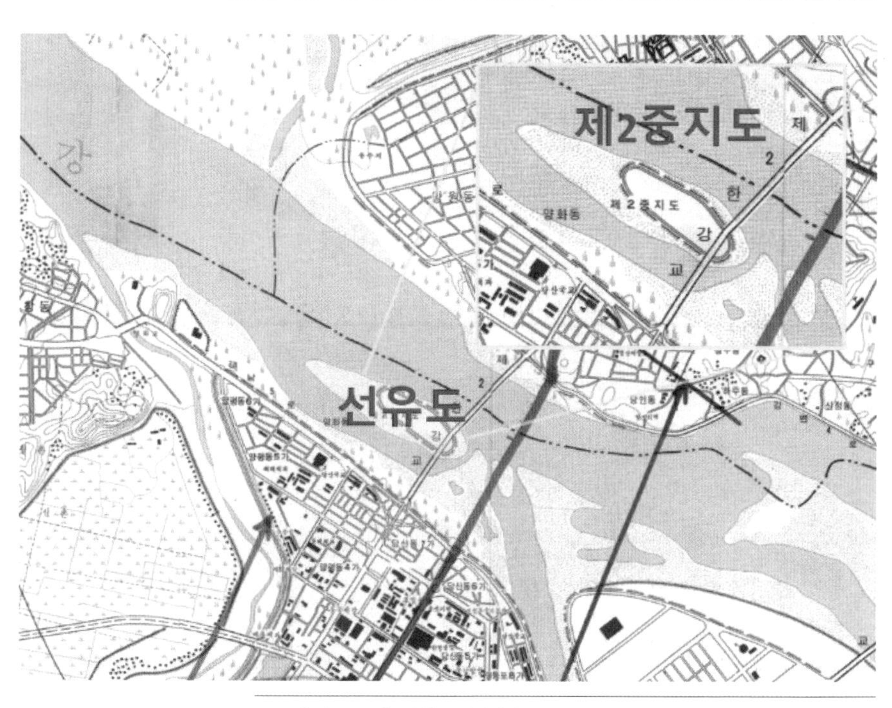

1975년 지도 「도시고속철도시설결정요청」에는 '제2중지도'라고 해서 섬으로 표시했다.
양화대교를 제2한강교로 부르던 때였다. 서울기록원.

1965년 1월 25일 양화대교 개통 당시 선유도 봉우리는 일부 남아 있었다. 대한뉴스.

1970년 선유도와 여의도 모습. 선유봉 봉우리는 굴착 이후라 보이지 않고 선유도 오른쪽으로 많은 모래가 남아 있다. 서울특별시사편찬위원회, 『사진으로 보는 서울 4. 다시 일어서는 서울(1961~1970)』, 2005.

1980년 양화대교 남단에서 본 한강. 양화대교 중간에 선유도가 보이고 남단쪽으로 모래가 많이 남아 있다. 선유도에는 선유 수원지가 건설되었다. 서울역사박물관.

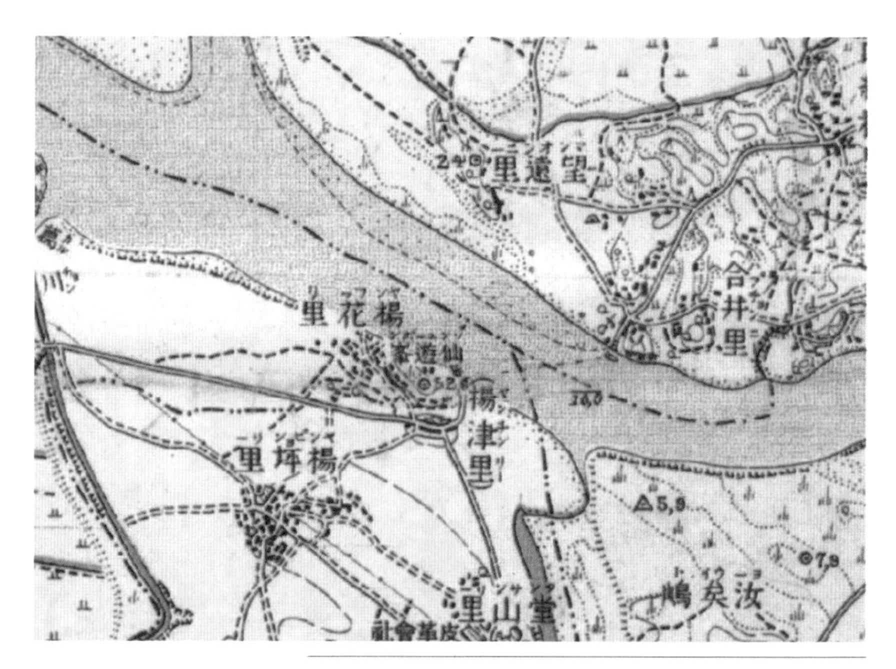

1910~1930년대 지도에는 선유봉이라고 표시하고 해발 52.6미터로 써넣었다.
인근 한강 수심은 10미터로 표시했다.

1969년 선유도 항공사진. 오늘날과 비슷한 형태이긴 하지만 모래가 있어 완전히 분리된 형태는 아니었다.
1965년 1월 준공한 양화대교가 선유도 위를 지나고 있다.

1972년 선유도 항공사진. 선유도 주위와 선유도 맞은편 한강의 모래를 준설하고 있다.

1977년 선유도 항공사진. 오늘날과 같은 섬 모양이 드러나기 시작한다.

1990년 선유도 항공사진. 선유도 모양이 오늘날과 같다.

2020년 선유도 항공사진. 선유도가 완전한 섬 모양이 되었다. 주위에 모래가 보이지 않는다.

1969년과 2020년 항공사진을 겹쳐보면 1969년 대비 오늘날 준설로 사라진 모래 면적을 알 수 있다.
1969년 대비 약 0.37제곱킬로미터(11만 2천 평)의 모래 면적이 사라졌다.

다. 그렇게 봉우리는 섬이 되더니 정수장이 되었다. 2000년대에는 공원이 필요한 시대였다. 정수장 문을 닫은 뒤 공원으로 만들었다. 그렇게 시대마다 도시의 필요에 따라 선유도를 이리 바꾸고 저리 바꿨다.

그렇다면 미래의 선유도는 어떤 모습이어야 할까. 시대마다 달라지는 요구에 따라 계속 달라져야 할까. 도시와 사람들의 요구에 맞춰 변신하기보다 한강의 섬이 가져야 하는 모습을 지켜줘야 하지 않을까. 한걸음 더 나아가서는 한강변의 봉우리였던 원래의 모습을 돌려줘야 하지 않을까.

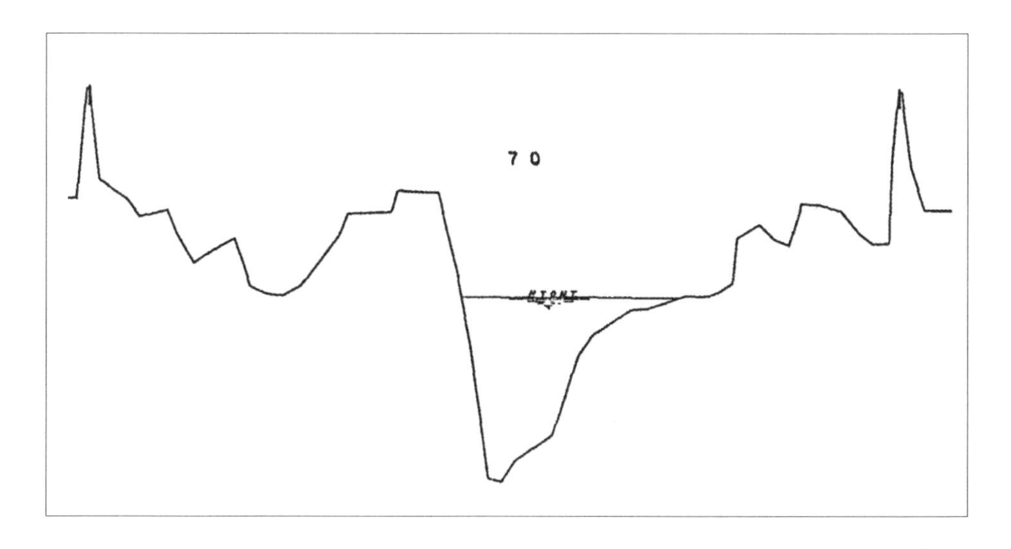

1963년 건설부가 발간한 『한강하상변동조사보고서』에 수록한 양화대교 지점 한강 단면도. 중간에 튀어나온 부분이 선유도다. 오른쪽으로는 한강 물길이 있으나 왼쪽은 평상시에 물이 흐르지 않았다. 1960년대 초에도 선유도는 완전한 섬이 아니었다. 이후 왼쪽 부분을 준설하면서 오늘날 같은 물길이 생겼다.

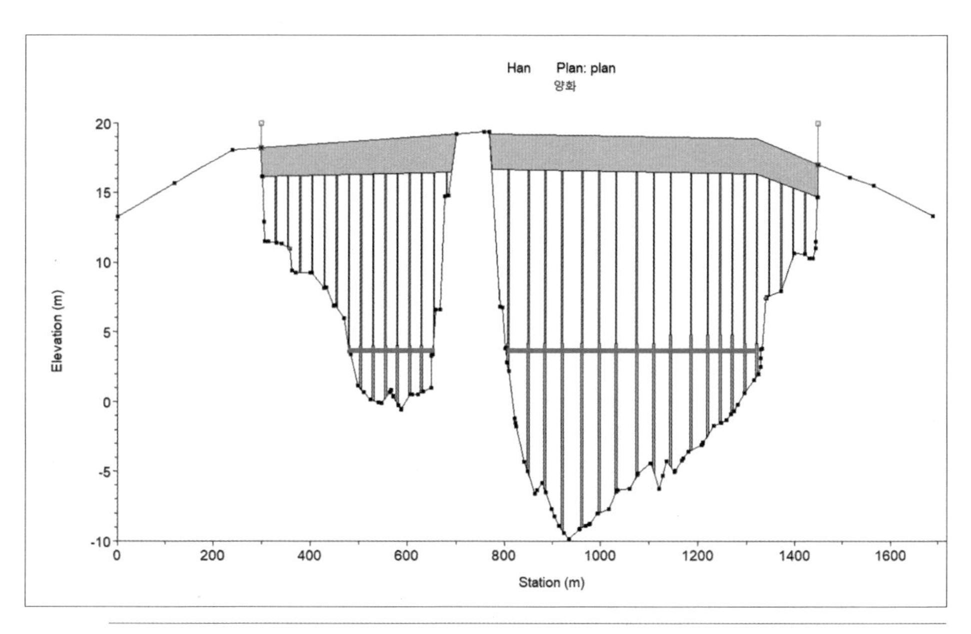

2020년 국토교통부가 발간한 『한강(팔당댐~하구) 하천기본계획(변경) 보고서』에 수록한 2018년 당시 양화대교 지점의 한강 단면도. 선유도 왼쪽으로 형성된 약 200미터의 수면은 과거에는 강이 아니었다. 인위적으로 만들어진 강이다. 선유도 왼쪽뿐만 아니라 오른쪽도 준설로 인해 현재와 같이 넓어졌다.

한강대교 · 반포 · 압구정

5장.

한강의 모래사장을 아시나요?

놀이터의 추억, 한강대교 백사장

한강 인도교, 제1한강교, 그리고 한강대교

한강을 건너는 최초의 다리는 1900년 7월 등장한 한강철교다. 기차만 다니는 철도교였다. 1911년 우리나라 자동차는 단 두 대였다. 차가 다닐 다리는 필요 없었다. 사람은 배를 타고 한강을 건넜다.

자동차는 점점 늘었다. 1915년 70대, 1917년 114대가 되었다. 다리가 필요하다는 소리가 나오기 시작했다. 1916년 3월 한강철교 상류 630미터 지점에 다리를 만들기 시작했다. 그뒤 1917년 10월 7일 개통한 다리가 바로 한강 인도교다.* 한강 최초의 도로교다.

오늘날 서울시 용산구 이촌동과 동작구 본동 사이를 잇는 1,005미터 길이의 이 다리는 처음 놓였을 때만 해도 위치에 따라 두 개 이름으로 나뉘어 불렸다. 1917년 10월 개통 당시 한강 중간의 섬, 지금의 노들섬을 중심으로 남측은 길이 440미터의 한강교, 북측은 길이 188미터의 한강소교였다.** 한강소교는 모래사장 위에 교각이 촘촘한 일반 다리 형태였고, 한강교는 강폭이 넓고 수심이 깊어

---

* 장승필, 「서울의 발전과 한강 다리의 역할」, 『대한토목학회지』 제70권 제1호 pp.50-88, 2022년 1월.

** 한국사데이터베이스, 「제1기 치도공사 및 한강교 낙성식」, 1917. 10. 7.

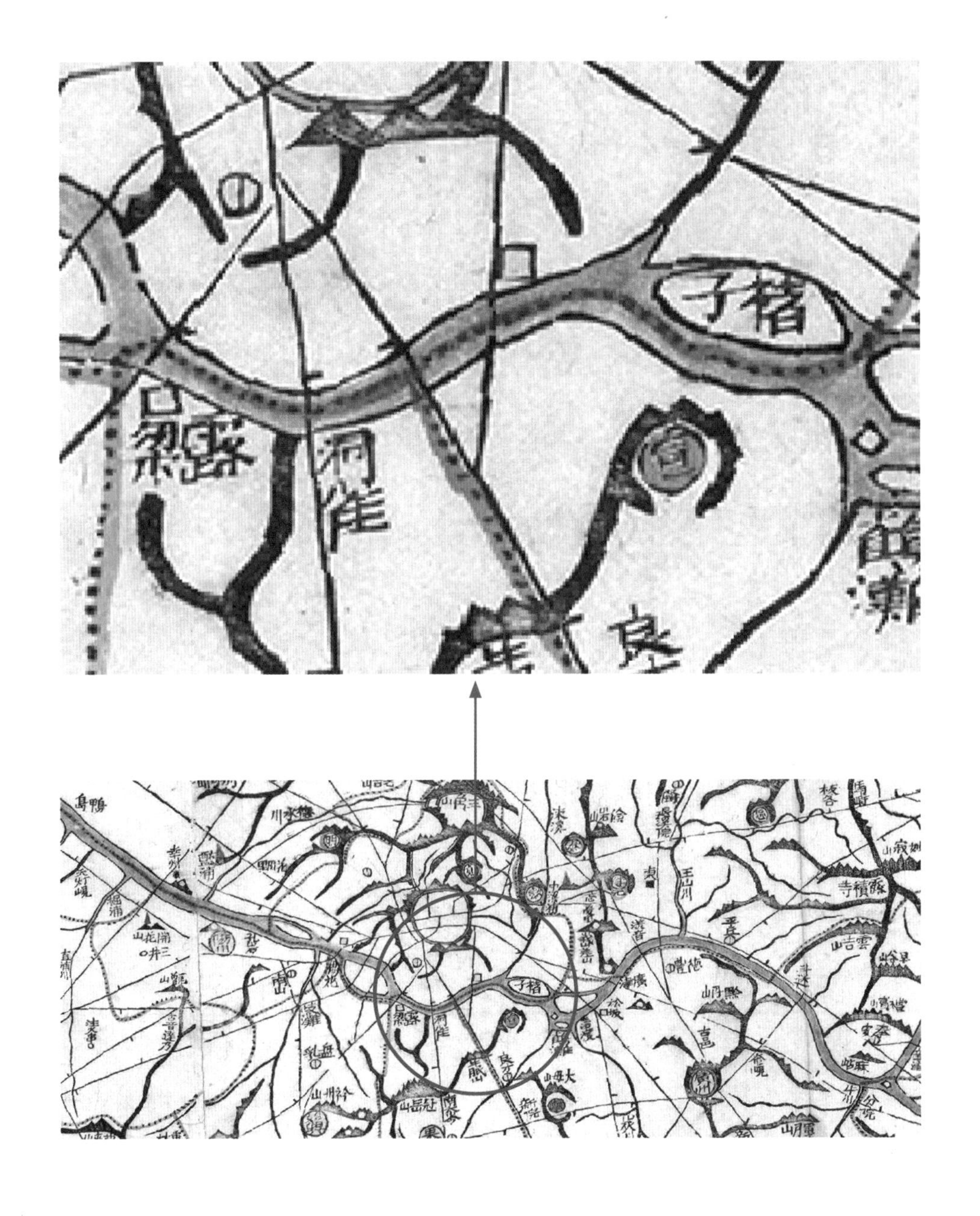

1861년 제작한 『대동여지도』에는 노량과 동작이 표시되어 있고 저자도가 큰 섬으로 나타나 있다.

1917년 개통 직후 한강 인도교.

1958년 5월 15일 열린 한국전쟁으로 폭파된 한강대교 복구 준공식. 국가기록원.

1917년 개통한 한강 인도교를 건너는 사람들. 서울시.

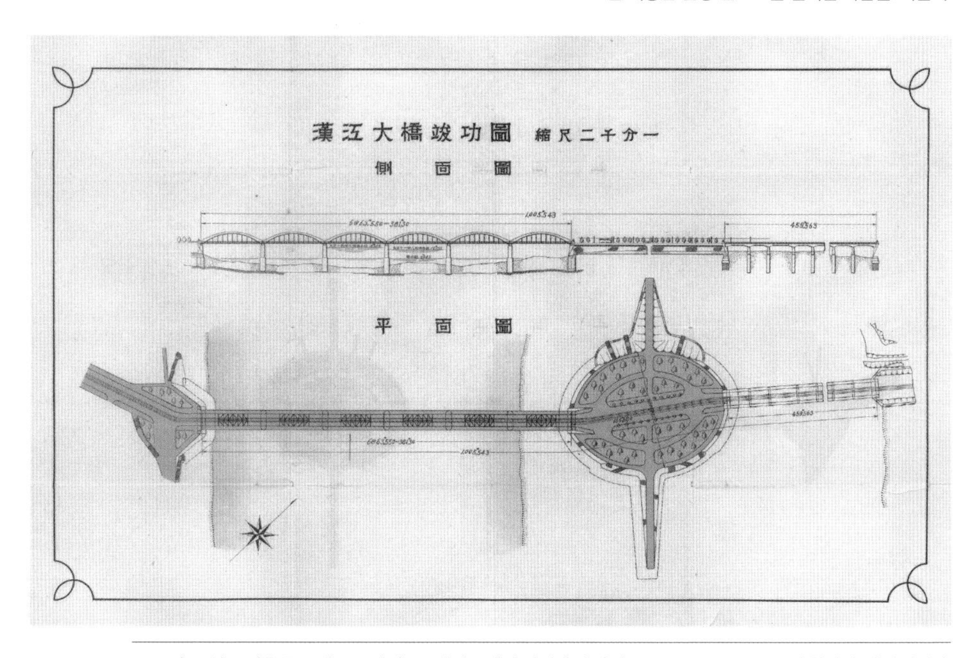

1936년 10월 조선총독부 내무국 경성토목출장소에서 발행한 한강대교 준공도. 1934~1936년 확장할 때 작성했다. 중간의 노들섬을 기준으로 왼쪽은 평상시 물이 흐르고 오른쪽은 모래사장이었음을 알 수 있다. 당시에는 한강 인도교였는데 한강대교라고 썼다. 서울역사박물관.

선박 통행이 가능하도록 교각 간격을 넓혀 트러스 형태로 건설했다. 두 개를 합해 한강 인도교라고 불렀다. 이후 1925년 7월 19일 을축년 대홍수로 북측 한강 소교가 유실되었다. 유실된 다리는 1930년 8월 복구되었다가 1936년 10월 확장했다. 그뒤 1950년 6월 28일 폭파된 뒤 1958년 5월 15일 재개통했고, 1981년 12월 24일 다시 확장을 했다. 서울시는 2020년 9월 10일 한강대교를 등록문화재 제1호로 지정했다.

한강대교는 1917년 준공 당시 1900년에 만들어진 한강철교가 있어 한강 인도교로 이름을 붙였다. 기차만 다니는 철교와 달리 차량과 사람이 건널 수 있다는 뜻이었던 듯하다. 그때만 해도 사람이 다닐 수 있는 다리가 하나밖에 없으니 인도교로 해도 무방했다. 1965년 서울시 구간 한강에 놓인 두 번째 다리 이름은 제2한강교였다. 지금의 양화대교다. 자연스럽게 먼저 놓인 다리 이름은 제1한강교가 되었다. 1969년 놓인 한남대교는 제3한강교였다.

오늘날 서울시 구간 한강 다리는 모두 27개다. 만들어진 순서대로 이름을 붙였다면 2021년 만들어진 월드컵대교는 제27한강교가 되었을 것이다. 제1, 제2, 제3한강교를 만들 때까지만 해도 한강에 이렇게 많은 다리가 생길 것을 예상하지 못했다.

1984년 한강종합개발과 함께 제1한강교는 한강대교가 되었다. 1917년 한강 인도교, 1965년 제1한강교를 거쳐 1984년 한강대교라는 이름을 얻었다. 특이하게도 1936년 한강 인도교를 확장하면서 만든 문서에 한강 인도교를 한강대교라고 표시했다. 그때 그 지도를 만든 이들은 선견지명이라도 있던 걸까.

한강대교 아래, 누구나 갈 수 있던 거대한 모래벌판

'사상沙上 최대의 쇼'

1948년 한강 인도교 인근. 광활한 모래사장과 보트장이 보인다.

1956년 5월 5일 『동아일보』는 한강 백사장 선거 유세에 몰린 군중에 대한 칼럼에 이렇게 썼다. '지상地上 최대의 쇼', '사상史上 최대의 쇼'에 덧붙여 '사상沙上 최대의 쇼'라고 했다. '흑사장黑沙場으로 변한 한강 백사장白沙場'이라고도 했다. 당시 150만 명의 서울 시민 중 20만 명이 몰린 것도 놀랍지만 거대한 모래사장 위에서 이루어졌다는 것도 놀랍다는 내용이다. 사람이 많이 몰려 흰 모래사장이 검은 흑사장이 되었다는 것이다. 당시 신익희 후보의 연설은 이렇게 시작한다.

'이 한강 모래사장에 가득히 모여주신 친애하는 서울 시민! 동포! 동지 여러분!' *

* 『오마이뉴스』, 2021. 10. 6.

1956년 5월 3일
해공 신익희의 연설을 듣기 위해 한강 인도교 인근 백사장에 20만 명의 인파가 모였다.
서울특별시사편찬위원회, 『사진으로 보는 서울 3. 대한민국 수도 서울의 출발(1945~1961)』, 2004.

1956년 한강 인도교 남단에 설치한 빙상장에서 열린 한강빙상대회 모습.
서울특별시사편찬위원회, 『사진으로 보는 서울 3. 대한민국 수도 서울의 출발(1945~1961)』, 2004.

일제 강점기 한강에서 채빙하는 광경을 담은 채색 사진 엽서이다. 1930년대 이후 위생상의 문제로 채빙을 금지하는 조치가 내려졌다.
서울역사박물관.

1958년 남쪽에서
바라본 한강대교.
모래사장이 넓게 펼쳐져 있다.
서울특별시사편찬위원회,
『사진으로 보는 서울 3.
대한민국 수도 서울의 출발
(1945~1961)』, 2004.

1958년 한강대교와 한강철교.
오른쪽에 노들섬이 보이고
멀리 여의도가 있다. 노들섬은
지금과 다른 형태였다.
서울특별시사편찬위원회,
『사진으로 보는 서울 3.
대한민국 수도 서울의 출발
(1945~1961)』, 2004.

1958년 한강 인도교
북측 부분이다.
노들섬 왼쪽으로
넓은 모래사장이
보인다. 국가기록원.

1959년 촬영한 한강 흑석동 인근 뱃놀이 모습, 서울특별시사편찬위원회, 『사진으로 보는 서울 3. 대한민국 수도 서울의 출발(1945~1961)』, 2004.

1962년 한강철교 아래에서 물고기잡이. 서울특별시사편찬위원회, 『사진으로 보는 서울 4. 다시 일어서는 서울(1961~1970)』, 2005.

1962년 한강 인도교에 붙은 자살 방지 안내판이다. 1962년 6월부터 7월 20일 사이에 113명이 한강에 투신했다.

한강대교 아래 모래사장은 그렇게 넓었다. 20~30만 명의 군중이 모일 수 있는 거대한 모래벌판이었다. 한강대교 근처는 시민들의 놀이터였다. 1960년대 한강대교 아래에서 찍힌 사진 속 시민들은 이곳에서 수영, 뱃놀이, 스케이트, 얼음 채취 등에 열중하고 있다. 한강대교 아래로 한강이나 모래사장에 누구나 쉽게 접근할 수 있었다. 어떤 제한도, 장애물도 없었다. 드넓은 모래밭이 펼쳐졌고, 물은 깊지 않았다. 누구나 모래와 물을 즐길 수 있었다. 멀리 바다까지 가지 않아도 강수욕을 즐길 수 있었고 모래사장에서 놀 수 있었다. 낚시도 했고 뱃놀이도 했다. 겨울에는 스케이트를 탔고 빙상장이 만들어져 빙상대회가 열리기도 했다. 아이스하키도 했다. 종합 놀이터였다. 그런 한편으로 안타까운 일도 자주 있었다. 1962년 6~7월에 113명이 이곳에서 투신했다. 한강 인도교 아래 투신을 막으려는 안내판을 설치하고 상담소를 운영했다.

모래사장의 모래를 파헤쳐 아파트를 짓다

여의도 개발은 한강 개발의 시작이었다. 1968년 5월 완공한 여의도 윤중제는 한강 준설과 매립 효과를 극적으로 보여주었다. 한강에서 모래 준설은 쉬운 일이었다. 그 모래를 쌓아 택지를 조성하는 것도 간단했다. 쉽게 땅을 만들 수 있다는 걸 확인했다. 큰돈을 벌 수 있는 방법을 찾았다.

여의도 준설과 매립의 바람은 한강대교 너머로 금방 퍼져나갔다. 여의도 윤중제 완공 뒤 불과 6개월 후에 동부 이촌동 앞 한강 모래를 준설하기 시작했다. 아파트를 짓기 위해서였다. 1967년 건설부 산하 국영기업체로 출발한 한국수자원개발공사 사업 1호는 동부 이촌동 공유수면 매립이었다.* 소양강댐 건설 재원을 확보하기 위한 명목이었다. 한강 모래를 파서 한강을 메워 번 돈으로 소양강댐을 짓겠다는 것이었다. 국영기업이 돈을 벌기 위해 드러내 놓고 강을 매립하

* 손정목, 『서울도시계획이야기 1』, 한울, 2003.

던 시대였다. 소양강댐은 한강의 모래를 판 돈으로 지은 셈이다.

이 사업을 위해 290만 세제곱미터의 모래를 한강에서 퍼올려 한강을 매립했다. 여의도 전체 면적을 1미터 높이로 쌓을 수 있는 양이었다. 1968년 11월에 시작, 불과 일곱 달 반 만에 동부 이촌동 택지를 만들었다. 1968년 11월 30일부터 1969년 6월 15일까지 6억 9,945만 8,000원의 사업비로 12만 1,826평의 택지를 매립하여 7만 5,303평을 매각했다. 동부 이촌동 매립지에는 공무원아파트, 한강맨션아파트, 한강외인아파트 등 모두 3,260호의 아파트 단지를 조성했다. 1969년부터 1974년에 이르기까지 매각 금액은 총 23억 7,436만 9,000원, 순이익 17억 원에 달했다. 한국수자원개발공사는 상당한 경제적 이익을 얻었다.* 서빙고동은 골재 채취 전문업체 공영사가 공유수면 매립 허가를 받아 1973년에 완공했다. 그 자리에는 신동아아파트 1,326호가 들어섰다.

이 지역의 방대한 모래사장은 1910~1930년대 지도에서 확인할 수 있다. 경부선 철도, 한강 인도교 모두 상당히 긴 구간의 모래사장을 지나간다. 한강 북쪽 경계는 경원선 철도, 남쪽은 흑석리와 동작리로 표시했다. 오늘날 흑석동과 동작동이다. 서빙고역의 경원선 본선에서 분기된 철도가 모래사장 위에 있는 게 눈에 띈다. 이 지역의 모래사장이 철로를 설치할 수 있을 정도임을 뜻한다. 모래사장 안쪽 한강 중앙부까지 설치한 철도노선의 목적을 확인하기는 어렵지만 모래 준설 목적으로 추정한다. 지도에는 도로와 논 표시도 있어 역시 이 지역 모래사장이 상당히 넓었음을 알 수 있다.

1910~1930년대 지도와 1969년 항공사진을 비교해 보면 40년 이상의 시간 차이가 있음에도 불구하고 모래사장의 형태가 비슷하다. 이 지역 모래사장이 오랫동안 유지되었음을 알 수 있다. 1969년 항공사진으로 추정하는 모래사장 전체 면적은 약 3.97제곱킬로미터(120만 평)이고, 동서 방향 길이가 약 3,400미터, 남북 방향 길이가 1,500미터다. 반면 수면 폭은 상대적으로 넓지 않은데 한강 인

* 산업기지개발공사, 『한국수자원공사 사사』, 1977.

1972년 한강 매립 후 지은 용산 공무원 아파트다. 1차와 2차로 나누어 매립한 동부 이촌동 지역에 들어선 것으로 매립된 지역 앞쪽 한강에서는 여전히 모래 준설이 이루어지고 있다.
서울특별시사편찬위원회, 『사진으로 보는 서울 5. 팽창을 거듭하는 서울(1971~1980)』, 2008.

도교 인근의 수면 폭은 약 400미터, 동작동 근처는 약 200미터 정도다. 더 좁은 곳은 약 100미터 정도다. 평상시 흐르는 물의 폭이 200~400미터였고 홍수 때에는 1,700미터로 물이 흘러 큰 차이를 보였다.

1969년 항공사진에서 동부 이촌동 지역 매립 현황을 확인할 수 있다. 한국수자원개발공사가 1968~1969년에 이 구간에서 매립한 전체 면적은 약 0.84제곱킬로미터(25만 4,000평)다. 항공사진은 1969년 2월 촬영한 것으로 1차 매립 지역에 아파트가 들어서는 것이 보이고, 2차 매립 지역도 뚜렷하게 나타난다. 이 공사는 1969년 6월 완공한다.*

1972년 항공사진에는 이 지역 모래를 본격적으로 준설하는 모습이 보인다. 광범위한 지역에서 동시다발적으로 모래를 준설하고 있다. 1969년까지 동그랗던 노들섬은 길쭉한 형태가 되었다. 1974년 항공사진에는 준설을 지속적으로 하고 있다는 것, 1977년 항공사진에는 모래가 상당히 줄어든 것이 보인다. 1984년 항공사진을 보면 한강철교, 동부이촌동 일대 일부만 남겨두고 준설이 모두 끝난 걸 알 수 있다. 한강종합개발로 고수부지에 공원을 조성하고 있다. 그뒤 1988년 항공사진에는 한강종합개발을 끝낸 한강의 모습이 보인다. 모래는 찾아볼 수 없고, 물만 가득하다. 2020년 항공사진은 1988년 항공사진과 크게 다르지 않다. 이 구간 평상시 수면 폭은 약 900미터 정도로 1969년의 200미터에 비해 훨씬 넓다.

1969년과 비교했을 때 매립 면적과 고수부지 면적을 제외하고 이 구간에서 사라진 모래 면적은 약 2.03제곱킬로미터(61만 4,000평)로 여의도 면적의 70퍼센트 규모다.

변한 건 눈에 보이는 부분이 다가 아니다. 1970~1980년대를 거치면서 물속의 변화도 매우 컸다. 준설 때문이다. 1963년 한강대교 지점 단면은 2018년과 크게 다르다. 가운데 노들섬을 중심으로 왼쪽은 비슷하지만 오른쪽 모래사장 부분은 완전히 다르다. 1963년에는 왼쪽으로만 물이 흘렀다. 오른쪽으로는 홍수 때만 물이 흘렀을 뿐 평상시에는 흐르지 않았다. 나머지는 거대한 모래사장이었다. 준설 이후 오늘날처럼 양쪽 모두 깊어졌다. 평상시에도 양쪽 모두 물이 흐르고 있다.

* 손정목, 『서울도시계획이야기 1』, 한울, 2003.

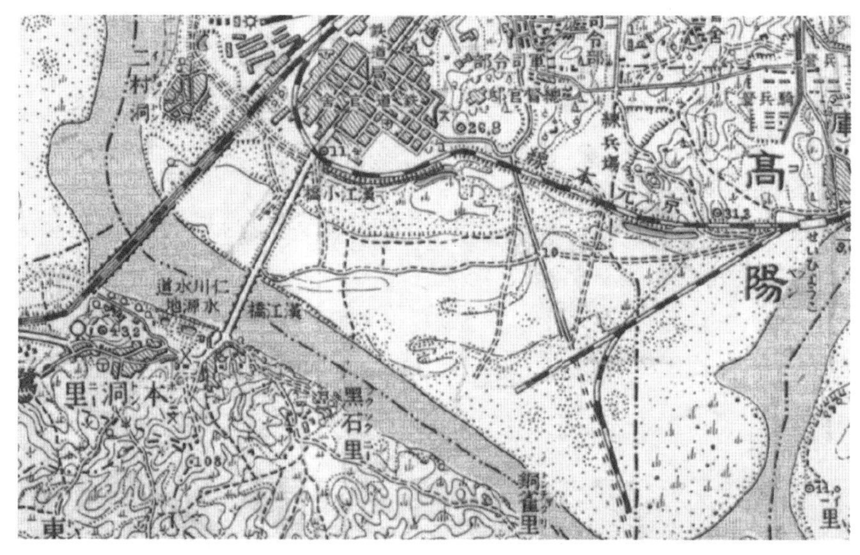

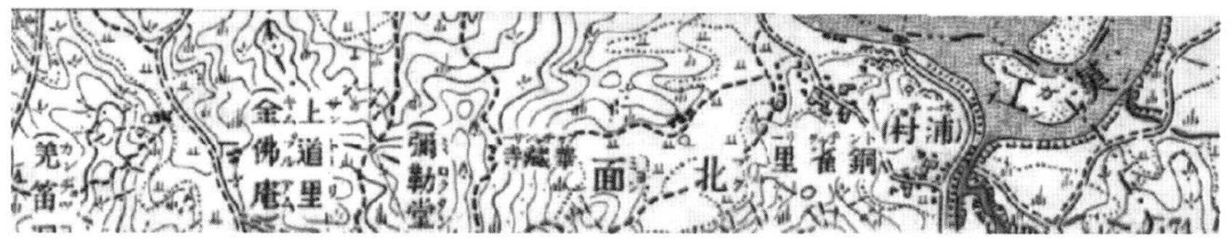

1910~1930년대 동부 이촌동과 서빙고동 인근 지도에서는 광활한 면적의 모래사장을 확인할 수 있다. 모래사장에 철도노선을 표시한 것이 특이하다.

1969년 촬영한 항공사진. 동부 이촌동과 서빙고동 모래사장 크기를 알 수 있다. 모래사장 면적은 약 3.97제곱킬로미터(120만 평)이고 동서 방향의 길이가 약 3,400미터, 남북 방향의 길이가 약 1,500미터로 매우 크다. 1910~1930년대 지도와 비슷하다.

1969년 항공사진. 동부 이촌동과 서빙고동 매립 면적을 알 수 있다.
약 0.84제곱킬로미터(25만 4,000평)의 한강을 매립해서 아파트를 세웠다.

1972년 동부 이촌동과 서빙고동 항공사진. 이 지역 모래를 대규모로 준설하기 시작한다.
노들섬 형태는 1969년과 다르게 동서 방향으로 길게 보인다.

1974년 동부 이촌동과 서빙고동 항공사진. 준설을 계속하고 있다.

1977년 동부 이촌동과 서빙고동 항공사진. 준설을 거의 마무리한 수준이다.

1984년 동부 이촌동과 서빙고동 항공사진. 준설을 마무리했고 모래가 사라진 지점에 동작대교를 놓았다.

1988년 동부 이촌동과 서빙고동 항공사진.
모래사장은 완전히 사라지고, 한강종합개발로 설치한 고수부지 공원이 보인다.

2020년 동부 이촌동과 서빙고동 항공사진. 1988년 이후 거의 달라지지 않았다.

1969년 이후 2020년 현재 매립 면적과 고수부지 제외하고
약 2.03제곱킬로미터(61만 4,000평)의 모래사장이 준설로 사라졌다.

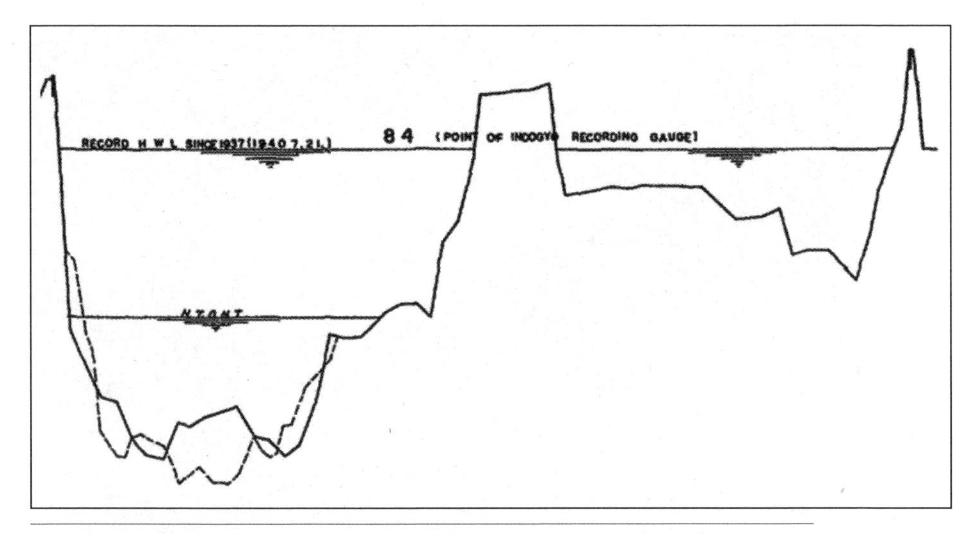

1963년 국토교통부에서 발간한 『한강하상변동조사보고서』에 수록한 한강대교 지점 한강 단면도.
노들섬 왼쪽 부분이 오른쪽에 비해 깊고 넓다. 평상시에는 왼쪽으로만 물이 흘렀고 오른쪽은 모래사장이었다.

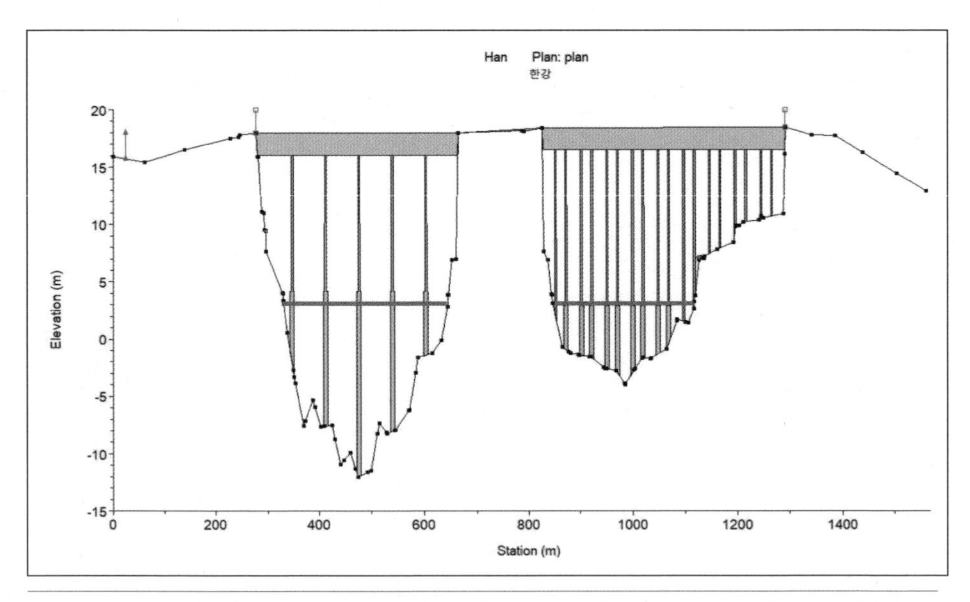

2020년 국토교통부에서 발간한 『한강(팔당댐~하구) 하천기본계획(변경) 보고서』에 수록한 2018년 한강대교 지점의 한강 단면도.
한강 중앙에 노들섬이 있고 과거부터 물이 흐르던 왼쪽(남측)이 오른쪽에 비해 더 깊다.

우리는 무엇을 얻고 무엇을 잃었는가

한강대교를 모르는 사람은 없을 것이다. 한강에 백사장이 있었다는 걸 아는 이들은 얼마나 될까. 한강대교 아래에는 드넓은 모래사장이 있었다. 그리 머지 않은 과거의 일이다. 여의도의 1.4배 넓이였다. 서울 시민들은 이곳에서 여름에는 수영을 하고 겨울에는 스케이트를 탔다. 서울 시민의 거대한 놀이터였다. 놀이터가 사라지기 시작한 것은 1968년부터다. 모래를 파내 아파트를 지었다. 1970년대말까지 모래를 계속 퍼올렸다. 이른바 '한강종합개발'이 끝난 1988년에 모래는 흔적도 없이 사라졌다. 1969년 200미터에 불과하던 한강 수면 폭은 1988년에는 900미터가 되었다. 그때부터 지금까지 한강은 그 모습 그대로다. 모래는 없고 항상 물이 가득 찬 모습이다. 모두가 원래 그런 줄 안다. 한강은 원래 이런 모습이 아니었다.

2030년, 2040년에도 지금과 같은 한강의 모습이 유지되어서는 안 된다. 무엇보다 원래 한강의 모습이 아니기 때문이다. 수천 년 유지되었던 한강의 원래 모습이 불과 30~40년 사이에 완전히 다른 모습이 되었다. 강은 원형을 잃었고 모래는 사라졌다. 개발 시대의 유물이 되어버렸다. 한마디로 망가진 상태이다. 자연의 모습이 없다. 강은 수중보에 막혀 있다. 바다와 단절되어 있다. 강 위와 아래로 물고기가 다닐 수도 없다. 한강의 자연이나 생태계만 망가진 것이 아니다. 사람과 강은 단절되었다. 강으로 가기도 어렵고 강물에 들어갈 수도 없다. 보기만 하는 이상한 강이 되었다.

1970년대 이후에 태어난 사람들은 원래의 한강을 보지도 못했다. 오늘날 한강이 원래의 한강이라는 착각 속에 산다. 설사 옛 모습을 기억하는 사람들도 어쩔 수 없다는 포기 속에 산다. 한강은 이 시대에 원래의 모습을 상실했다. 망가뜨린 시대가 강에 대한 책임을 져야 한다.

매일 지하철을 타고 한강을 건널 때마다 드넓은 수면을 보며 사라진 옛 풍경을 떠올린다. 사라져버린 모래사장을 되돌릴 방법은 없을까. 미래의 한강은 어떤 모습이어야 할까. 기억을 넘어 이제 상상력이 필요하다. 그러자면 우선 원형을 기억해야 한다. 과거의 한강을 기억하여 복원의 좌표로 삼고, 그 좌표를 따라 미래의 한강을 만들어가야 한다.

반포, 한강 위에 만든 땅

"반포를 매립하라!"

1970년대는 아파트 건설 시대였다. 수많은 아파트를 건설했다. 기폭제는 대한민국 최초의 대단위 아파트 단지, 반포주공1단지였다. 한강 위에 세운 아파트였다.

99동 3,650가구 반포아파트 단지가 들어선 땅은 원래 한강이었다. 모래사장도 아닌, 강물 위였다. 이곳이 강물이었다는 것은 예전 지도에서 쉽게 확인할 수 있다. 1929년 발간한 『조선하천조사서』의 지도, 1936년의 지도, 1969년 지도에서 반포는 동일하게 반원형 형태로 물이 흐르는 곳이었다. 반포아파트가 들어선 곳만이 아니라 구반포 대부분이 고도가 낮은 저지대였다. 그 가운데 상당히 넓은 지역은 한강의 모래사장이었다.

1969년 12월 20일 반포 매립을 하겠다는 공유수면 매립 신청이 접수되었다. 신청자는 당시 우리나라 최대 건설사인 삼부토건, 현대건설, 대림산업이었다. 신청서에는 다음과 같은 매립 목적이 써 있다.

- 강변 유휴 지역에 토지를 이용하여
- 외국인용 아파트 건설과
- 더불어 휴양 및 오락시설 등을 완비하고

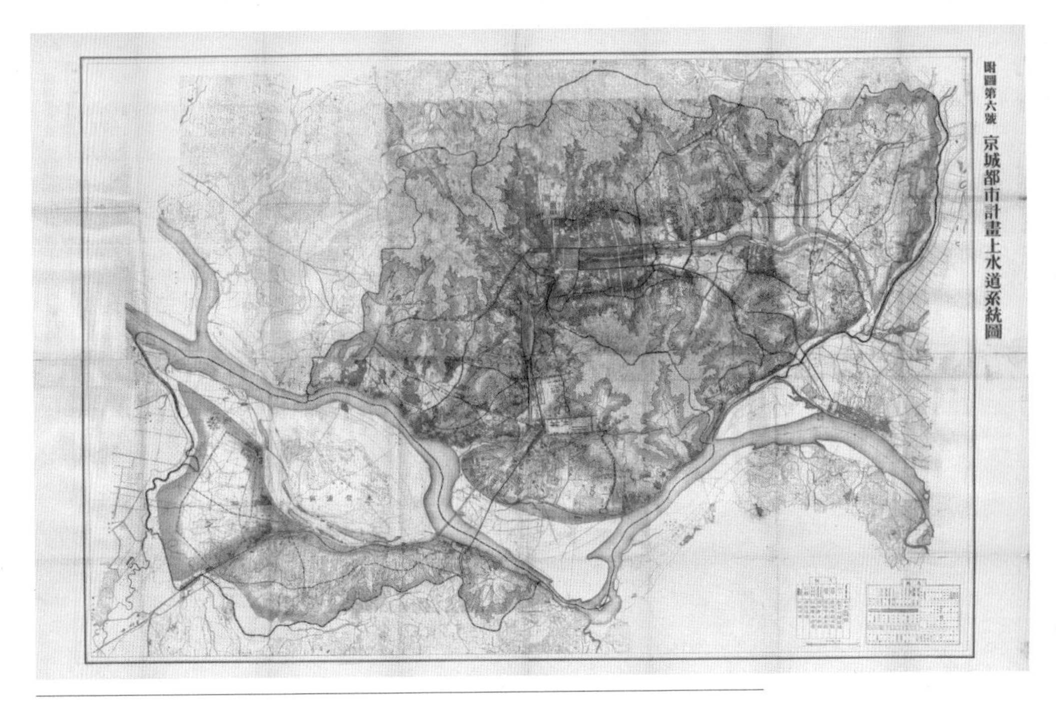

1936년 「경성도시 계획상수도 계통도」 오늘날 반포아파트가 있는 움푹 들어간 자리에 한강이 흐른다. 지도 아래쪽 반원 모양이다. 서울역사박물관.

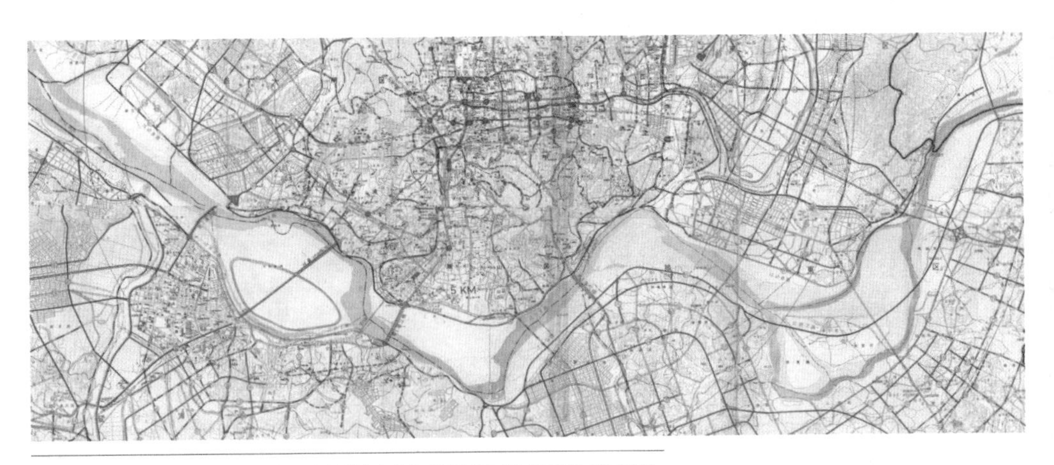

1969년 12월 31일 서울시 도시계획국 시설계획과에서 만든 「서울시 기본계획 가로망도」 이때만 해도 반포는 한강이 흐르는 곳이었다. 지도 중앙 아래쪽이다.

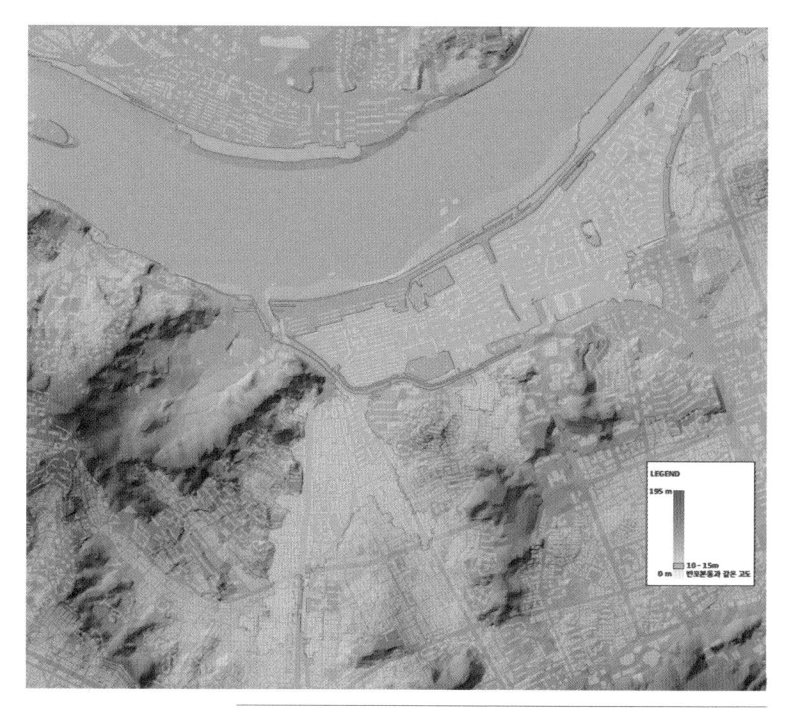

2018년 당시 반포지구 일대는 고도가 낮은 평지임을 알 수 있다.
서울역사박물관. 서울역사박물관, 『반포본동 남서울에서 구반포로』, 2019.

1958년 반포 일대 모래사장. 서울특별시사편찬위원회,
『사진으로 보는 서울 3. 대한민국 수도 서울의 출발(1945~1961)』, 2004.

1970년 5월 27일 매립하기 전 반포. 버드나무, 갈대밭, 모래밭,채소밭 등이 있긴했지만 물이 흐르는 곳이었다. 서울역사박물관.

- 수도 미화의 증진과
- 외자 획득에 기여코자 하며
- 아울러 하도를 정리하여 유수에 소통을 일층 원활하게 함을 목적으로 함.

목적이 다양하고, 미사여구로 가득하지만 자세히 보면 구체적이지도 않고 명확하지도 않다. 한마디로 요약하면 매립하여 돈을 벌겠다는 내용이다. 돈을 벌겠다는 목적으로 한강을 매립했다. 그들에게 한강은 그런 의미였다.

매립은 일사천리였다. 1970년 7월 25일이 공식 착공 일자였으나 그 이전에 이미 시작, 5월에 전체 공정의 20퍼센트를 마쳤다. 위법이었고 이에 따라 공사를 일시 중단하기도 했다.* 그렇게 급했다. 공사는 '땅 짚고 헤엄치는 장사'**였

* 서울시, 서울시 하수계획과 '반포동 공유수면매립면허 공사 사전시행', 1970.

** 손정목, 『서울도시계획이야기 1』, 한울, 2003.

다. 한강 준설은 대체로 겨울철 수요가 없는 중장비를 이용해 제방을 쌓고 근처 한강에서 모래를 준설해 쌓으면 끝났다. 반포지구 매립 공사에서도 인근 한강 토취장에서 모래를 준설해 반포에 쌓는 것이 전부였다. 이렇게 택지를 조성하기만 하면 국영기업이나 정부투자기관에서 일괄 매수했다. 대형 건설사로서는 수지맞는 장사였다.

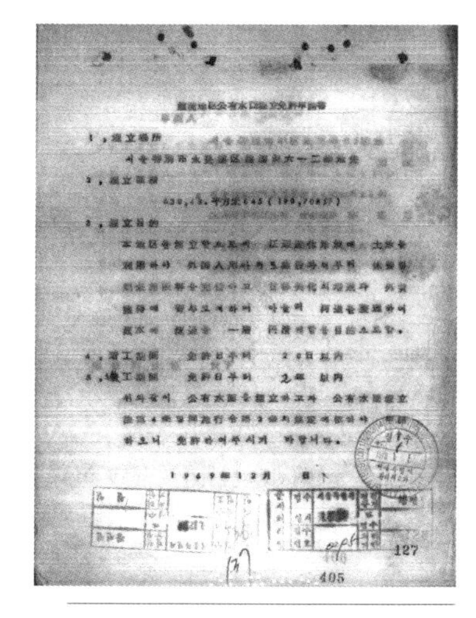

1969년 12월 20일 삼부토건, 대림산업, 현대건설 세 회사가 제출한 반포동 공유수면매립 면허 신청서. 서울역사박물관.

반포동 공유수면 매립 관련해서는 특혜 논란도 있었다. 반포본동에 대한 공유수면 매립 면허를 최초로 신청한 곳은 한국수자원개발공사였다. 1968년 12월이다. 지구 내 토지를 지목별, 소유별로 조사하여 방수 대책을 마련하고 매립 토취장의 위치와 매립 방법까지 작성하여 면허를 신청했다. 매립 목적은 한강 하류부 개발과 저수로 정비를 통한 유속 조절이었다. 그러나 어떤 이유에서인지 한국수자원개발공사는 서울시로부터 매립 면허를 받지 못했다. 1년 뒤인 1969년 12월에 삼부토건, 대림산업, 현대건설 등 민간의 대형 건설사들이 같은 지역에 대해 매립 면허를 신청했다. 이번에는 쉽게 면허권을 따냈다. 외인아파트와 휴양시설 건립이 목적이었다. 국영기업이 받지 못한 면허를 민간 건설사들이 따내게 되자 특혜 시비가 일었다. 1971년 11월 국회 국정감사에서는 매립 허가에 대한 특혜가 없었는지에 대한 추궁이 있었다. 의심 받을 만했고 실제로도 특혜가 있었을 것으로 짐작 가능하다. 1960년대 후반부터 1970년대까지 박정희 정권에서 시행한 많은 토건 사업을 이 민간 건설사들이 거의 독식하다시피 했다.*

* 서울역사박물관, 『반포본동 남서울에서 구반포로』, 2019.

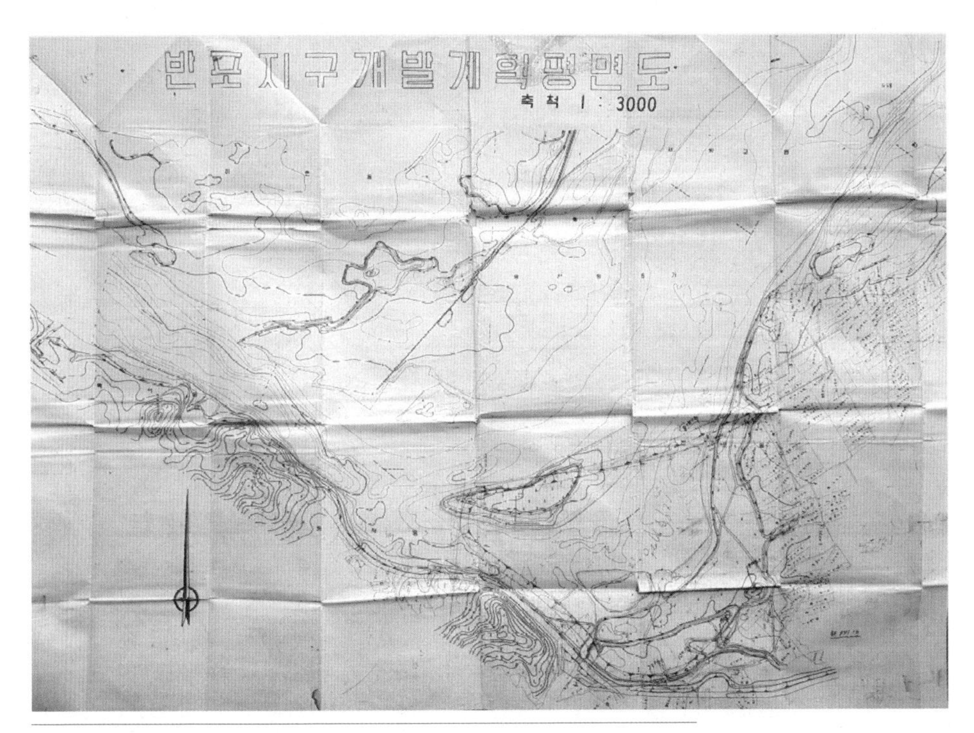

1970년 반포지구 매립 계획도. 아래쪽 움푹 들어간 반원형 지역이 매립지다. 서울역사박물관.

1970년 반포지구 매립을 위한 토취장 위치도. 한강 모래사장은 토취장(중앙부)으로, 반포 지역은 매립지(왼쪽)로 표시했다. 공유수면 매립공사는 토취장에서 모래를 퍼서 매립지에 쌓는 것이 전부였다. 서울역사박물관.

1971년 공사 중인 반포아파트. 매립 지역에 아파트를 짓고 있고 왼쪽 멀리 한강 모래사장이 보인다.

1972년 매립 이후 반포 전경. 완성한 반포본동 매립 면적은 62만 8,088제곱미터(18만 9,356평)로 이 가운데 동작동 307-3, 370번지 2필지인 15만 1,967평은 공유수면매립법 제14조 귀속 규정에 따라 매립자인 경인개발에 귀속시켰다. 도로·제방·초과 매립지 등 3만 5,817평은 국가에 귀속시켰다. 서울역사박물관.

1972년 3월 9일 매립 완료 뒤 아파트를 짓는 중이다. 서울역사박물관.

1973년 매립한 반포지구에 아파트가 들어서고 있다. 서울역사박물관.

1970년 7월 시작한 매립은 1972년 7월 24일 끝났다. 2년이 걸렸다. 매립 면적은 62만 8,088제곱미터(18만 9,356평)였다. 매립한 택지는 1971년 4월 대한주택공사에서 사들였다. 매립을 위해 모래가 사라졌고, 매립된 곳에는 아파트가 들어섰다. 당초 신청서에 적은 목적과는 달랐다. 한강이 원래 모습을 잃어가는 과정은 이렇게 단순했다.

여의도 면적 약 29퍼센트의 모래밭이 사라지다

반포 공유수면 매립공사 시작 이전 1969년 항공사진에 나타난 인근 한강의 모습은 1910~1930년대와 유사하다. 동부 이촌동 쪽 거대한 모래사장이 반포 인근까지 펼쳐져 있고 반포 상류 쪽으로도 넓은 모래사장이 펼쳐져 있다. 북쪽으로 치우쳐 흐르던 한강은 반포에서 선회하며 반원형 모양으로 흐르고 있다. 1910~1930년대 지도에 나타난 반포 건너편 서빙고역 인근(현 반포대교)의 한강 수심은 9미터로 깊은 편이었다. 이 부근의 한강 물 흐름도 다른 곳과 마찬가지로 폭은 좁고 수심은 깊었다.

1969년 항공사진에서 확인되는 전체 한강 폭은 약 2,100미터였으며, 평상시 물이 흐르는 폭은 약 400미터로 큰 차이가 있었다.

1970~1972년 반포 매립 전후로 한강은 달라졌다. 1972년 항공사진을 통해 반포 매립 완료 뒤 아파트를 짓는 모습을 볼 수 있다. 매립 공사 완료 이후에도 인근 한강 모습은 계속 달라진다. 1972년 동부이촌동 부근 모래사장을 본격적으로 준설하고 반포 인근 모래도 대부분 준설한다. 새로 놓은 한남대교 근처 모래만 남아 있다. 1975년이 되면 반포 인근 모래는 거의 준설한다. 일부 남아 있지만 준설 이후 남은 모래에 불과했다. 1984년 고수부지 설치를 시작한다. 남은 모래는 거의 없다.

1988년 이후 오늘날까지 고수부지는 물론 한강 전체 모습은 크게 달라지지 않았다. 고수부지 시설물 일부만 바뀌었을 뿐이다. 이 구간의 수면 폭은 약 800미터로 1969년 당시의 두 배 정도다. 1969년 대비 반포와 한남대교 구간에서 고수부지를 제외하고 준설되어 사라진 모래사장의 면적은 약 0.83제곱킬로미터(25만 1,000평)로 여의도 면적의 약 29퍼센트에 해당한다.

반포지구 하류, 오늘날 동작대교 하류 쪽 하천 단면은 과거와 크게 달라졌다. 1963년에는 평상시에 왼쪽으로만 폭이 좁게 물이 흘렀다. 나머지 오른쪽은 넓은 모래사장이었다. 지금은 오른쪽 대부분 준설로 하상이 낮아졌고 이로 인해 전체 폭으로 수면을 형성했다.

반포아파트는 1971년 8월 25일 남서울아파트라는 이름으로 기공식을 한 뒤 1972년 12월 21일 입주를 시작했다. 1974년 12월 전체 공사를 마쳤다. 매립 완료 전에 아파트를 짓기 시작했고 착공한 지 불과 1년 남짓 만에 입주했다. 매립 공사는 공식 착공일 전에 이미 공정의 20퍼센트를 진행했다. 외인아파트 및 휴양시설 건립을 목표로 내세웠으나 공사 중 대한주택공사에 매각, 결국 아파트를 세웠다. 민간 건설사들에 대한 서울시 특혜 논란도 있었다.

모든 것이 급격하고 혼란스러운 시대였다. 강을 매립한 뒤 그곳에 아파트를

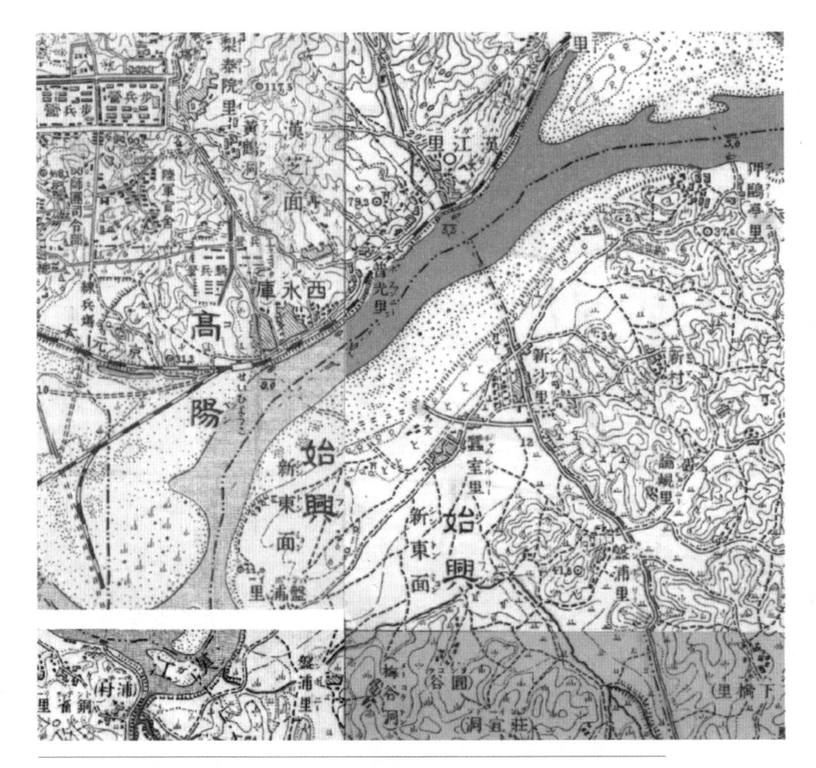

1910~1930년대 반포 일대 지도. 반포리와 동작리 사이 반원형 모양으로 한강이 흐르고, 신동면으로 표시한 지역에 광활한 모래사장이 펼쳐져 있다. 국토지리정보원.

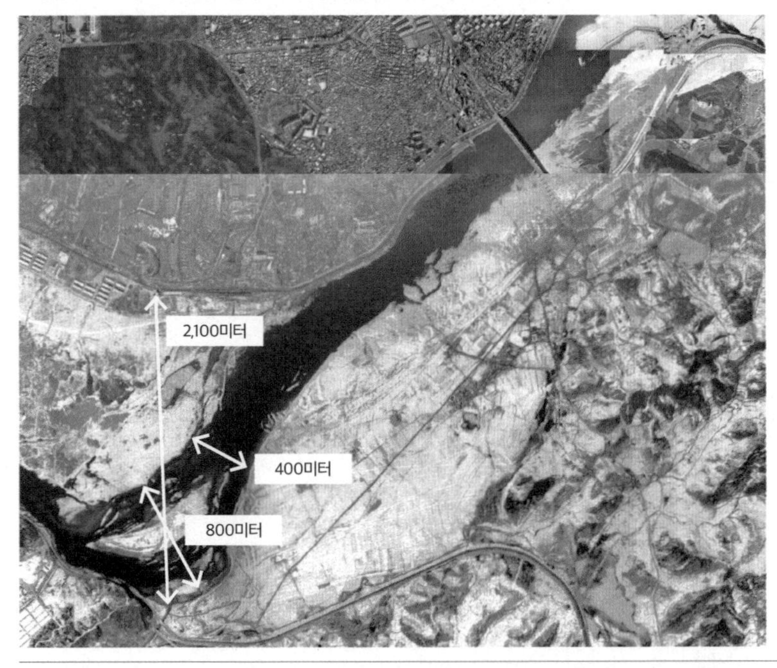

1969년 반포 인근 항공사진. 한강의 전체 폭은 모래사장을 포함하여 약 2,100미터로 매우 넓었다. 평상시 물이 흐르는 폭은 약 400미터였다. 1910~1930년대 지도와 비슷한 형태로 넓은 모래사장이 있고 한강은 반포 쪽으로 흐르고 있다. 중랑천 합류부 부근 일부 항공사진(한남대교 상류)은 1972년 촬영한 것이다.

1972년 반포 지역 항공사진. 1972년 7월 완료한 매립 지역에 아파트 공사가 진행 중이다.
한강에는 모래 준설 흔적이 보이고 한남대교 인근은 아직 준설 전이다.

1975년 반포 지역 항공사진. 매립한 반포에 아파트 건물이 빽빽히 들어서 있다.
한강 동부이촌동 쪽은 준설을 거의 완료했고 한남대교 인근에도 활발하게 준설이 이루어지고 있다.
반포대교 기초공사 모습이 보인다.

1984년 반포 지역 항공사진. 인근 지역 준설이 거의 끝났다.

1988년 반포 지역 항공사진. 준설이 끝나 모래의 흔적이 전혀 없다. 공원으로 조성한 고수부지가 보인다.

2020년 반포 지역 항공사진. 1988년 모습과 거의 차이가 없다. 일부 고수부지 시설만 달라졌다.

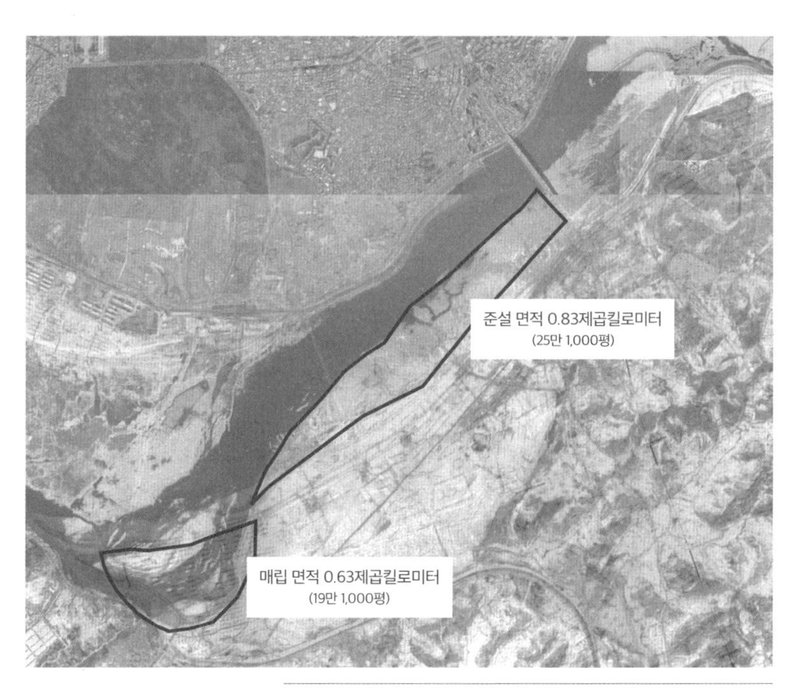

1969년 대비 2020년을 비교하면 매립 면적과 고수부지를 제외하고
약 0.83제곱킬로미터(25만 1,000평)의 모래사장이 사라졌다.
매립 면적은 0.63제곱킬로미터(19만 1,000평)다.

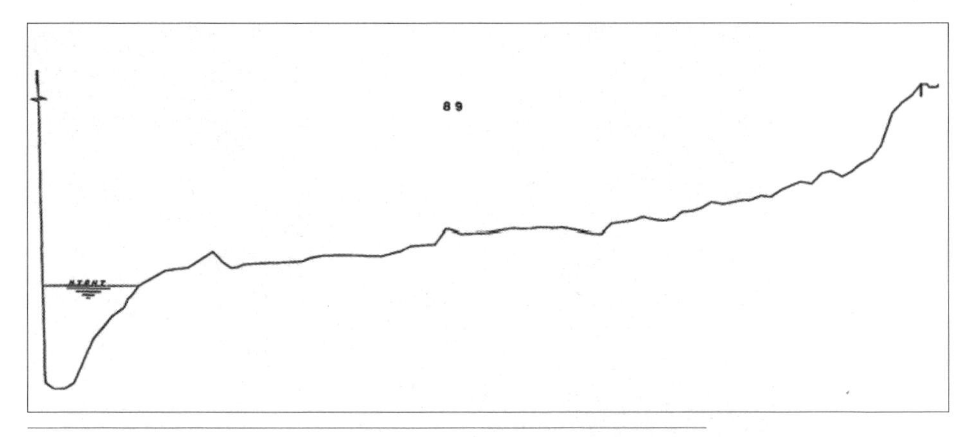

1963년 국토교통부에서 발간한 『한강하상변동조사보고서』에 수록한 반포지구 하천 단면 형태.
왼쪽에는 좁은 수면이, 오른쪽으로는 넓은 모래사장이 펼쳐져 있었다.

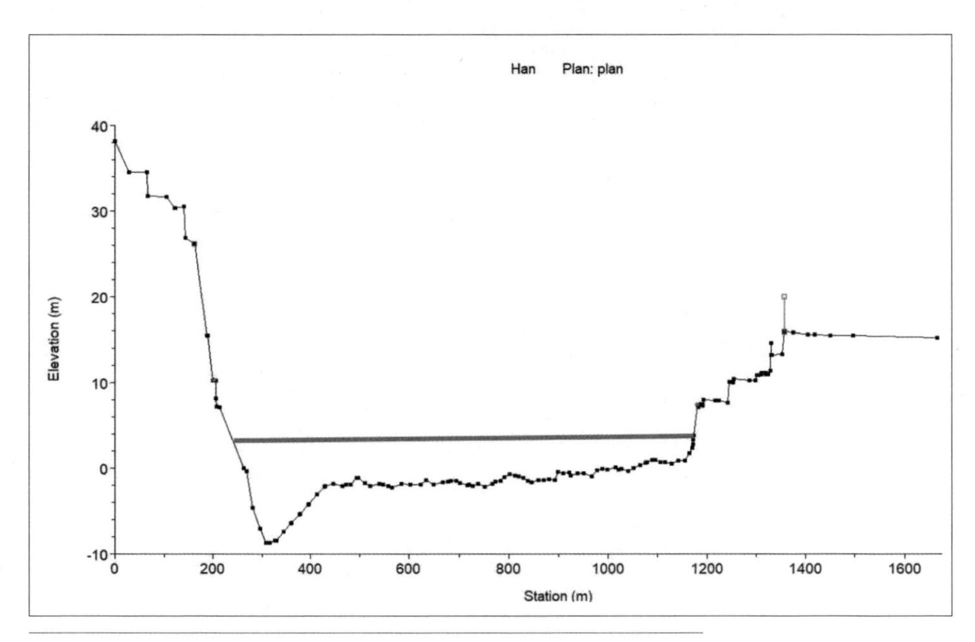

2020년 국토교통부에서 발간한 『한강(팔당댐~하구) 하천기본계획(변경) 보고서』에수록한
2018년 반포지구 하천 단면 형태. 과거에 비해 오른쪽이 크게 낮아졌으며 수면 폭이 넓어졌다.

짓는 일은 단순했다. 쉽게 결정했고 쉽게 진행했고 쉽게 끝났다. 한강의 모래는 준설로 쉽게 사라졌고, 오랜 시간 흐르던 강은 쉽게 매립되어 땅이 되었다. 그위에 아파트가 들어섰고 강은 잊혔다.

오늘날, 이런 일이 과연 가능할까? 아무리 땅이 부족해도 그럴 수는 없다. 50년 전에는 가능했다. 강에 대한 개념도, 자연에 대한 인식도 없었다. 강을 파서 강을 메우고 아파트를 짓는다는 기상천외한 생각의 실현이 가능했다. 잘한 일일까? 잘못한 일이다. 강은 땅과 다르다. 강은 도로가 아니다. 물이 흐르고 물속 생명들이 사는 곳이다. 어떤 걸로 대체할 수 없는 고유한 가치가 있다. 있어도 되고 없어도 되는 것이 아니라 반드시 있어야 하는 것이다. 과거와 현재, 미래를 논할 대상이 아니다. 과거에 있었으니 미래에도 있어야 한다. 그렇다고 반포아파트를 허물고 다시 강물을 흐르게 할 수는 없는 일이다. 그렇다면 어디까지 가능할까. 모래사장은 되살릴 수 있다. 원래 모습과 비슷하게 사람이 한강 가까이에 편하게 접근할 수 있게 만들 수 있다. 1970년 이전의 모습으로 되돌릴 수 있다. 늦기 전에 그 모습으로 돌아갈 방법을 머리를 맞대고 찾아야 한다.

섬을 내줄 테니 아파트를 다오!

누구도 기억하지 못하는 섬, 저자도

조선시대 한양의 동쪽 경계는 중랑천이었다. 중랑천에서 떠내려온 모래가 한강을 만나 더 이상 흐르지 못하고 쌓여 삼각주가 되었다. 삼각주는 비옥했고 물이 넉넉해 조선시대 목축업의 중심지였다. 한강과 중랑천 두 물이 만나는 곳이어서 두모포라 했다.* 이 삼각주가 저자도다.

1861년 간행한 『대동여지도』에 저자楮子라고 표시한 큰 섬이었다. 『신증동국여지승람』에는 고려 후기 정승 한종유가 이 섬에 최초로 별장을 지었다고 했다. 노년에 관직에서 물러나 저자도에 별서를 마련한 뒤 머물며 한강의 한가로운 풍경을 여러 편의 시로 남겼다. 저자도 풍경은 한종유를 통해 고려 말기부터 세상에 알려지기 시작했다. 조선 초기부터는 왕실 소유였다. 태조의 이복형제 이화의 소유였는데 개국공신으로 토지를 하사할 때 저자도를 포함했다고 추정한다. 태종은 저자도를 자주 찾아 주연을 즐겼다. 상왕인 정종과 함께 저자도 강변에서 술자리를 가졌다. 세종 또한 저자도에 몇 차례 행차한 기록이 있다. 상왕인 태종을 모시고 함께 유연과 낚시를 즐기기도 했다. 세종은 둘째 딸 정의공주

---

* 서울역사박물관, 『경강 광나루에서 양화진까지』, 2017.

에게 이 섬을 하사했다. 이처럼 저자도는 조선의 왕들이 즐겨 찾던 아름다운 곳이었다. 정인지는 '흰 모래 갈대숲에 경치가 특별히 좋다'라고도 했다.

저자도는 또한 기우제를 지내던 곳이다. 100여 년 전까지만 해도 이곳에서 기우제를 지냈다. 기우제에 관한 가장 마지막 기사는 1906년(고종43) 8월 17일이다. 넓은 모래 평지여서 기우제를 올리기에 적합했다. 저자도의 넓은 백사장은 출정하는 병사들의 전송 행사장이기도 했다. 1419년 5월 세종은 저자도로 나와 대마도 정벌을 떠나는 이종무 등 여덟 장수들을 전송했다.* 1757년(영조33) 편찬한 『여지도서』에는 저자도에 8~9채 넘는 초가가 있고 20여 명이 거주하는 작은 마을이 있었다고 기록한다. 사람이 거주했던 섬이라는 뜻이다.

조선 후기에 고종은 박영효에게 이 섬을 하사했다. 따라서 일제 강점기에는 박영효와 그의 후손이 주인이었다. 1925년 을축년 대홍수로 섬의 일부가 유실되었다. 1941년 발간한 『경성부사』는 섬의 면적이 36만 평이며 대부분이 평탄화되었다고 기록했다.**

1920~1960년대 지도에는 저자도의 모습이 뚜렷하게 나타난다. 시기별로 크기나 형태는 조금씩 다르지만 뚜렷한 섬의 모양을 유지한다. 1922년 제작한 〈경성도〉는 중랑천 합류부에 저자도를 크게 표시하고 있고, 오늘날 압구정동에는 물이 흐른다.

1930년대 제작한 〈경성부 관내도〉는 섬의 형태는 비슷하지만 조금 작은 크기로 표시했다. 1966년 발행한 『최신 서울특별시 전도』에서는 특이하게 두 개의 섬으로 나누어 표시했다. 저자도는 비교적 낮은 모래섬이라 홍수가 발생하거나 물의 흐름이 바뀌면 그 형태가 달라졌음을 알 수 있다.

1966~1970년 사이 저자도 인근 사진을 통해 한남대교 건설 모습과 그 일대 준설 장면을 볼 수 있다. 1966년 사진에도 이미 저자도 준설 장면이 담겼다.

---

* 윤진영 등, 『한강의 섬』, 마티, 2009.

** 손정목, 『서울도시계획이야기 1』, 한울, 2003.

1922년 제작한 <경성도>는 저자도를 중랑천 합류 지점에 큰 면적의 섬으로 표시했다. 서울역사박물관, 『서울지도』, 2006.

1930년대 제작한 <경성부 관내도>는 <경성도>에 비해 저자도 면적을 조금 작게 표시했다. 서울역사박물관, 『서울지도』, 2006.

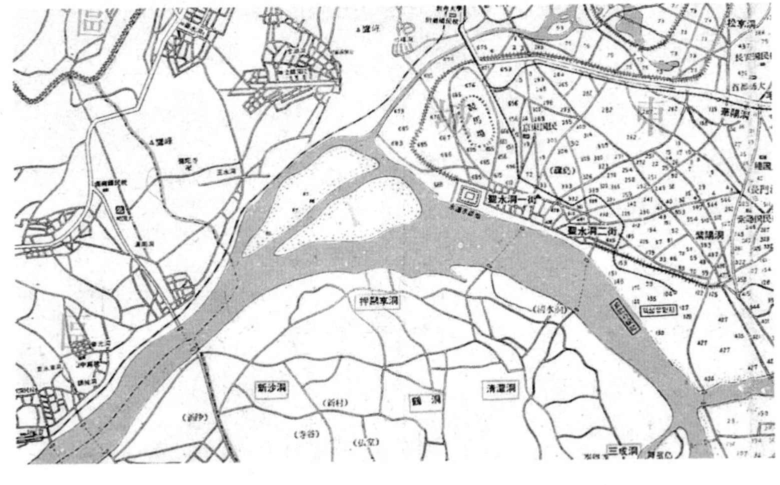

1966년 발행한 『최신 서울특별시 전도』는 저자도를 두 개의 섬으로 분리해 표시했다. 서울역사박물관, 『서울지도』, 2006.

1966년 공사 중인 한남대교.
한강 남단의 넓은 모래사장이
보인다. 저자도 하류의
모습이다. ©Bill Smothers

1969년 11월 17일 촬영한
공사 중인 한남대교.
저자도 하류 모습으로
강 남쪽 넓은 모래사장을
준설하고 있다.

오늘날 유엔빌리지
위치에서 바라본 1966년
당시 준설 중인 저자도
모습이다. ©Bill Smothers

1970년에는 중랑천 합류 지점의 저자도가 일부 남아 있었다. 준설선이 보인다.

인근 준설을 오래전부터 시작했음을 짐작할 수 있다.

저자도를 파헤쳐 얻은 땅, 압구정

1969년 2월 17일 현대건설은 압구정 지역 공유수면 매립 면허를 받는다. 매립 목적은 '건설 공사용 각종 콘크리트 제품 공장 건설을 위한 대지조성 및 강변도로 설치에 일익을 담당'하는 것이었다. 하지만 인가 과정에서 매립 목적은 택지 조성으로 달라졌다.* 한마디로 이 공사는 저자도의 모래를 준설하여 압구정에 쌓아 택지를 조성하는 것이었다. 1970년 4월 시작한 공사는 1972년 12월에 끝났다. 총 매립 면적은 4만 8,072평이었다. 이 과정 중 웃지 못할 사건도 일어났다. 공사 중 현대건설이 처음 승인 받은 면적보다 1만 1,259평을 초과 매립한 것이다. 1970년 9월 3일 뒤늦게 사후 추가 매립 신청을 했지만 건설부 승인을 받지 못해 초과 매립 부분을 원상복구를 해야 했다. 일본 전문가를 초빙, 수리모형실험을 할 정도로 당시에는 민감한 사건이었다. 추가로 매립한 부분이 한강 홍수위를 상승시킨다는 것이 건설부의 주장이었고 이를 입증하기 위해 모형을 만들어 실험까지 한 것이다.

이런 우여곡절을 거쳐 조성한 택지 위에 1975~1977년 아파트를 지었다. 바로 압구정 현대아파트 23동 1,562가구다. 다시 말해 압구정 현대아파트는 강을 매립한 땅 위에 지은 것이다.

사라진 저자도의 흔적을 찾아서

1910~1930년대 지도에서 저자도는 가로 1,800미터, 세로 800미터 정도 크기로 그 면적은 0.99제곱킬로미터(30만 평)로 보인다. 섬 서쪽에 등고선을 표시했는데

* 손정목, 『서울도시계획이야기 1』, 한울, 2003.

1972년 매립 중인 압구정. 저자도 인근에는 준설선으로 보이는 배가 있다. 국가기록원.

1972년 압구정에 모래를 쌓아 매립하고 있다. 국가기록원.

1977년 6월 18일 공사중인 성수대교와 강 건너 압구정 현대아파트가 보인다.
서울특별시사편찬위원회, 『사진으로 보는 서울 5. 팽창을 거듭하는 서울(1971~1980)』, 2008.

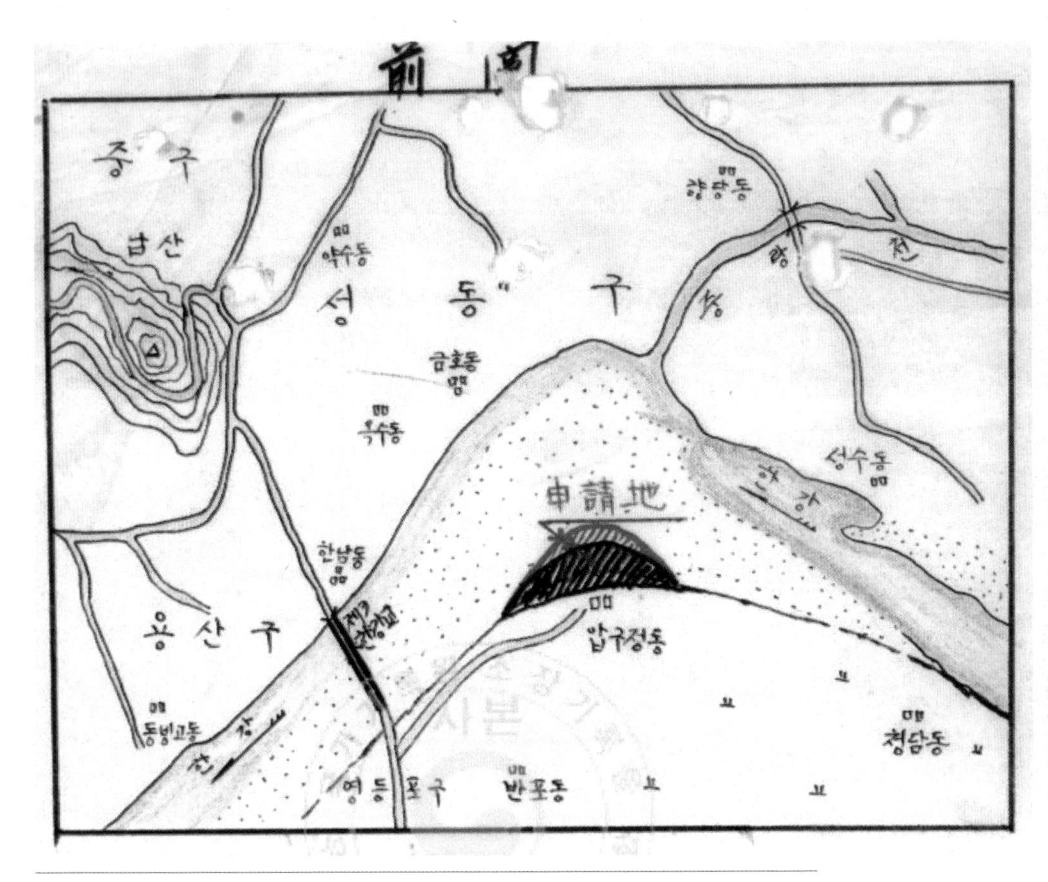

1970년 압구정동 공유수면 매립 2차 신청서 도면. 1970년 9월 3일 현대건설이 신청한 2차 매립지(붉은색)와 1969년 2월 17일 승인 받은 1차 매립지(검은색)가 2차 신청서 도면에 표시되어 있다. 1만 1,259평의 2차 매립은 유수 소통 지장의 이유로 건설부 승인을 받지 못해 원상 복구되었다. 국가기록원.

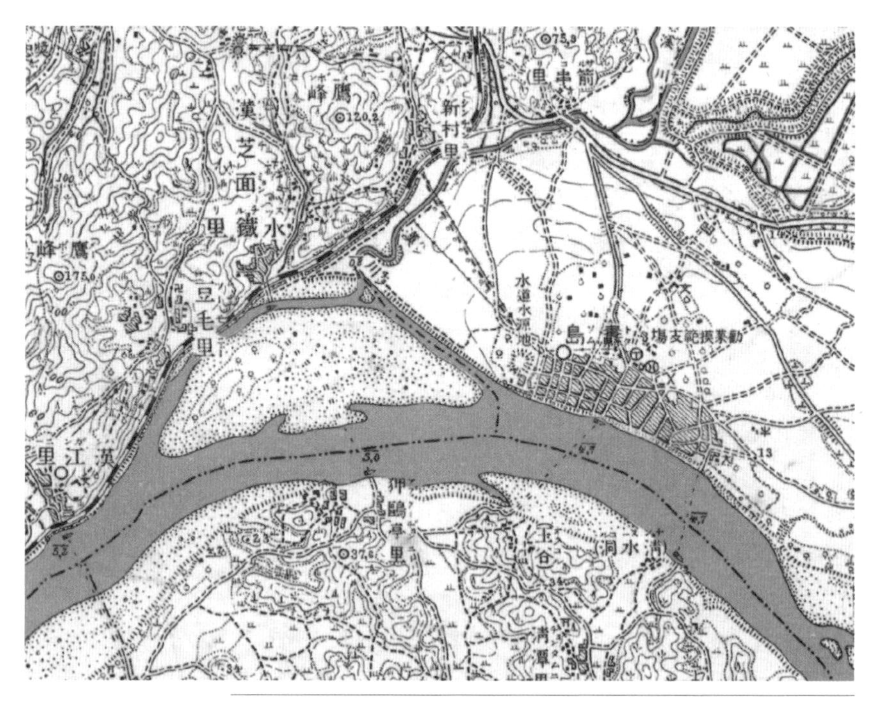

1910~1930년대 지도에는 저자도를 뚜렷하게 표시했다. 왼쪽 지면이 높게 나타나 있다.
한강은 남쪽 압구정 쪽으로 흐르고 있다.

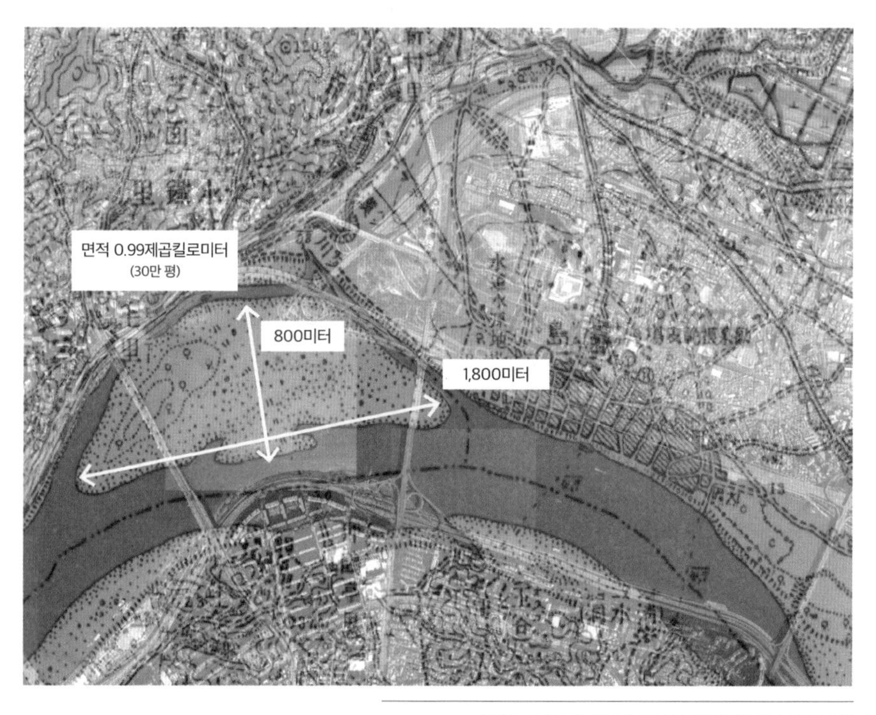

1910~1930년 지도와 2020년 항공사진을 겹쳐보면
압구정 현대아파트 위치가 매립 전 한강이었다는 것을 알 수 있다.

1972년 저자도 부근 항공사진. 압구정 부근에 1972년 매립 완료 지역이 흰색으로 뚜렷하게 보인다. 매립 이후에도 한강에는 넓은 지역에 모래가 남아 있었다.

1973년 저자도 부근 항공사진. 1972년에 비해 저자도 흔적이 많이 사라졌다. 인근 다른 지역 모래사장도 면적이 크게 줄었다.

1978년 저자도 부근 항공사진. 대부분의 모래가 준설로 사라졌다. 원래 저자도가 있던 곳에 중랑천에서 내려온 모래가 쌓이고 있다. 매립 지역에 아파트가 들어서고 성수대교가 놓이는 중이다.

1988년 저자도 부근 항공사진. 중랑천 합류부에 일부 모래만 남아 있다. 중랑천 합류 형태가 크게 달라졌다.

2020년 저자도 부근 항공사진. 1988년 이후 거의 변화가 없다.

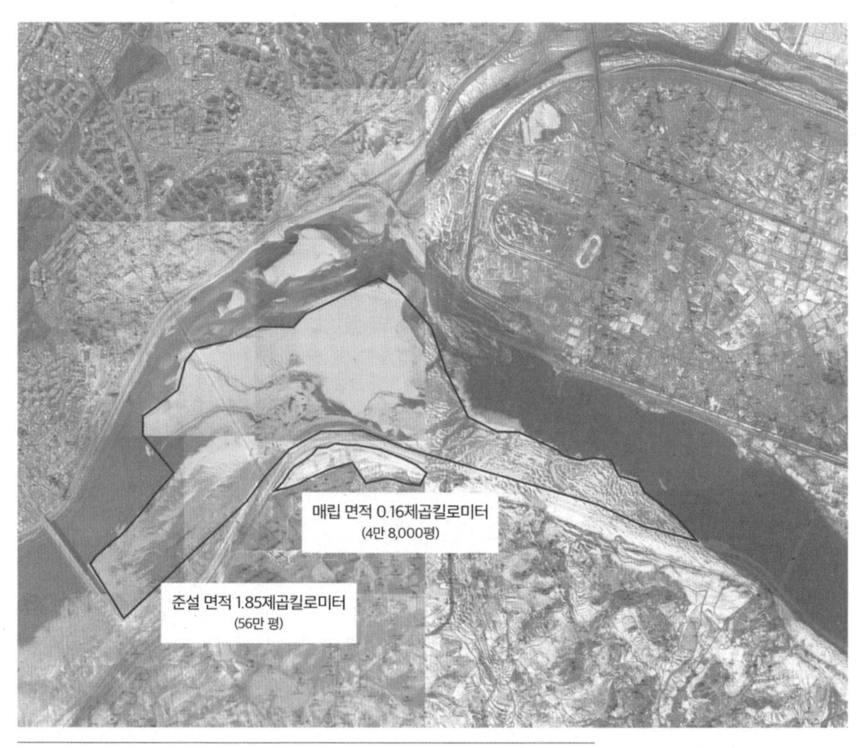

이 지역에서 준설로 사라진 모래 면적은 1969년 및 1972년 항공사진 기준으로
약 1.85제곱킬로미터(56만 평)이고, 매립 면적은 0.16제곱킬로미터(4만 8,000평)다.

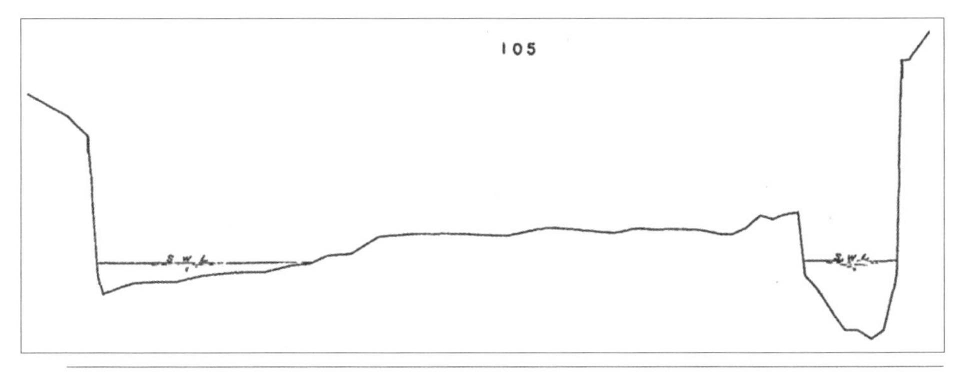

1963년 국토교통부에서 발간한 『한강하상변동조사보고서』에 수록한 저자도 지점의 한강 단면도.
한강의 물 흐름이 저자도를 중심으로 좌우로 형성되어 있다. 수면 폭은 좌우 모두 좁고 왼쪽에 비해 오른쪽 수심이 더 깊다.

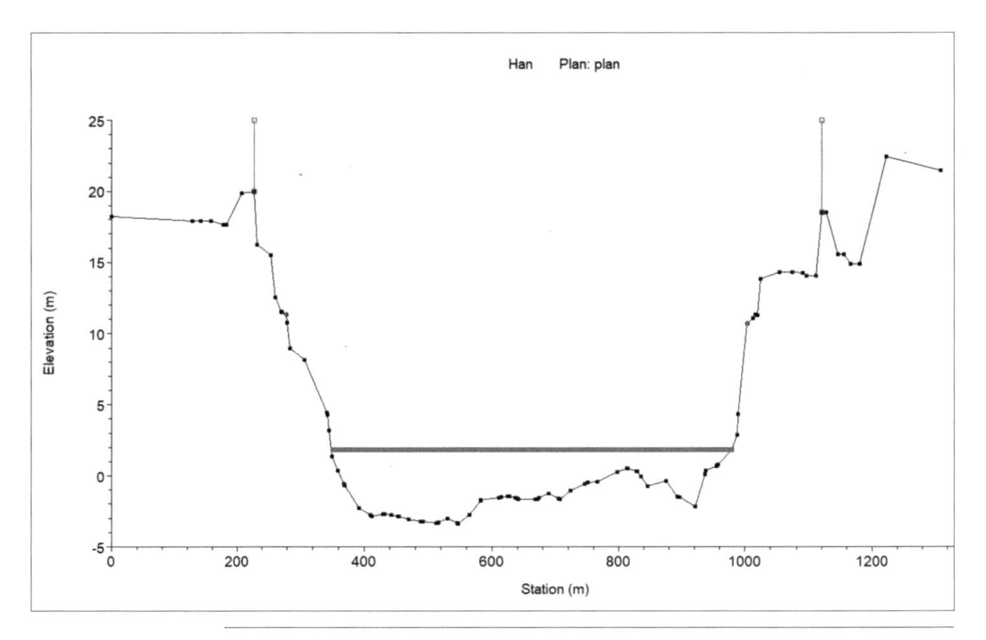

2020년 국토교통부에서 발간한 『한강(팔당댐~하구) 하천기본계획(변경) 보고서』에 수록한
2018년 저자도 지점의 한강 단면도. 저자도가 사라진 이후 하천 바닥은 낮아졌고 수면 폭이 넓어졌다.
전반적으로 수심도 깊어졌다.

이를 통해 섬 전체가 평지가 아니었음을 알 수 있다. 서쪽이 높고 동쪽이 낮다. 동쪽에는 넓게 모래가 펼쳐져 있었다. 두모리와 압구정리를 잇는 뱃길과 더불어 섬 위에도 길을 표시했다. 사람들의 왕래가 잦았음을 알 수 있다. 당시 저자도와 압구정리 사이 한강 수심은 5미터였고 한남대교 인근은 5.2미터, 성수대교 인근은 4.7미터로 여의도나 한강대교 부근에 비해 얕았다.

1973년 항공사진에서 저자도는 일부 흔적만 남아 거의 찾아보기 어렵다. 1972년 항공사진을 통해 확인할 수 있던 남쪽 모래도 상당 부분 준설로 사라졌다. 1978년에는 저자도 인근 모래가 대부분 사라졌다. 그런데 원래 저자도가 있던 지점에 중랑천에서 내려온 모래가 쌓여 일부 섬의 형태로 나타나고 있다. 1988년에는 모래가 거의 보이지 않는다. 중랑천 합류부에 일부 남아 있지만 이 부분도 준설하고 있다. 이후 오늘날까지 중랑천 합류부 인근 한강은 거의 변화가 없다. 모래는 전혀 보이지 않고 넓은 수면만 보인다. 이 지역에서 준설로 사라진 모래 면적은 1969년 및 1972년 항공사진 기준으로 약 1.85제곱킬로미터(56만 평)다.

1963년 한강 단면도에는 저자도의 모습이 나타나 있다. 왼쪽 압구정 쪽과 오른쪽 중랑천 쪽으로 물길이 나누어져 있고 그사이에 물에 잠기지 않은 섬의 모습이 보인다. 섬은 오른쪽이 조금 더 높게 표시되어 있다. 오른쪽 강의 수심이 더 깊다.

2018년 한강 단면도에는 저자도의 흔적이 보이지 않는다. 한강 전체에 물이 차서 수면 폭이 넓다. 1963년과 달리 왼쪽의 수심이 더 깊다.

훗날 저자도를 묻는 이들에게 뭐라고 답해야 할까

2023년 10월 15일 경복궁 앞 광화문 광장에서 광화문 월대 복원 기념 행사가 열렸다. 월대는 궁궐 정전처럼 중요한 건물 앞에 넓게 설치한 대를 말한다. 국가 의례와 외교, 위민과 소통의 무대로 활용했다. 광화문 월대는 궁궐 정문 앞에 기단을 쌓고 난간석을 두른 것으로 남북으로 48.7미터, 동서로 29.7미터 규모다. 광화문은 임진왜란 때 소실되었다가 고종 때 중건했다. 광화문 월대는 광화문 중건과 함께 1866년에 만들었다. 1894년경 월대 어도 끝 계단을 경사로로 바꿨다가 1915년 어도를 없앴고, 1923년 전차 선로를 부설하면서 완전히 철거했다. 2023년에 와서야 이 월대를 복원했다.* 광화문 월대 복원에 대한 공감대는 높다. 선조들이 만든 문화유산이기 때문이다. 잘 보존해서 후손에게 물려줘야 한다고 대부분 여긴다.

자연을 복원하는 문제에 대해서는 어떨까. 공감대가 높다고 할 수는 없다. 한강 역시 그렇다. 오랜 세월 같은 모습으로 흐르던 강이 원래 모습을 잃었지만 그에 대해 생각하는 사람들은 많지 않다. 강 위에 존재하던 섬이 사라졌지만 이를 되돌려야 한다고 생각하는 이들도 거의 없다. 저자도는 우리 역사 곳곳에 등장할 만큼 오랜 시간 우리와 함께 했던 섬이다. 그랬으나 1972년 우리 곁에서 사라졌다. 없어지는 데 걸린 시간은 불과 1년 8개월. 순식간에 섬을 없앤 뒤 우리에게 남은 건 아파트다. 한강의 모래는 아파트를 짓는 재료로 취급 받았다. 수천 년 동안 강 속에 있던 모래를 파헤쳐 땅을 메우고 땅을 만들어 건물을 세웠다. 그리고 거기에 사람이 살고 있다.

광화문 월대처럼 한강은, 한강의 모래는, 한강의 섬은 복원할 수 없을까. 문화재는 복원할 가치가 있지만 저자도는 그럴 가치가 없다고 할 수 있을까. 그 가치는 누가 어떻게 정하는 걸까. 수천 년 자리를 지켜오던 저자도는 그리 오래지 않은 과거, 1970년대 초 사라졌다. 그럼에도 아무도 복원을 이야기하지 않는다. 자연의 가치, 강의 가치, 모래의 가치, 섬의 가치를 논하지 않는다. 논하지 않는다고 가치가 사라지는 건 아니다. 수십 년 세월이 흐른 뒤 후대는 우리에게 물을 것이다. 역사 속에 존재하던 저자도는 어디로 갔는가. 그 많던 모래는 어디로 갔는가. 우리는 뭐라고 답할 수 있을까.

* 국가유산청 홈페이지.

6장.

잠실, 섬이 변하여 뭍이 되었네

잠실 · 잠실 수중보
성내천 · 탄천과 양재천

세 개의 섬 잠실, 매립과 함께 사라지다

기억 저편으로 사라진 이름, 송파강과 삼전도, 그리고 광나루 강수욕장

오래전 일이지만 잠실은 섬이었다. 그 섬 남쪽으로 송파강이 흘렀다. 한강의 본류였다. 북쪽 신천강에 비해 넓고 깊었다. 송파강 남쪽에 삼전도三田渡가 있었다. 교통의 요지였다. 서울에서 남한산성으로 가는 길목이었다. 1639년 병자호란 당시 인조는 청나라 군사를 피해 남한산성으로 향했다. 그때 인조는 삼전도 나루터를 건넜을 것이다. 청나라 군사도 신천강을 건너고 잠실 섬을 지나 삼전도 나루터를 건너 남한산성으로 향했을 것이다. 인조는 삼전도에서 청에게 항복한 뒤 송파강을 건너 다시 궁으로 돌아왔을 것이다. 인조의 항복을 받은 청나라 태종은 이를 기념해 삼전도에 비를 세웠다. 1963년 1월 사적으로 지정한 삼전도비다. 잠실은 그렇게 아픈 역사의 땅이고 그 기억의 비를 품고 있다.

삼전도는 나루터였다. 조선시대 나루터에는 도渡, 진津, 제濟, 섭涉을 썼다. 강폭에 따라 나루터 이름을 정했다. 황하나 요하처럼 큰 강을 건널 때는 도하渡河, 한강이나 임진강 정도의 강은 진강津江, 달천이나 내성천 같은 지류는 제천濟川, 작은 도랑을 건널 때는 섭수涉水라고 했다. 삼전도는 한강도, 양화도, 노량도와 함께 조선시대 4대 도선장이었다.*

삼전도 등 네 곳 나루터의 강폭은 다른 곳보다 넓었던 듯하다. 그래서 도渡

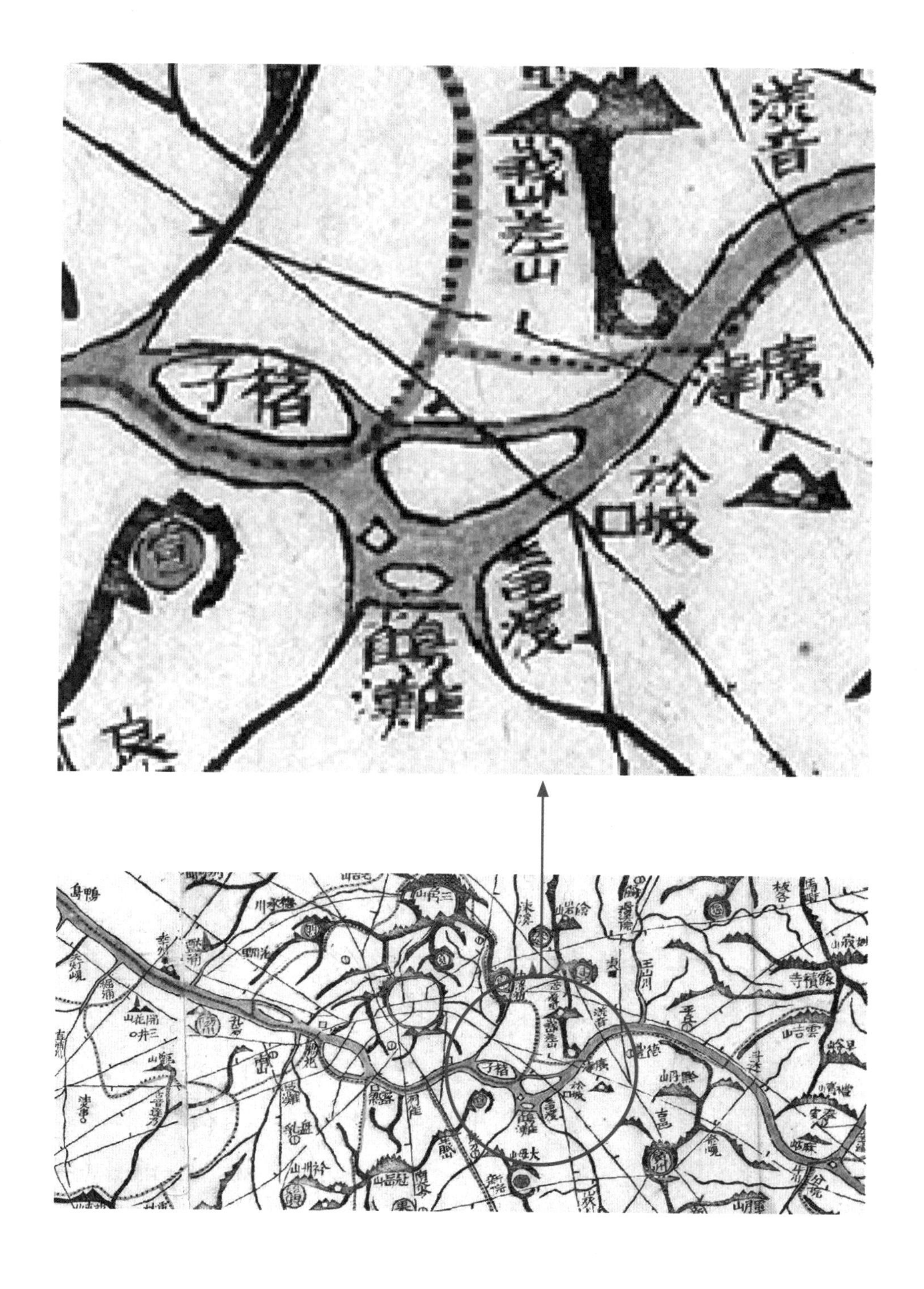

1861년 제작한 『대동여지도』에는 잠실 주위 세 개의 섬이 뚜렷하게 표시되어 있다.

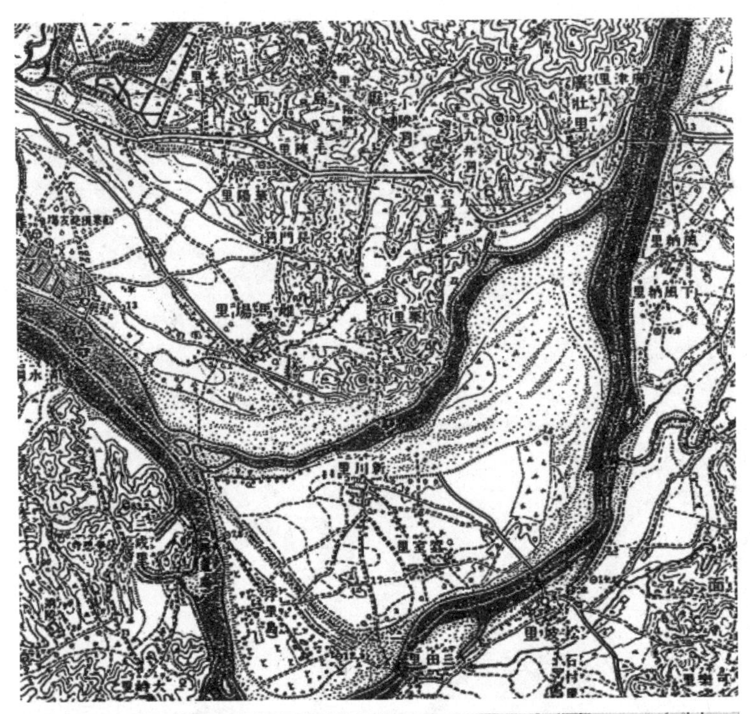

1938년 지도는 잠실리와 신천리를 주거 지역으로 표시했고 농경지와 모래사장도 표시했다. 부리도와 무동도도 표시했다. 국가기록원.

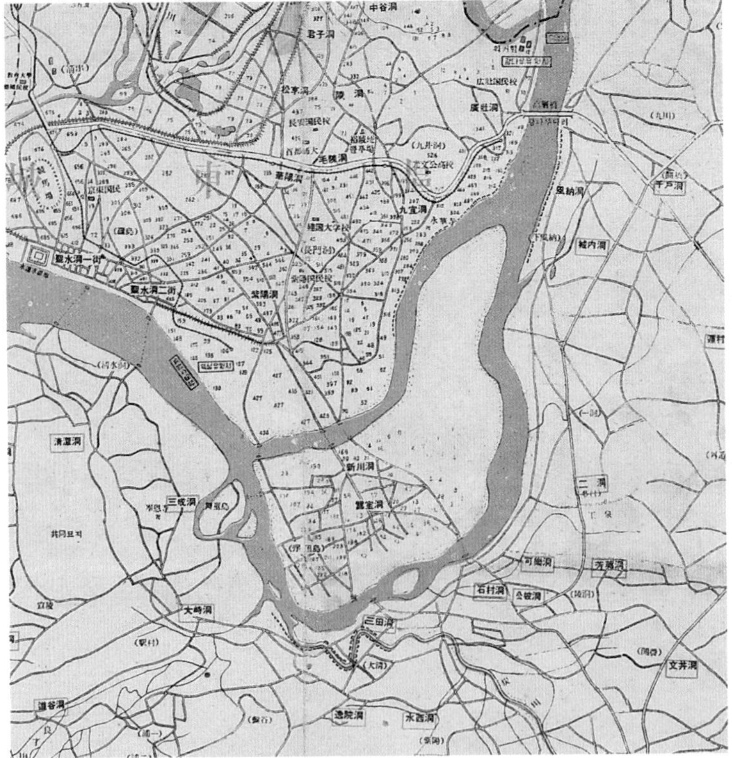

1966년 발행한 『최신 서울특별시 전도』는 잠실동과 신천동을 주거지로 표시했고 잠실 섬 위의 길을 여러 갈래로 표시했다. 당시 많은 사람이 살았음을 짐작할 수 있다. 서울역사박물관.

라는 이름을 붙였을 것이다. 진津이라고 이름 붙은 광진, 송파진, 뚝도진, 서빙고진, 동작진, 마포진, 서강진은 상대적으로 강의 폭이 좁았을 것이다. 명확하게 따져 이름을 붙인 건 아니었겠지만 전반적으로 그렇게 여겨졌을 것이다.

오늘날 대부분의 한강 다리는 조선시대 나루터나 그 인근에 만들어졌다. 도渡나 진津이 대교大橋가 되었다. 한강도에는 한남대교, 양화도에는 양화대교, 노량도에는 한강대교, 동작진에는 동작대교, 마포진에는 마포대교, 서강진에는 서강대교를 놓았다.

송파강은 지금 어디일까. 매립되어 사라졌다. 매립하면서 조금 남겨둔 곳이 있으니 오늘날의 석촌호수다. 그러니까 석촌호수는 자연 호수도 인공 호수도 아닌 강이었다. 강이 변하여 호수가 되었다. 잠실 섬 북쪽을 흐르던 신천강은 매립하고 일부는 한강이 되었다. 잠실 섬을 준설하고 물길을 넓혀 한강 본류가 되었다. 오늘날 강변역 일대가 바로 신천강이 흐르던 자리다. 강을 매립하여 만든 땅이다.

이렇게 써놓고 보니 간단하지만 실상을 보면 잠실의 변화는 상상하기 어려울 정도로 드라마틱하다. 잠실은 한강에 둘러싸인 큰 섬이었다. 1965년 『경향신문』은 '90여만 평의 모래밭에 300여 가구 2천여 명의 주민들이 살고 있었다'고, '많은 사람이 살지만 오지'였다고, '모래섬인 탓에 홍수가 나면 물에 잠기기도' 했다고 기록했다.

''서울 속의 낙도 잠실마을 딱한 사정'

· 한강으로 둘러싸인 수도 서울의 한모퉁 90여만 평의 모래밭에 300여 가구 2,000여 주민이 문명에서 외면당하고 있다.

· 이곳은 이조 때 궁중의 뽕잎을 대었다 해서 잠실이라 이름했다.

· 우편배달부가 찾다 못해 돌아가는 곳

---

* 서울특별시사편찬위원회, 『한강사』, 서울시, 1985.

1961년 광나루 앞을 지나는 뗏목과 나룻배. 서울특별시사편찬위원회, 『사진으로 보는 서울 3. 대한민국 수도 서울의 출발(1945~1961)』, 2004.

1962년 광나루 강수욕장. 모래사장 앞 물이 깊지 않아 강수욕을 할 수 있었다.

1964년 광나루 유원지의 여름. 서울역사박물관, 『서울, 폐허를 딛고 재건으로 II 1963-1966』, 2011.

1967년 광나루 백사장에 수많은 사람이 강수욕을 즐기고 있다. 위쪽에 보이는 다리가 광진교다.
서울특별시사편찬위원회, 『사진으로 보는 서울 4. 다시 일어서는 서울(1961~1970)』, 2005.

· 부락민들은 뱃사공 아니면 모래밭의 채소 농사로 수준 이하의 생활을 하고 있다.
· 강 건너 워커힐에서 밤이면 휘황찬란하게 비춰주는 전깃불을 부럽게 바라보는 어린이를 위해 학우 돕기 운동이라도 벌여주었으면……"*

잠실은 원래 잠실 섬, 부리도, 무동도 등 세 개의 섬이었다. 1861년 간행한 『대동여지도』는 잠실을 세 개의 섬으로 표시했다. 잠실 섬과 근처 부리도, 무동도로 보인다. 탄천과 양재천은 각각 별도의 하천으로 한강에 바로 합류한다.

1934년 발간한 「경성부 행정구역확장조사서」는 잠실 섬 안의 신천리와 잠실리 면적을 각각 544만 3,614제곱미터, 147만 353제곱미터로 기록했다. 전체 면적이 200만 평이 넘어 여의도 면적의 2.4배에 해당하는 큰 섬이었다. 두 마을에는 585명의 주민이 살고 있었다. 1960년 12월에는 908명이 살았다.**

1938년 지도는 잠실리와 신천리를 주거 지역으로 표시했고 농경지와 모래사장도 표시했다. 부리도와 무동도도 표시했다.

1966년 지도는 잠실 섬 위의 길을 여러 갈래로 표시했다. 당시 많은 사람이 살았음을 짐작할 수 있다.

1960년대 초까지만 해도 한강에는 뗏목이 다녔다. 팔당댐을 짓기 전 강원도에서 벌목한 나무들을 강을 통해 날랐다. 광진교 인근 모래사장에는 대규모 강수욕장이 있었다. 광나루 강수욕장이다. 여름이면 광나루 유원지에서 많은 사람들이 물놀이를 했다. 언뜻 부산 해운대 해수욕장으로 착각할 정도로 많은 사람들이 강수욕을 했다. 그만큼 모래사장은 넓었고 수심은 깊지 않았다. 광나루 강수욕장은 1983년 6월까지 운영했다. 한강에서 가장 늦게 문을 닫은 수영장이다.

* 「서울 속의 낙도 잠실마을 딱한 사정」, 『경향신문』, 1965. 12. 25.

** 손정목, 『서울도시계획이야기 3』, 한울, 2003.

이 거대한 섬을 중심으로 남과 북으로 강이 흐르던 풍경은 오늘날 완전히 달라졌다. 뽕나무를 기르던 모래섬은 거대한 아파트 단지가 되었다. 잠실 주위 하천 모습도 완전히 달랐다. 성내천은 지금의 성내천이 아니었고, 양재천은 탄천의 지류가 아니었다. 양재천과 탄천 모두 한강으로 바로 합류하는, 한강의 지류였다.

이렇게 섬이 사라지고 없던 땅이 생기고 강의 흐름이 뒤바뀐 이유는 뭘까. 잠실 섬은 정치자금의 희생양이었다.

서울시는 행정구역을 확장하면서 1963년 잠실 일대를 광주군 중대면에서 서울시 성동구 송파출장소로 편입한다. 이전까지만 해도 잠실은 주로 근교농업을 하던 곳이었다. 그로부터 몇 년 뒤인 1970년 10월 잠실대교가 놓이기 시작했다. 잠실대교는 1968년 지금의 성남시인 광주에 대규모 이주 정착 단지를 건설하면서 서울 도심 접근을 쉽게 하기 위해 추진한 것으로 잠실 개발의 동기가 되었다.*

그런데 1969년 부총리 겸 경제기획원 장관 김학렬은 정치자금을 대가로 대형 건설사들에 잠실 공유수면 매립공사를 맡긴다. 현대건설, 대림산업, 극동건설, 삼부토건, 동아건설 등 5개 업체였다. 부총리가 정치자금을 요구하면서 대형 이권을 건설사들에게 넘긴 것이다.**

잠실 섬 공유수면 매립공사는 섬의 남쪽 송파강을 막아 육지와 연결하고 섬 북쪽에 제방을 쌓아 대규모 택지를 조성하는 사업이었다. 이른바 잠실 섬을 육속화陸續化시키는 공사였다. 육속화는 섬을 뭍으로 잇는다는 뜻으로 풀이할 수 있겠다. 1971년 6월 19일 바로 이 육속화의 첫 출발이라 할 수 있는 송파강 매립공사를 시작했고, 뒤이어 1977년 3월과 1978년 6월 두 차례에 걸쳐 준공한다. 매립 총 면적은 75만 3,398평이었다. 제방 축조 공사는 1975년 말 모두 끝냈지만

---

* 서울역사편찬원, 『서울도시계획사 2』, 2021.

** 손정목, 『서울도시계획이야기 3』, 한울, 2003.

매립할 토사가 부족해 서울 시내에서 나오는 연탄재 쓰레기까지 걷어다 써야 했다. 이로 인해 매립 사업은 계획보다 3년 늦은 1978년 준공했다.

이 공사가 주먹구구인 것은 다른 곳과 다르지 않았다. 공식적으로는 1971년 6월 19일 시작한 걸로 기록했지만 실제 공사는 사업 인가 한참 전인 2월 17일 이미 시작했다. 4월 16일에는 한강 남측 부분 물막이 공사를 완료했다. 법적 인가도 받지 않고 사업을 시행했다는 사실을 당시 서울시 기획과 예산을 총괄하고 있던 손정목 기획관리관도 몰랐다고 하니 상황이 어땠는지 짐작 가능하다.*

5개 건설사들이 함께 구성한 경인개발주식회사가 잠실지구에 대한 공유수면 매립신청을 한 것은 1970년 10월 29일이었다. 신청서에는 해당 지역에 가옥 50동이 있으며 해발 표고는 2~14미터라고 썼다. 택지 조성 및 하천 개수 목적을 위해 하천부지를 매립하겠다면서 신청서에는 다음과 같이 사업 목적을 기재했다.**

> 한강 변의 유휴 하천부지를 개발하여 서울시 인구 분산을 도모하고 한강 유로 개수와 호안공사로 인한 하천 안전 유지를 위시한 다음과 같은 목적으로 이 사업을 착수한다.
>
> ① 국가 시책이며 서울시의 숙원인 도시 인구의 분산 방안에 호응, 교통량의 분산과 인구 밀집을 방지함.
> ② 현 소택지 및 수문학적으로 불필요하고 하천 유하에 저해되는 요소를 제거함.

한마디로 택지 개발을 위해 강을 없애겠다는 뜻이다. 잠실 섬이 하천의 흐

---

* 손정목, 『서울도시계획이야기 3』, 한울, 2003.

** 서울기록원, 「잠실지구 공유수면 매립신청서」, 1970. 10.

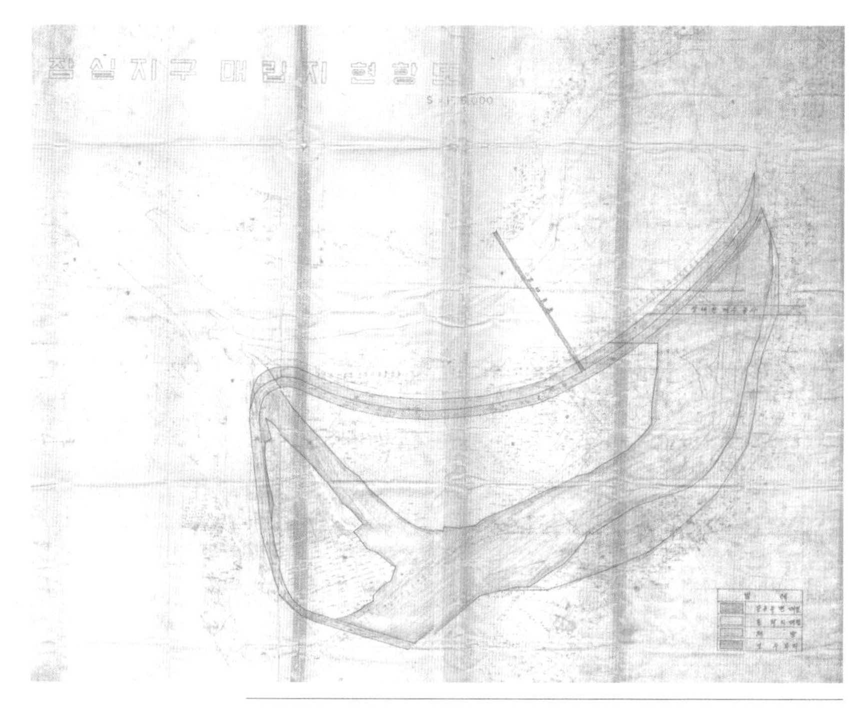

1970년 「잠실지구 공유수면 매립 사업 신청서」에 포함된 매립지 현황도.
공유수면 매립지는 파란색, 경계에 있는 경사진 부분을 뜻하는 포락지浦落地 매립은
노란색, 제방은 초록색, 고수부지는 붉은색으로 표시했다. 서울기록원.

잠실지구 개발 공사를 벌인지 45일 만인 1971년 4월 16일
서울 성동구 잠실도와 송파 사이로 흐르던 한강(송파강)이 막혀 잠실 섬이 육지로 변했다.
잠실 육속화 장면이다. 서울역사박물관, 『두더지 시장 양택식 I, 1970-1972』, 2015.

1970년대 공사 중인 잠실.
서울특별시사편찬위원회,
『사진으로 보는 서울 4.
다시 일어서는 서울(1961~1970)』, 2005.

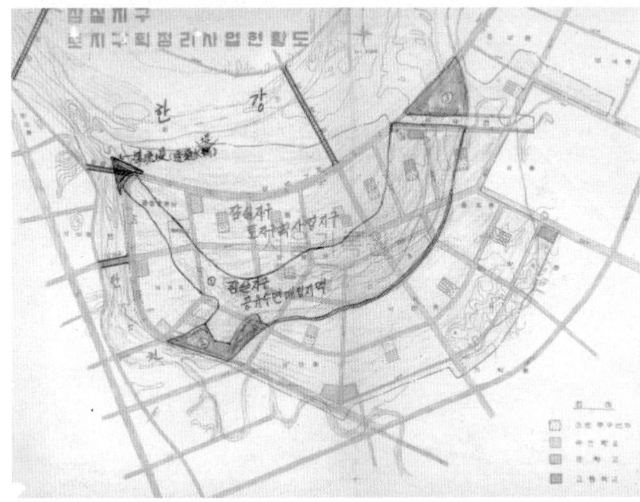

1974년 잠실지구 토지구획정리
사업현황도. 당시 공유수면
매립 지역을 표시했다. 원래의
성내천이 직선 형태로 바뀌었고
구불구불하던 탄천의 모습이
나타나 있다. 서울기록원.

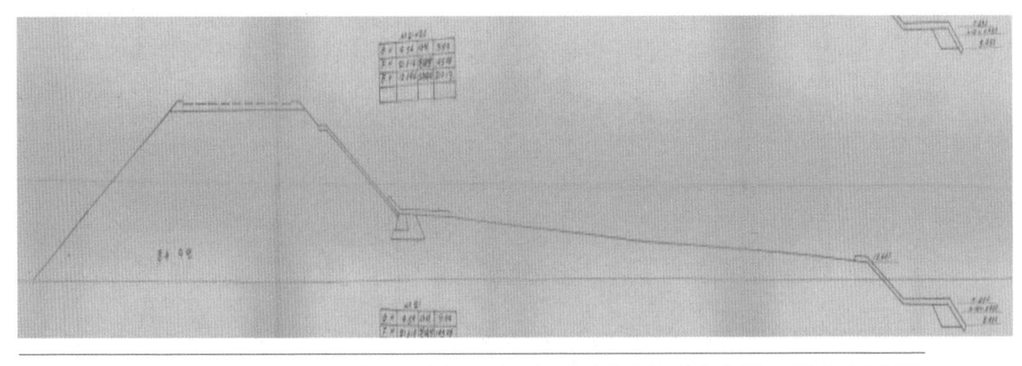

1973년 잠실지구 공유수면 매립공사 실시계획변경(2차) 설계도. 공유수면 모래 위에 제방을 쌓아 택지를 조성했다. 서울기록원.

1975년 잠실 송파 일대로 청담교를 건설한 위치다. 왼쪽이 한강이고 오른쪽이 탄천, 멀리 잠실벌판이 보인다. 서울역사박물관.

1983년 건설 중인 서울종합운동장 일대로 왼쪽에는 한창 건설 공사 중인 잠실 주경기장이 보이고, 그 오른쪽으로 야구장이, 주경기장 뒤로는 실내체육관이 있다. 서울역사박물관.

잠실호수 공원 조성 조감도. 한강 남측 송파강을 매립하고 일부를 남겨 호수로 조성하는 착공식이 1978년 12월 2일 열렸다. 호수 중앙에 너비 40미터, 길이 85미터의 다리를 놓고 호수 주변의 도로 포장과 녹지를 조성하는 것이 내용이었다. 오늘날 석촌호수다. 서울기록원.

1980년 잠실 호수공원으로 건설 중인 석촌호수 서호와 멀리 잠실 주공 5단지아파트가 보인다. 서울역사박물관.

름을 저해한다는 명분을 내세워 합리화한다. 신청서에 기재한 사업 방침은 이 사업의 배경을 설명해준다.

> '경부고속도로에서 사용하던 유휴 장비를 동원하여 시공하고 준공 후 조성된 부지를 매각하여 공사비를 충당코저 함.'

안 쓰고 있는 장비를 사용해 사업비를 줄이겠다는 것이고 부지를 매각하면 돈을 벌 수 있다는 것이다. 돈벌이를 목적으로 내세운 것이다. 신청서에 기재한 사업비는 117억 원이었다. 요즘 가치로 환산하면 얼마나 되는 금액일까. 이 사업으로 정치권으로 흘러들어간 정치자금의 규모가 어느 정도인지 미루어 짐작할 수 있다.

모래가 모자라 연탄재 쓰레기까지 동원한 한강 매립

잠실 북쪽 한강 넘어 구의지구도 비슷한 시기에 매립했다. 곡선으로 굽이쳐 흐르던 강에 제방을 쌓고 그 안을 매립하는 사업이었다. 한국수자원개발공사가 오늘날 강변역을 중심으로 한 구의지구에 제방 1,746미터를 쌓아 16만 8,860평의 한강을 매립하겠다고 면허를 신청한 것은 1968년 4월 25일이었다. 그해 12월 12일 면허 승인을 받았으나 1970년 여름에도 공사를 착수하지 못 했다. 서울시가 잠실지구 매립에 필요한 모래와 자갈의 확보를 위해 한국수자원개발공사의 한강 토사 채취를 허가하지 않았기 때문이다. 1971년 3월 서울시는 구의지구 토사 채취를 중지하도록 요구했고 그해 11월 수자원개발공사의 매립 면허는 효력을 상실했다. 1973년 10월에는 면허가 취소되었다.

구의지구 매립은 서울시에서 진행했다. 서울시는 1973년부터 구의지구에 제방을 쌓고 강변도로 1,750미터를 완성했다. 잠실지구 매립으로 한강에서 자갈과 모래를 구할 수 없게 되자 서울 시내에서 나오는 연탄재 등의 쓰레기를 매

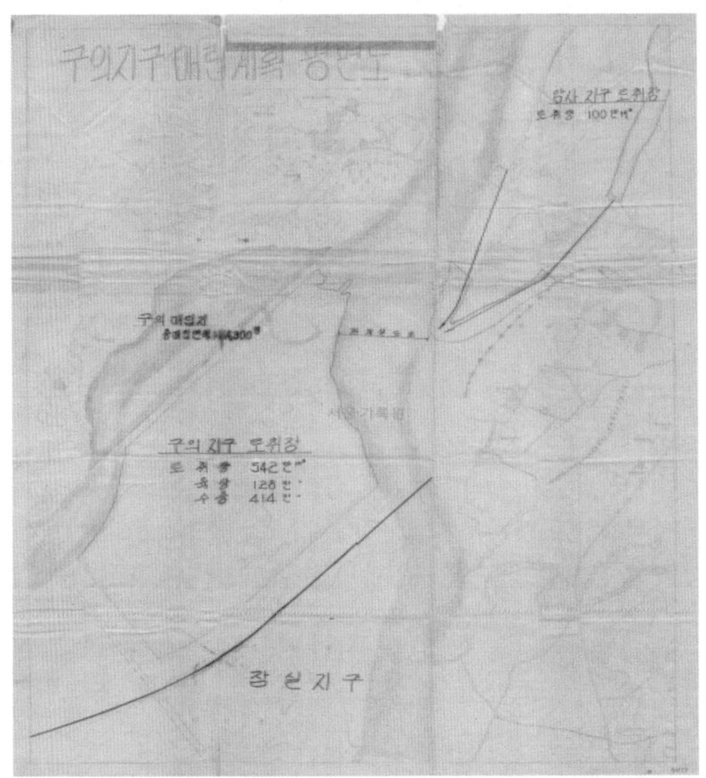

1972년 구의지구 매립 계획 평면도. 한국수자원개발공사의 구의동 지구 공유수면 매립 면허 착수 기간 연장 공문에 첨부된 매립 계획이다. 한강 구의지구와 암사지구 토취장에서 모래를 채취하여 구의동 지역 한강을 매립하는 계획이다. 최종적으로 수자원개발공사는 사업을 시행하지 못했고 서울시에서 매립했다. 서울기록원.

1975년 5월 7일 구의제방 축조 공사 모습이다. 서울기록원.

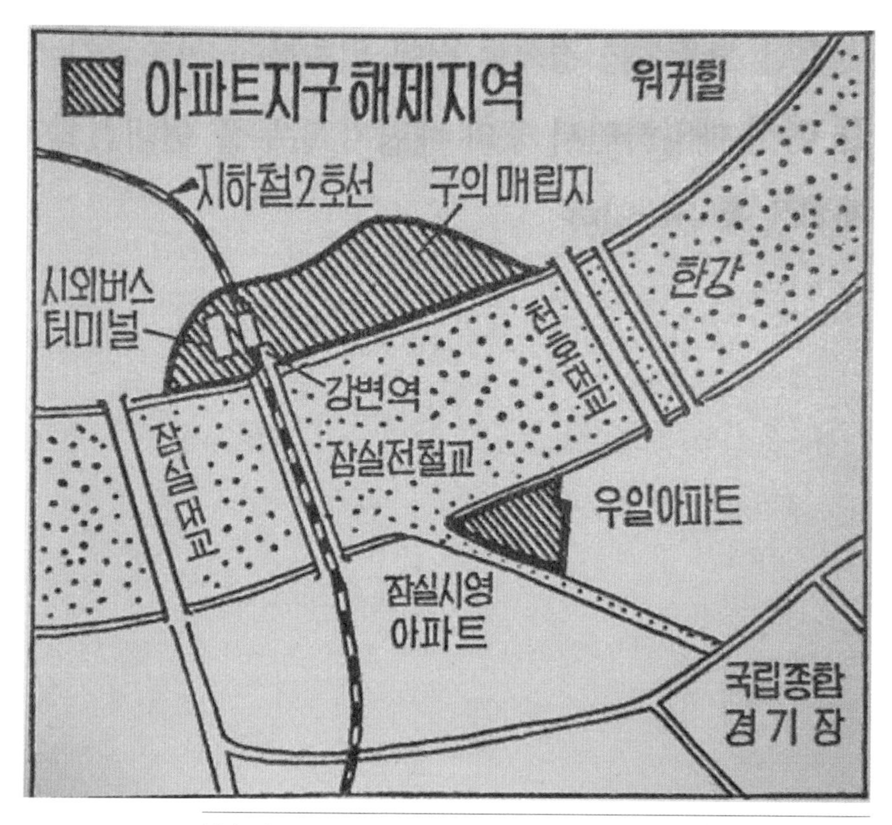

'아파트지구 해제 지역'. 구의지구 매립지와 그 안에 강변역과 시외버스터미널 등을 표시했다.
서울역사편찬원, 『서울도시계획사 2』, 2021.

립해 택지를 조성했다. 쓰레기만으로 부족하여 지하철 공사장에서 나온 흙을 이용하기도 했다. 서울시는 1978년 5월부터 1983년 5월에 걸쳐 모두 13만 7,800평의 국유지를 양도 받았으나 쓰레기를 매립한 지역이라 당장 아파트를 지을 수 없었다. 이 매립지에 1980년 10월 31일 지하철 2호선 강변역을 지었지만, 이곳은 이후 6년 동안 승객이 없는 무인 정거장이었다. 아파트가 들어서기 시작한 것은 1986년부터였다.* 일부 자료에는 구의지구 제방공사를 1973년 5월 준공했고 1974년 매립을 거의 끝냈다고 나와 있지만 1974년 항공사진에는 제방의 모습이

* 손정목, 『서울도시계획이야기 1』, 한울, 2003.

보이지 않고, 1975년 처음으로 제방이 등장하고, 1977년 항공사진에는 물길이 일부 남아 있어 매립이 덜 끝났음을 말해준다.

강은 사라지고 그 위에는 온통 아파트, 아파트!

1910~1930년대 지도에서 잠실 일대를 보면 잠실 섬을 에워싸고 한강이 흐르고 있는 모습을 확연히 볼 수 있다. 남쪽 송파 근처 수심은 4.6미터, 삼전도 근처는 4.2미터로 표시했다. 북쪽 한강은 2미터 정도로 남쪽에 비해 얕았다. 잠실 섬 지반고는 해발 1.5미터 정도로 표시하고, 섬 위에 도로와 주거지, 논과 밭 등을 표시한 것도 보인다.

1969년 항공사진에서 측정한 잠실의 전체 면적은 약 8.52제곱킬로미터(258만 평)로 가장 긴 쪽 길이가 5킬로미터 정도였다. 오늘날 여의도 면적의 2.9배, 개발 전 여의도 전체 면적 9.6제곱킬로미터보다 약간 작은 규모였다. 남쪽 송파 쪽으로 흐르는 한강의 폭은 약 160미터, 북쪽은 약 100미터였다. 이 당시 잠실 섬은 여의도와 비슷한 규모였던, 한강의 대표적인 섬이었다. 평상시에도 섬의 모습을 유지한 것은 물론이었다.

1972년 항공사진에는 크게 변한 잠실 모습이 보인다. 남쪽 물길의 입구와 출구가 모두 제방으로 막혔다. 입구는 1971년 4월에 막았다. 양쪽 끝을 막고 매립을 진행했다. 북쪽 물길에는 큰 변화가 없지만 모래사장에서 대규모로 준설을 하고 있고, 북쪽 물길과 탄천 근처에서는 제방을 건설하고 있다. 성내천의 물 흐름을 유도하기 위한 굴착 모습도 보인다.

1974년 항공사진을 통해 남쪽 물길 매립을 상당히 진행한 모습을 볼 수 있다. 한강 변과 탄천에 제방을 완공했고, 기존 잠실 섬 준설이 상당히 이루어졌다. 성내천을 한강에 유입시키기 위한 인공수로가 만들어졌고, 완성한 잠실대교도 보인다. 1977년에는 기존 잠실 섬에 아파트가 들어섰다. 남쪽 물길은 석촌호수를 제외하고 거의 매립해서 없어졌다. 북쪽은 기존 모래섬을 준설하여 물길이

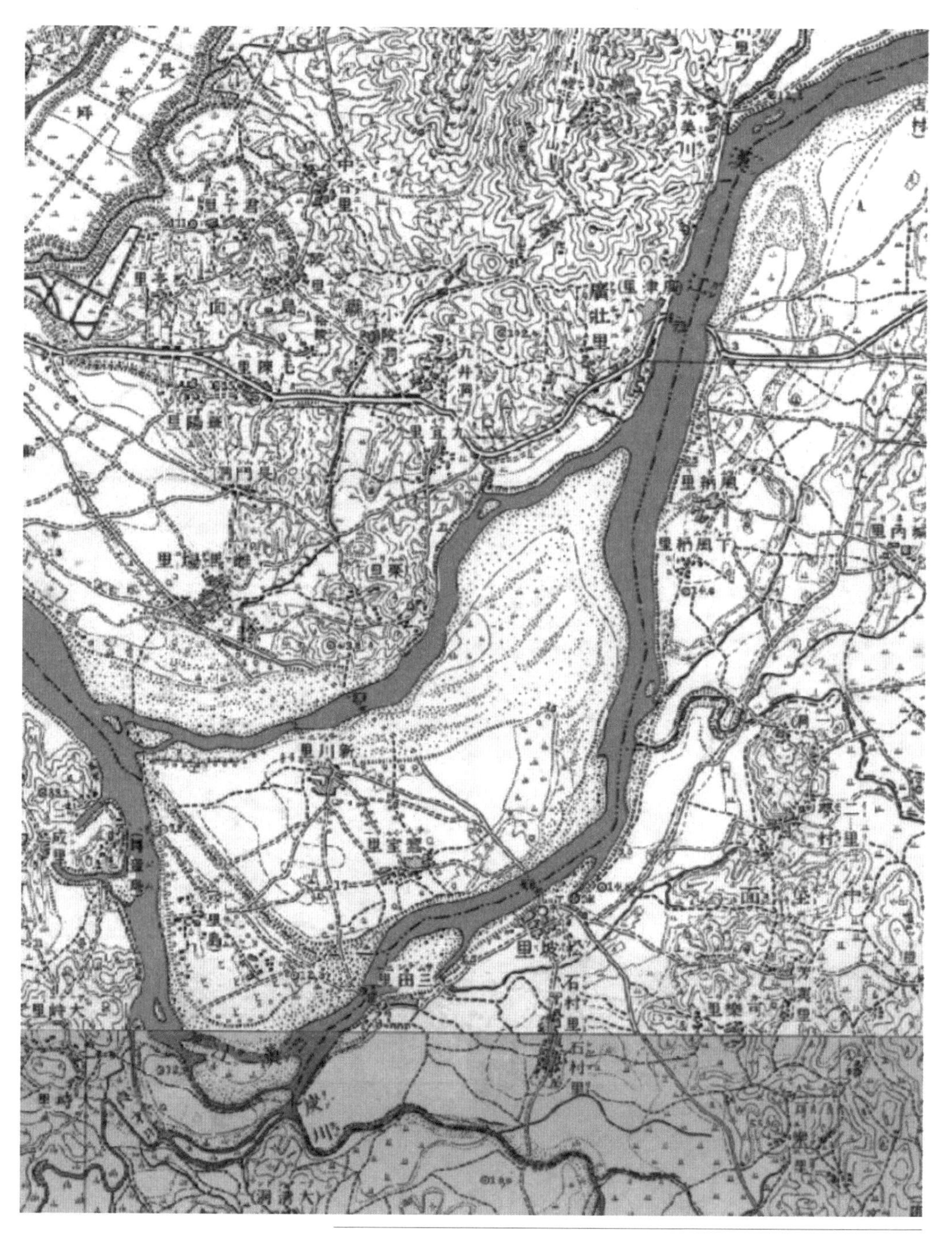

1910~1930년대 잠실 일대 지도. 잠실 섬을 기준으로 북쪽과 남쪽으로 한강이 흐르고 있다. 동쪽에는 성내천이 합류하고, 남쪽에는 탄천과 양재천이 합류하고 있다.

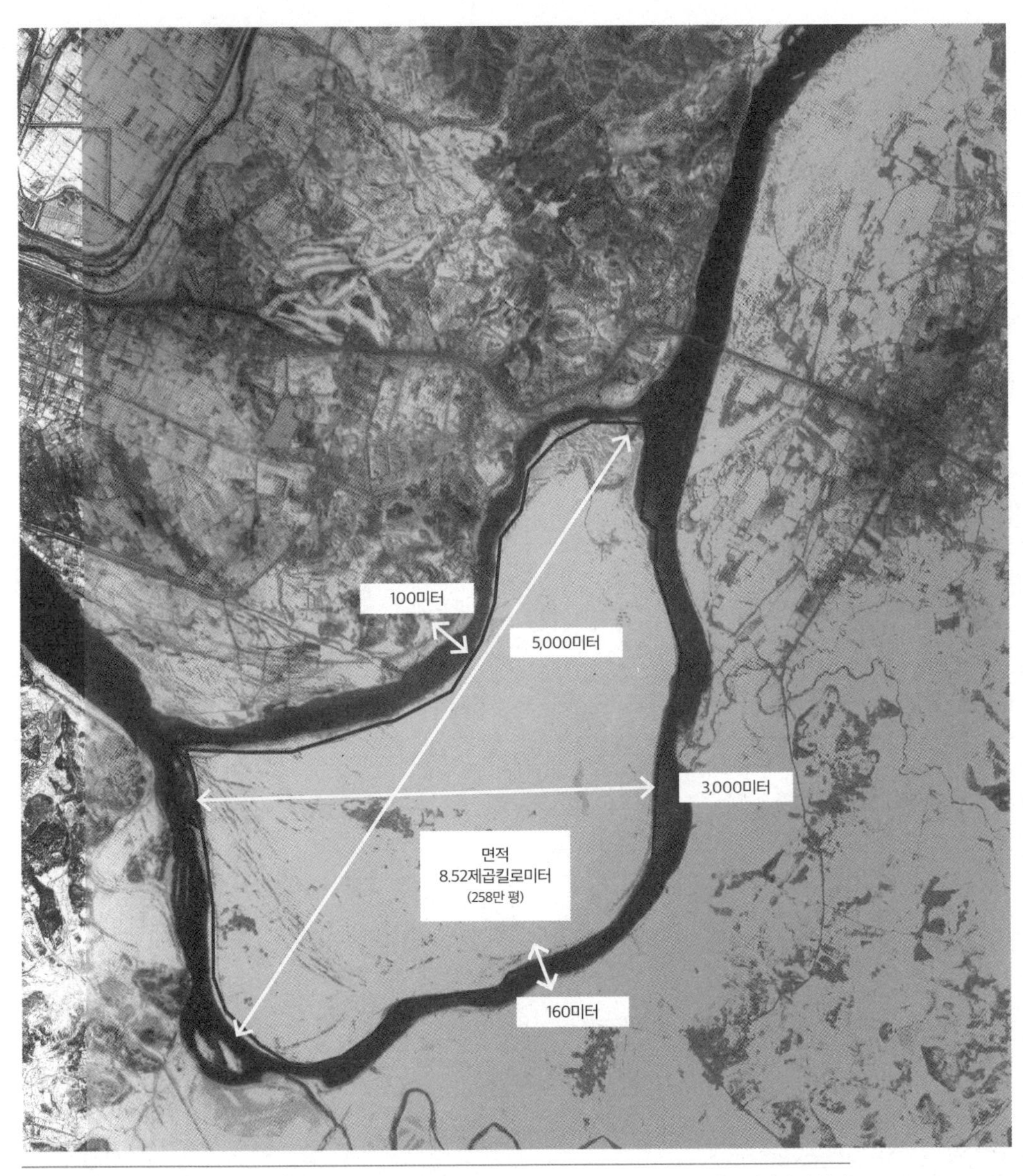

1969년 항공사진으로 본 잠실. 전체 면적은 오늘날 여의도의 2.9배이고 가장 긴 쪽의 길이는 약 5킬로미터에 달했다. 남쪽 송파의 한강 폭은 약 160미터, 북쪽은 약 100미터 정도였다.

1972년 항공사진으로 본 잠실. 남쪽 한강의 유입부와 유출부를 제방으로 모두 막았다.
강을 매립하고 있어 수면 폭이 좁아졌다. 잠실대교를 놓고 있다.

1974년 항공사진으로 본 잠실. 한강 변과 탄천에 제방을 완공했고, 기존 잠실 섬 준설이 상당히 이루어졌다.
성내천을 한강에 유입시키기 위한 인공수로가 만들어졌고, 완성한 잠실대교도 보인다.

1977년 항공사진으로 본 잠실. 기존 잠실 섬에 아파트가 들어섰다. 남쪽 물길은 석촌호수를 제외하고 거의 매립해서 없어졌다. 북쪽은 기존 모래섬을 준설하여 물길이 되었다. 구의 쪽 한강에는 제방을 건설했고, 기존 한강을 매립하고 있다.

1984년 항공사진으로 본 잠실. 매립 지역에 아파트가 많이 들어섰다.
석촌호수의 모습이 뚜렷하다. 올림픽 경기장을 짓고 있고, 한강 준설 사업이 끝나가고 있다.

1988년 항공사진으로 본 잠실. 오늘날의 한강과 비슷하다.

2020년 항공사진으로 본 잠실. 1988년 이후 변한 것이 거의 없다.

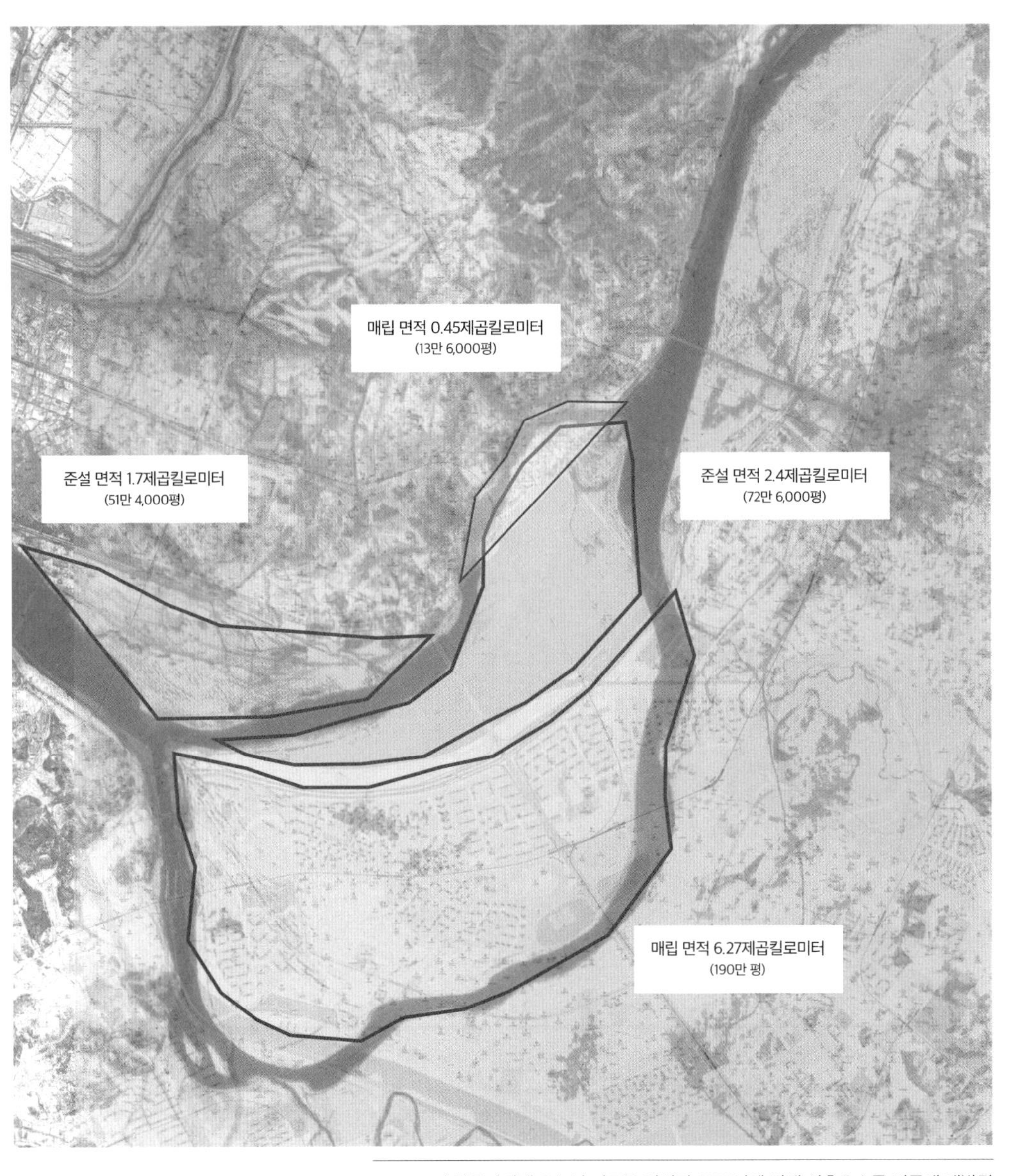

1969년 항공사진에 오늘날 지도를 겹치면 1969년에 비해 석촌호수를 비롯해 개발된
잠실 섬 전체 면적 약 6.27제곱킬로미터(190만 평)을 매립, 택지로 개발했음을 알 수 있다.
4.1제곱킬로미터(124만 평)의 모래사장이 준설로 사라졌고,
구의 지역에서 매립되어 사라진 한강 면적은 0.45제곱킬로미터(13만 6,000평)이다.

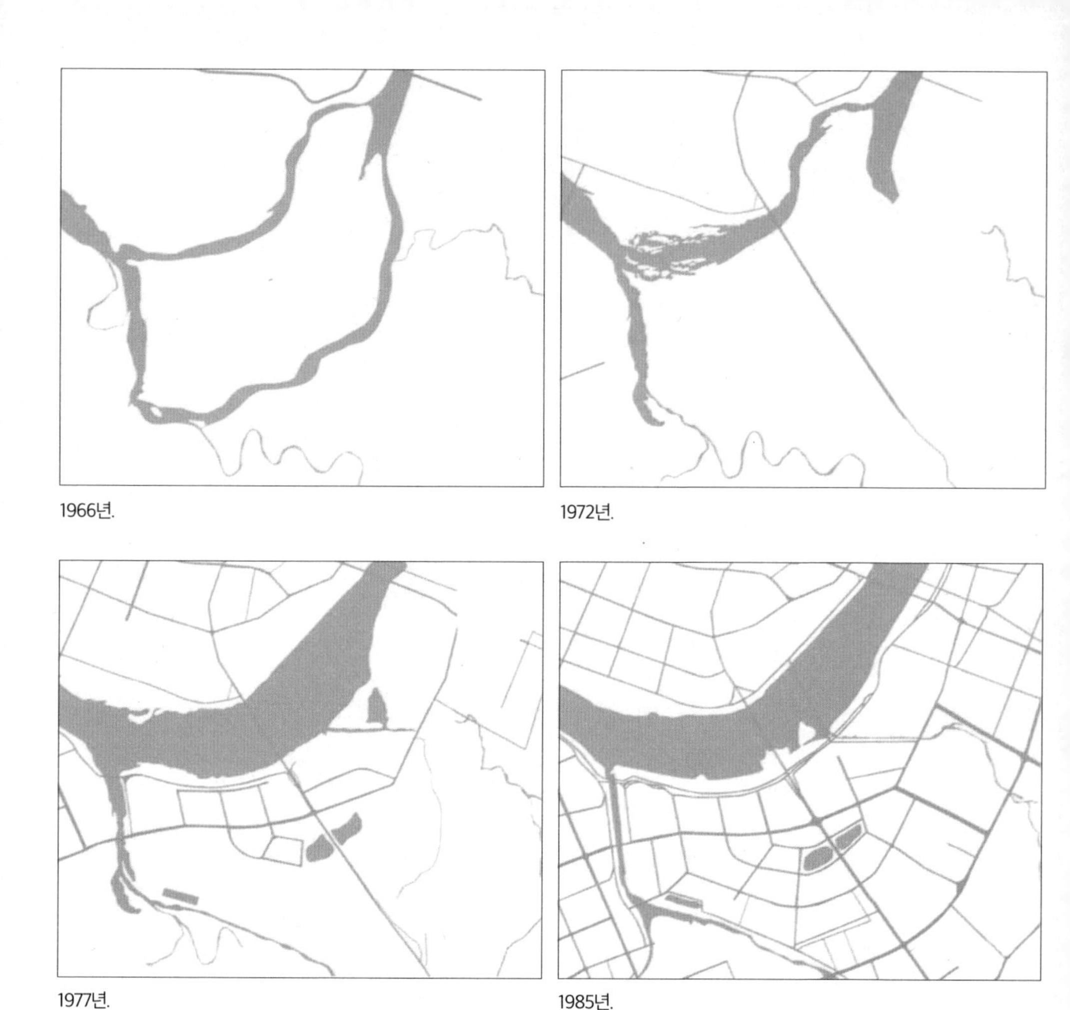

1985년 잠실 한강의 변화를 한눈에 볼 수 있다. 특히 1972년과 1977년 사이 한강과 잠실의 변화가 뚜렷하다.
서울역사박물관, 『88서울올림픽, 서울을 어떻게 변화시켰는가』, 2017.

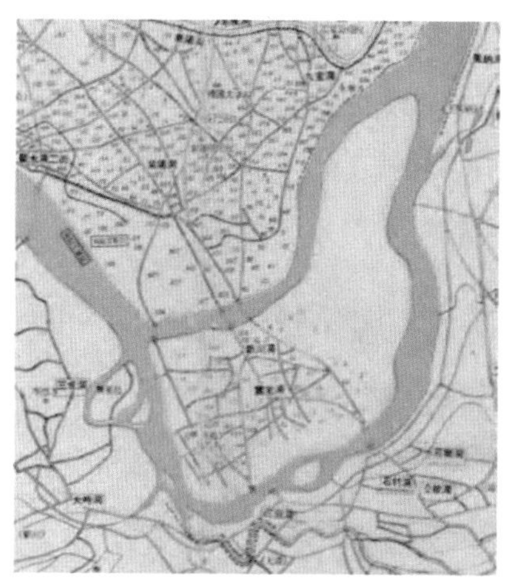

1966년 발행한 『최신 서울특별시 전도』
서울역사박물관, 『서울지도』, 2006.

1969년 「서울특별시기본계획 가로망도」

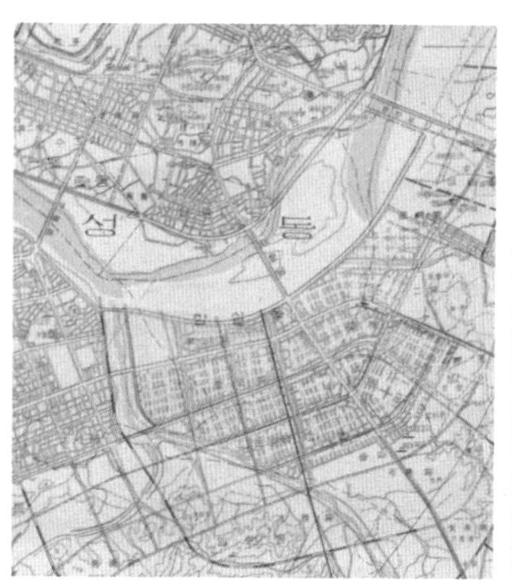

1974년 발행한 『개정 서울특별시 전도』
서울역사박물관, 『서울지도』, 2006.

1975년 도시고속철도시설 결정요청.

지도를 통해 잠실의 변화를 살펴보면 1966년과 1969년 사이에는 변화가 거의 없지만
1974년과 1975년에는 한강과 잠실의 모습이 크게 달라진 것을 알 수 있다.

1973년.

1978년.

1973년과 1978년 잠실의 변화. 불과 5년 사이에 강과 잠실의 모습이 완전히 달라졌다. 서울역사박물관, 『88서울올림픽, 서울을 어떻게 변화시켰는가』, 2017.

되었다. 구의 쪽 한강에는 제방을 건설했고, 기존 한강을 매립하고 있다.

1984년에는 기존 잠실의 모습이 거의 사라졌다. 매립 지역에는 대규모 아파트가 들어섰고 올림픽 주경기장을 짓고 있다. 기존 잠실 섬의 준설이 거의 끝나 일부 흔적만 남아 있다. 구의지구는 매립을 다 끝냈다. 1988년 한강은 오늘날과 비슷하다. 기존 잠실 섬은 완전히 사라졌고 모래도 전혀 보이지 않는다. 잠실대교 아래 만들어넣은 잠실 수중보가 보인다. 구의지구에 아파트를 짓기 시작했다. 2020년 항공사진은 1988년 모습과 거의 비슷하다.

1969년과 오늘날을 비교하면 잠실의 변화는 엄청나다. 이 지역에서 매립, 개발한 택지 면적은 6.27제곱킬로미터(190만 평)로 여의도 면적의 두 배 이상이고 준설한 모래 면적은 4.1제곱킬로미터(124만 평)로 여의도 면적의 1.4배다. 구의 지역에서 매립되어 사라진 한강 면적은 0.45제곱킬로미터(13만 6,000평)이다.

땅을 만들기 위해 모래를 파서 강을 메웠다. 섬은 사라졌고 강도 사라졌다. 잠실 섬은 뭍이 되었고, 잠실 남쪽으로 흐르던 송파강은 매립되어 완전히 사라졌다. 북쪽으로 흐르던 신천강 일부도 구의지구 매립으로 사라졌다. 잠실 섬의 일부를 준설하고 물길을 새로 만들었다. 우리나라 역사상 최대의 강 매립이었다.

여의도와는 방식이 달랐다. 여의도는 기존 섬에 제방을 쌓고 매립해 택지를 개발했다. 잠실은 강을 매립했고 섬에 물길을 새로 만들었다. 개발 면적도 가장 넓다. 1971~1978년, 불과 7년 사이에 이렇게 했다. 1972년, 1974년, 1977년 지도를 나란히 놓고 보면 잠실 일대가 어떻게 달라지는지 알 수 있다. 1973년과 1978년 항공사진을 통해 드러나는 잠실의 변화는 그저 놀라울 따름이다. 강은 사라지고 그 위에는 온통 아파트, 아파트다.

1970년대는 강은 물론이고 강 위의 섬까지도 마음 내키는 대로 바꾸던 시대였다. 강의 형태를 바꾸는 건 쉽고 간단한 일이었다. 강에 대한 인식의 수준이 그랬다. 그러나 오늘날에는 그렇게 생각하지 않는다. 강은 단순히 물이 흐르는 공간이 아니다. 형태, 수심, 유속, 강바닥의 모래도 중요하다. 이 모든 것이 물속에 사는 생물을 결정하고, 수질을 좌우한다. 강의 자정 작용도 거기에서 나온다.

잠실 매립을 결정하고 추진한 이들의 눈에 강은 홍수 때 물만 흐르면 되는 곳이었다. 매립 기준은 홍수 소통 한 가지였다. 물만 흐르면 된다고 여겼다. 하천의 형태를 쉽게 변형시킨 것도 그래서였다. 그런 이유로 불과 몇 년 만에 섬이었던 잠실은 달라졌다. 에워싸고 흐르던 강은 사라졌다. 복원조차 불가능한 이 심각한 변형을 과연 어떻게 해야 할 것인가.

잠실 수중보, 유람선 띄우려던 그 시절 꿈의 흔적

"하늘엔 조각구름 떠 있고, 강물엔 유람선이 떠 있고"

잠실 한강에는 잠실대교와 잠실 수중보가 있다. 잠실대교는 잠실 개발 시기인 1972년 놓였다. 잠실대교 아래 수중에 만들어진 시설물인 잠실 수중보는 자세히 보지 않으면 있는지 알기 어렵다. 1986년 한강종합개발의 일환으로, 배를 띄우기 위해 만들었다. 한강종합개발사업의 중요한 목적 가운데 하나가 한강에 배를 띄우는 것이었다. 수상 스키장·요트장·보트장 등을 조성하여 배가 다니게 하고, 관광 유람선을 정기적으로 운항하는 것이 주요 목적이었다. 이를 위해 암사동에서 행주대교 사이 36킬로미터 전 구간에서 한강 수심을 2.5미터 이상 유지하도록 하는 것이 한강 개발의 핵심이었다. 한강 바닥을 준설하여 균일하게 만든 다음 수위를 일정하기 유지하기 위해 수중보를 설치했다. 한강을 배가 다니는 주운수로로 만들었다.

잠실 수중보는 1984년 12월 착공, 1986년 10월 준공했다. 총길이는 873미터이고 고정보와 가동보, 어도로 이루어졌다. 고정보 상단 해발 표고는 6.2미터이고 보 구조물 높이는 11.20~12.20미터이다.* 처음에는 잠실 수중보에 갑문을

---

* 서울특별시, 『한강관리사』, 1977.

1984년 잠실 수중보 모식도. 한강을 횡단하여 잠실대교 아래 설치했다. 왼쪽이 가동보, 오른쪽이 고정보, 중간이 물고기 이동통로인 어도다. 모식도에는 배가 다닐 수 있는 갑문이 있지만 실제로 설치하지는 않았다. 서울기록원.

1984년 12월 26일 잠실대교 아래에서 열린 잠실 수중보 건설 기공식. 서울기록원.

1986년 잠실대교 아래 만들어지고 있는 수중보. 제일 아래쪽 교량이다. 서울역사박물관.

2008년 잠실대교 아래 수중보가 보인다. 흰색 물결이 일고 있다. ©김원

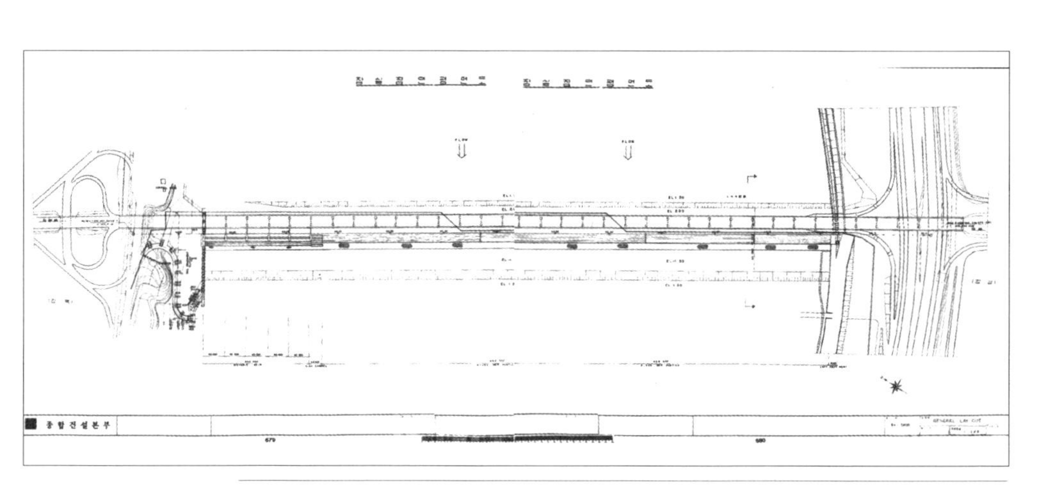

잠실 수중보 평면도.
왼쪽 끝에 5개 수문으로 된 가동보가 있고 나머지는 고정보다. 서울특별시, 『한강종합개발사업준공도』, 1987.

2025년 잠실수중보. 잠실수중보로 인해 큰 낙차가 발생하고 있다. ©김원

설치하여 배가 통과하는 것으로 계획했지만 그렇게는 못 했다.

꿈은 꿈으로, 남은 건 한강을 단절시키는 수중보

잠실 수중보는 한강을 상·하류로 단절시킨다. 한강을 가로질러 막고 있어서 물 흐름을 단절한다. 이 때문에 한강의 연속성이 사라졌다. 물 흐름뿐만 아니라 상·하류 하천 생태계도 단절시킨다. 어도가 있기는 하지만 생태계 단절을 해소하기에는 미미한 수준이다. 1970년대 잠실의 거대한 모래섬이 사라지면서 한강은 크게 변했고, 1980년대 수중보 설치로 또 한 번 크게 변한다.

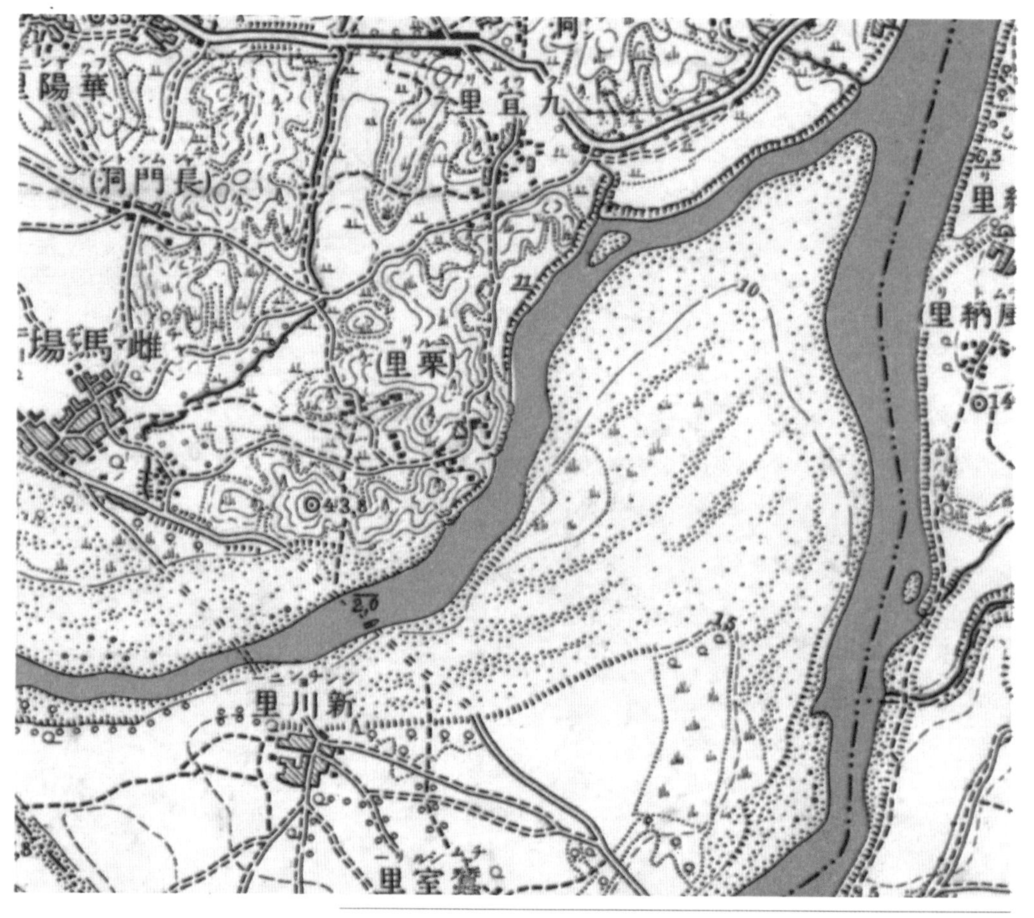

1910~1930년대 지도에 나타난 잠실 수중보 인근. 잠실 섬 북쪽으로 한강 물길이 흐르고 있다.
오늘날 잠실 수중보 설치 지점 인근 수심을 2미터로 표시했다.

1969년 잠실 수중보 인근 항공사진. 넓은 지역에 잠실 섬의 모래가 보인다.

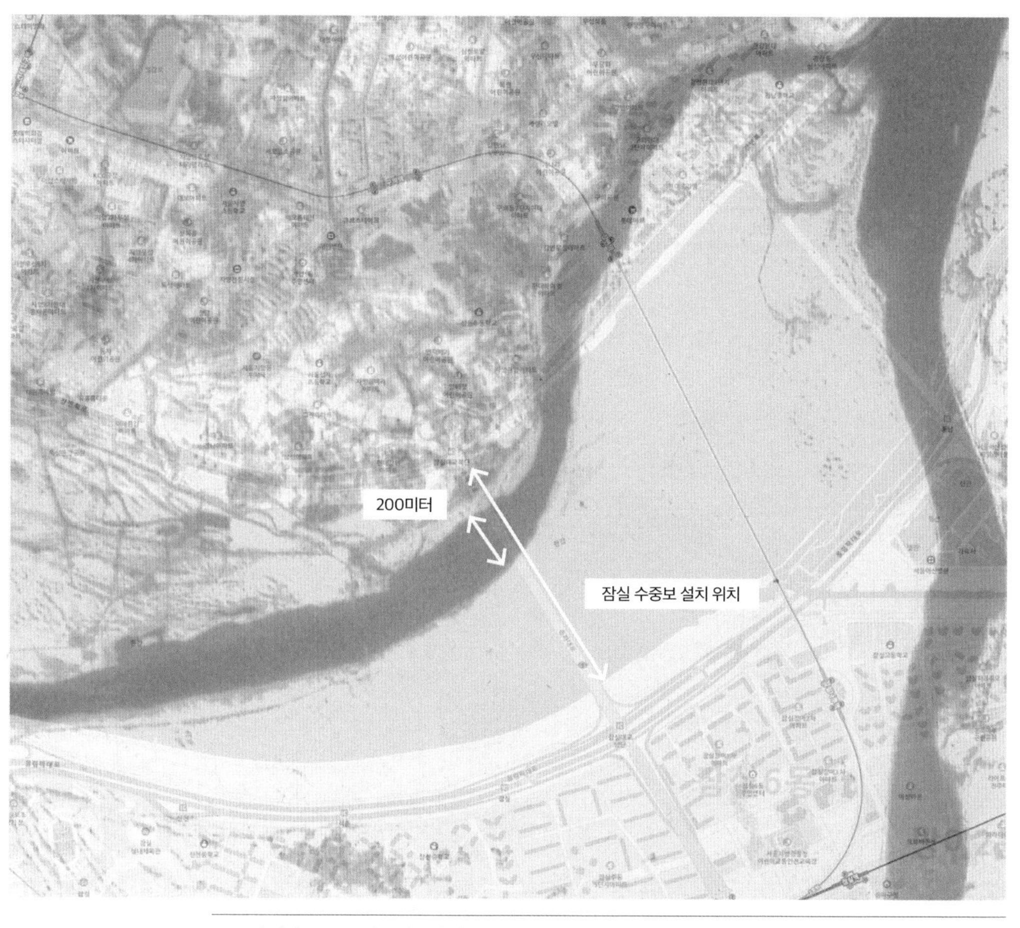

1969년 잠실 수중보 인근 항공사진과 오늘날 지도를 겹쳐보면 잠실 수중보 설치지점의 1969년 당시 수면 폭은 약 200미터 정도로 좁았다는 것을 알 수 있다.

1972년 잠실 수중보 인근 항공사진. 동서 방향으로 가로질러 설치한 제방이 보인다.
제방 북쪽 잠실 섬은 모래 준설로 원래 모습을 잃는다. 남북 방향으로는 잠실대교를 놓고 있다.

1974년 잠실 수중보 인근 항공사진. 1972년에 비해 잠실 섬은 또 한 번 크게 변했다.
잠실 제방과 잠실대교 완성으로 물길이 새롭게 만들어졌다. 잠실 섬의 모래는 상당 부분 준설로 사라졌다

1975년 잠실 수중보 인근 항공사진. 잠실 수중보 상류 곡선 부분에 직선 제방을 건설하고 있다.
한강을 매립하는 구의지구 공유수면 매립공사이다.

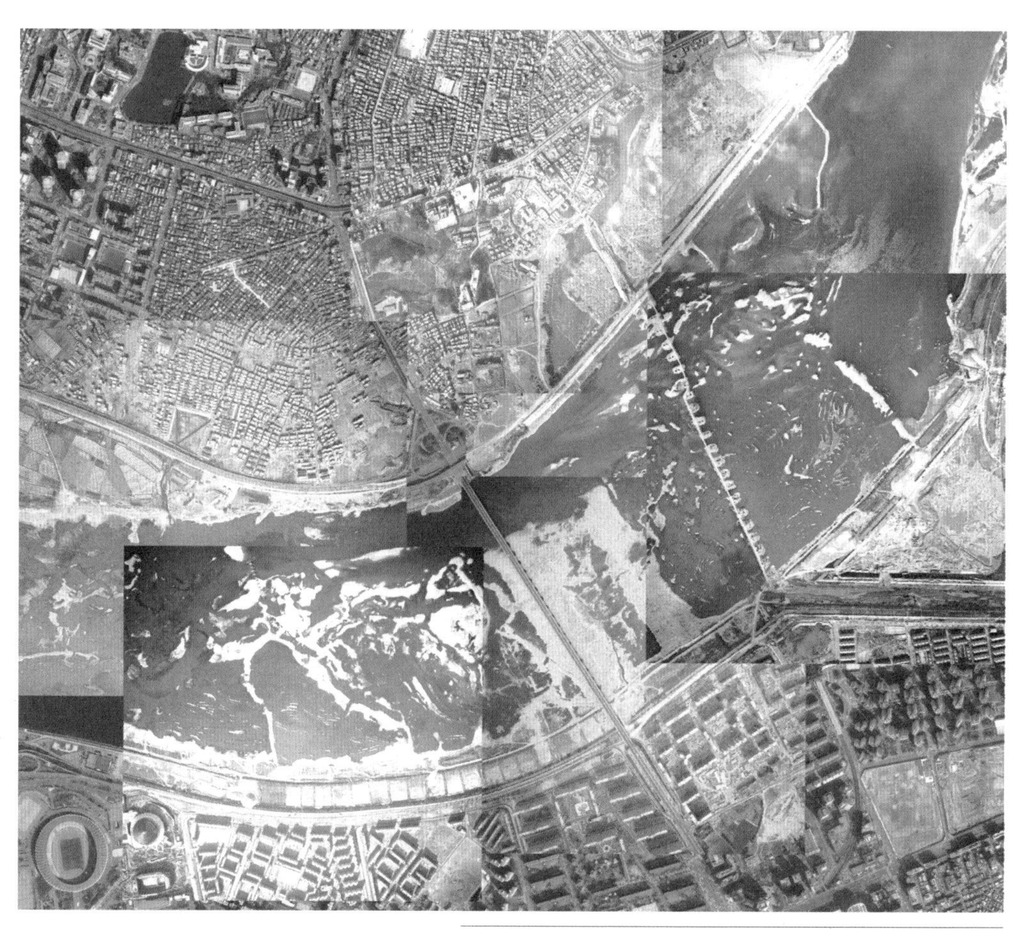

1978년 잠실 수중보 인근 항공사진. 잠실 섬은 사라지고 일부 모래만 보인다.
잠실철교가 공사 중이다. 구의지구 공유수면 매립 사업이 진행 중이다

1984년 잠실 수중보 인근 항공사진. 잠실 수중보 건설 시작 전의 모습이다.

1988년 잠실 수중보 인근 항공사진. 잠실 수중보를 설치했다. 북쪽 가동보 모습이 보인다.
한강종합개발사업 완료로 모래는 전혀 보이지 않고 고수부지에는 공원이 들어섰다.

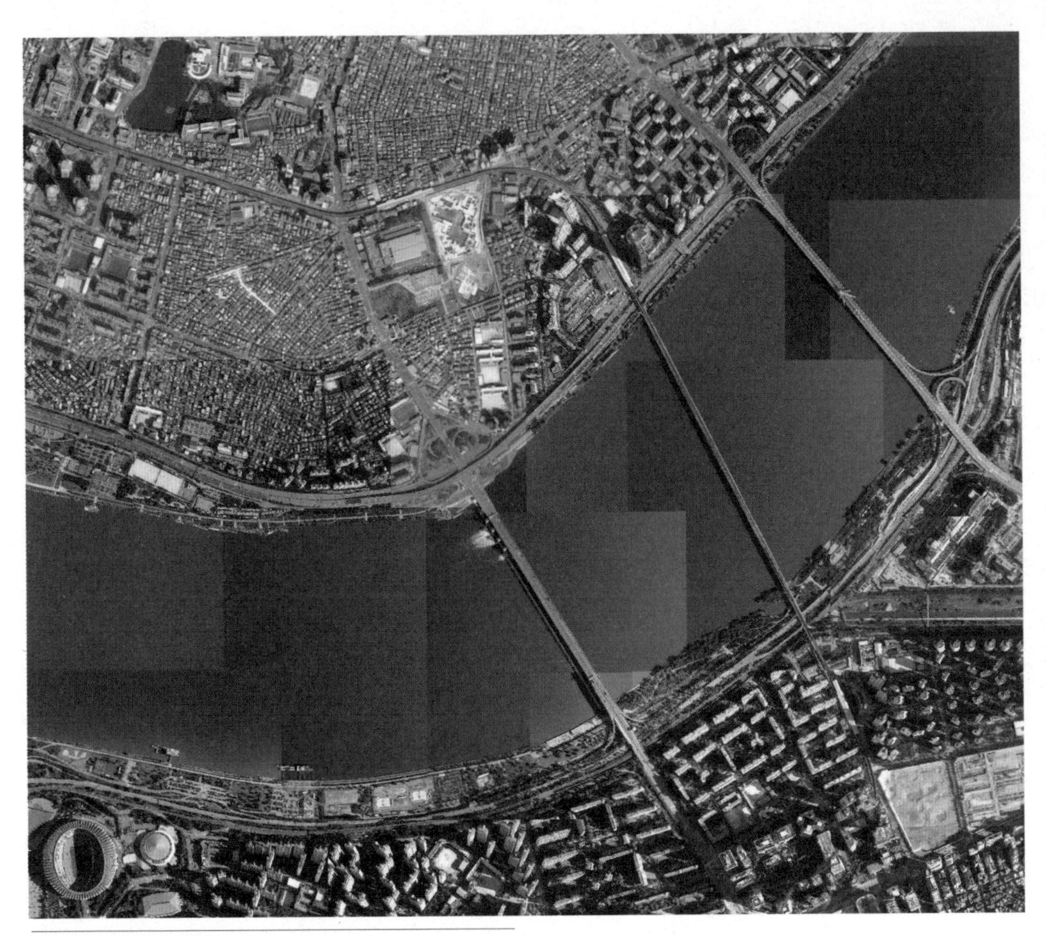

2020년 잠실 수중보 인근 항공사진. 1988년 모습과 거의 비슷하다.

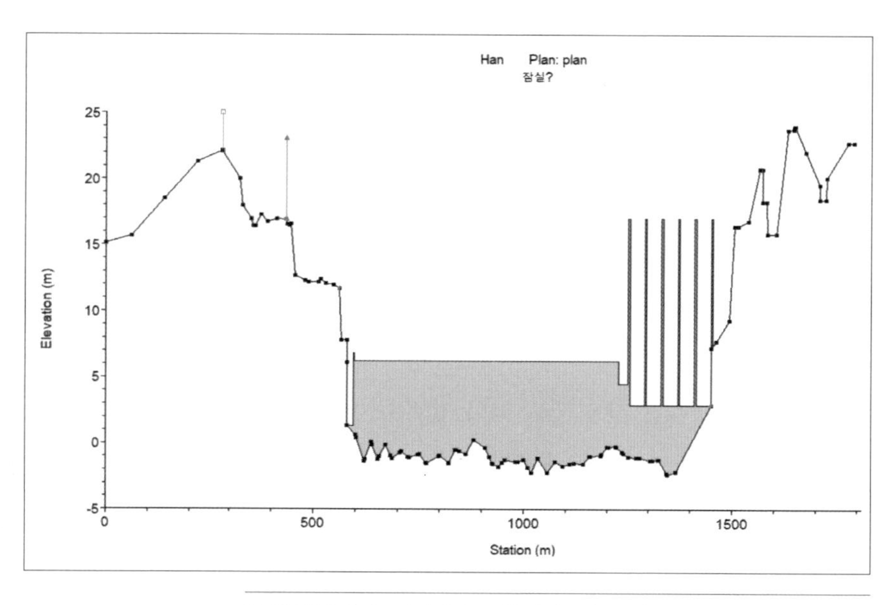

2018년 잠실 수중보 지점 단면도. 남쪽인 왼쪽에는 고정보를 표고 6.2미터로 설치했고, 북쪽인 오른쪽에는 5개의 가동보 수문을 설치했다.
국토교통부, 『한강(팔당댐~하구) 하천기본 계획(변경) 보고서』, 2020.

1910~1930년대 지도에는 잠실 수중보가 설치된 지점 인근 수심을 2미터로 표시한다. 다른 지점에 비해 수심이 깊지 않았다. 1969년 항공사진과 오늘날 지도를 겹쳐보면 잠실 수중보 지점의 1969년 당시 수면 폭은 약 200미터로 좁았다. 수심이 깊지 않고 폭도 넓지 않은 곳이었다. 1969년 당시 좁은 수면과 모래였던 곳에 잠실 수중보를 설치했다.

앞에서 살폈듯 1972년 잠실 섬은 크게 변화한다. 당시 항공사진을 좀 더 확대해서 보면 동서 방향으로 가로질러 설치한 제방이 보인다. 제방 북쪽 잠실 섬은 모래 준설로 원래 모습을 잃는다. 남북 방향으로는 잠실대교를 놓고 있다. 1974년에는 기존 잠실 섬이 거의 사라진다. 대부분의 모래가 준설되어 없어지고 수면 폭이 크게 넓어졌다. 1975년에는 잠실 수중보 상류 쪽 한강의 변화가 눈에 띈다. 서울시에서 시행한 구의지구 공유수면 매립 사업 때문이다. 1975년 항공사진에는 구의지구 매립을 위해 설치하는 제방이 보인다. 기존의 곡선 형태로 흐르던 한강에 설치 중이다. 1978년 항공사진을 보면 구의지구 매립이 상당히 이루어진 걸 알 수 있다. 일부 수로가 남았지만 대부분 매립했다. 잠실철교 기초 공사 모습도 보인다. 1984년 항공사진은 잠실 수중보 공사가 시작되기 직전이다. 준설 막바지 단계다. 1988년 사진에는 한강종합개발 이후의 모습이 보인다. 완공한 잠실 수중보 가동보를 운영 중이다. 모래는 전혀 없고 고수부지에는 공원을 조성했다. 2020년에도 비슷한 모습이다.

잠실 수중보 지점 한강 단면을 보면 상당히 큰 면적을 수중보 콘크리트 구조물이 차지하고 있는 것을 알 수 있다. 남쪽인 왼쪽에는 고정보를 표고 6.2미터로 설치했고, 북쪽인 오른쪽에는 다섯 개의 가동보 수문을 설치했다. 가동보와 고정보 모두 한강을 크게 가로막고 있다.

수중보는 유심히 보지 않으면 잘 보이지 않는다. 한강의 여러 다리와는 달리 물속에 있기 때문에 드러나지 않아서 그렇다. 하지만 자세히 보면 수중보로 인한 물거품을 볼 수 있다. 보가 있다는 증거다. 더 가까이 가서 자세히 보면 보로 인한 낙차를 확인할 수 있다. 규모가 큰 잠실 수중보는 한강의 연속성을 크게 방해한다.

한강에는 잠실 수중보와 신곡 수중보가 있다. 신곡 수중보는 해발 2.4미터이고, 잠실 수중보는 6.2미터다. 앞에서 살펴본 대로 신곡 수중보는 서해 조석의 영향으로 하루 두 번씩 물이 거꾸로 흐른다. 이때에는 흐름에 낙차가 발생하지 않는다. 이렇게 하루 두 번 정도 낙차가 생기지 않아 물속 생물의 이동이 그나마 조금은 가능하다. 반면 잠실 수중보는 홍수 때를 제외하면 항상 낙차가 있다. 그래서 물속 생물의 이동이 불가능하다. 잠실 수중보에 신곡 수중보에는 없는 어도를 설치한 것은 이를 보완하기 위해서다.

수중보는 근본적으로 하천을 단절시키는 구조물이다. 하천 흐름과 물속 생태계를 단절시킨다. 특히 회유성 어류들이 강 상류로 가는 걸 불가능하게 한다. 이를 보완하기 위해 잠실 수중보에 어도를 설치했지만 기능은 사실상 미미한 수준이다. 한강 하구에서 올라오는 물고기들이 신곡 수중보를 넘으려면 하루 두 번 낙차가 생기지 않는 때를 이용해야 한다. 쉽지 않다. 그나마 어렵게 신곡 수중보를 통과해도 잠실 수중보에서는 더 이상 올라갈 수 없다.

수중보는 생태계뿐만 아니라 하천 자체에도 악영향을 미친다. 구조물로 인해 홍수위가 높아지기도 하고 물의 흐름을 정체시켜 수질을 악화시키기도 한다. 주변 지하수의 흐름도 저해한다.

보는 하천에 결코 이로운 시설이 아니다. 반드시 필요한 경우가 아니라면 설치를 최소화해야 한다. 이미 설치했더라도 꼭 필요하지 않다면 철거해야 한다. 한 번 설치했다고 그대로 둘 필요는 없다. 수중보로 인한 하천의 단절은 심각하다. 유지와 철거 가운데 장기적으로 어떤 게 더 이로운가를 따져서 방법을 찾아야 한다.

수중보는 한강종합개발 과정에서 한강에 배를 띄우기 위해 만들었다. 수중보 설치 후 수십 년이 지났지만 한강에 떠다니는 배는 많지 않다. 서울시장이 바뀔 때마다 한강에 배를 띄우기 위해 갖가지 아이디어가 나왔지만 결과는 미미하다. 그럼에도 수중보를 그대로 두어야 할까. 쓸모가 없다면 철거하는 게 맞지 않을까. 잠실 수중보는 서울, 경기, 인천 지역 용수를 취수하는 역할을 하고 있다. 하지만 그 쓸모만으로 유지하기보다는 대체할 방법을 찾고, 수중보는 철거하는 게 먼 미래를 위해 나은 선택이다. 우리가 바라봐야 하는 것은 개발이 중요했던 과거가 아니다. 우리는 강이 가진 원래 가치를 중요하게 여기는 미래 시대를 향해 나아가야 한다.

성내천, 곡선은 직선, 자연의 강은 인공수로가 되어

옛 모습은 어디로 가고 개발의 산물만 우리 곁에 남아

성내천은 유역 면적 35.27제곱킬로미터, 길이 9.77킬로미터로 비교적 작은 하천이다. 한강으로 바로 합류하는 제1차 지류이다. 올림픽선수기자촌 아파트 단지를 통과하고 올림픽공원을 돌아서 아산병원 옆을 지나 한강에 합류한다. 아파트 단지를 지날 때는 직선으로 흐르다가 올림픽공원 안에서는 공원을 감싸며 반원형으로 돌아나가 한강 합류 직전에는 다시 직선이다. 자연스럽지 않다. 한눈에 봐도 인공으로 조성했음을 알 수 있다. 오늘날 우리가 보는 성내천은 만들어진 강이다.

원래부터 이런 건 아니었다. 잠실 개발 이전 성내천은 남쪽 송파강의 지류였다. 잠실 개발로 잠실 섬이 사라지고 한강의 물길이 북쪽으로 바뀌면서 크게 달라졌다. 1910~1930년대 지도나 1966년 하천개수계획도에 나타나는 성내천의 모습은 지금과 전혀 다르다. 1969년 항공사진에서도 유사하게 나타난다. 직선이 거의 없는 구불구불한 만곡 형태다.

1971년 잠실 개발로 인해 성내천은 달라진다. 1972년에는 잠실 섬 북쪽으로 한강 수로를 만들면서 기존 잠실 섬에 성내천과 한강을 연결하는 인공수로를 만들었다. 기존 송파강을 매립하면서 성내천을 한강으로 연장하기 위한 인공수

포털 네이버로 찾아본 성내천 인근 지도. 올림픽선수기자촌 아파트와 올림픽공원을 지나 한강에 합류하는 성내천을 뚜렷하게 볼 수 있다.

로를 잠실 섬 위에 만든 것이다. 1974년에는 기존 성내천을 새로 만든 직선 형태의 인공수로 성내천과 연결한다. 1977년에는 기존 송파강을 매립하고 그 위에 아파트를 세웠다.

1980년에는 기존 한강은 대부분 매립으로 사라지고 새로 만든 성내천의 모습이 뚜렷하다. 1984년에는 모든 구간의 한강 매립을 마치고 아파트를 본격적으로 세우고 있다. 1988년에는 남아 있던 성내천 상류도 완전히 달라진다. 기존 물길 모습은 사라지고 공원의 호수로 바뀐다. 기존 송파강을 매립하고 그 자리에 서울아산병원이 들어서고 있다. 이후 성내천은 거의 변화 없이 현재까지 그 모습을 유지하고 있다

1971년부터 1988년까지 약 17년에 걸쳐 자연의 강 성내천은 완전히 사라지고 인공수로와 공원 호수의 모습으로 우리 곁에 남았다. 오늘날 올림픽선수기자촌 아파트와 올림픽공원과 아산병원 옆을 지나 한강으로 흐르는 성내천이 인공적으로 만들어진 강이라는 걸 아는 사람은 많지 않다. 안다고 해도 사라진 성내천의 원형을 기억하는 이들은 거의 없다. 원래 모습은 기록에도 잘 남아 있지

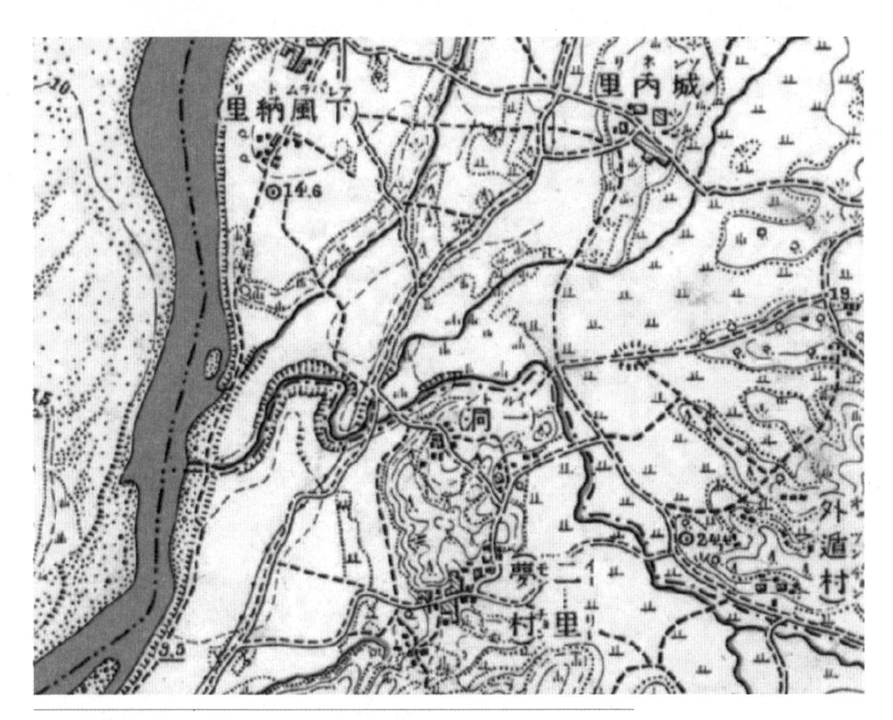

1910~1930년대 성내천은 잠실 섬 남쪽 한강(송파강)으로 유입되는 작은 하천이었다.

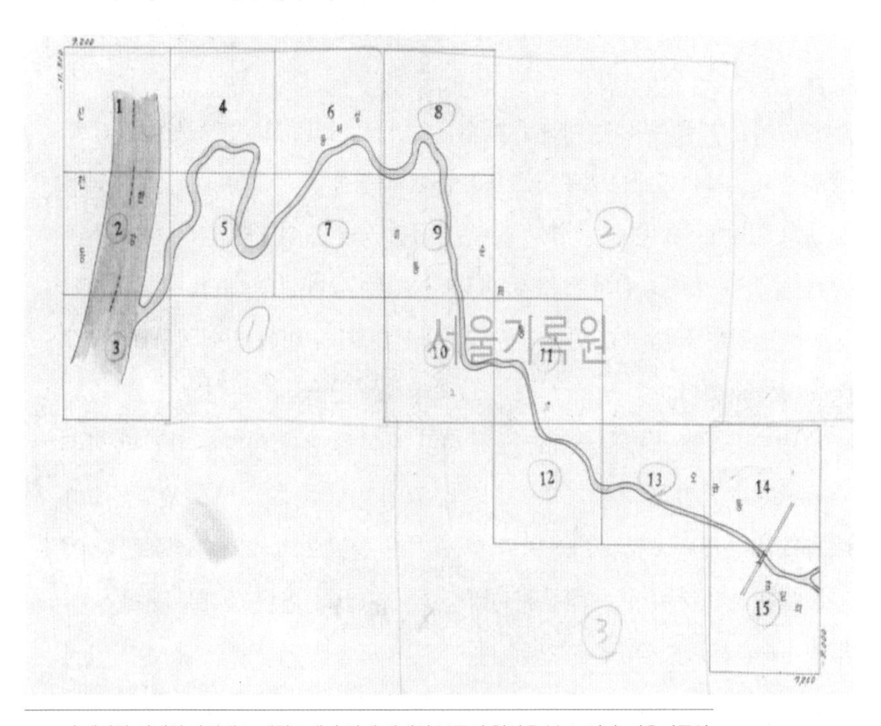

1966년 제작한 성내천 하천개수 계획도에서 원래 성내천 본류의 형상을 볼 수 있다. 서울기록원.

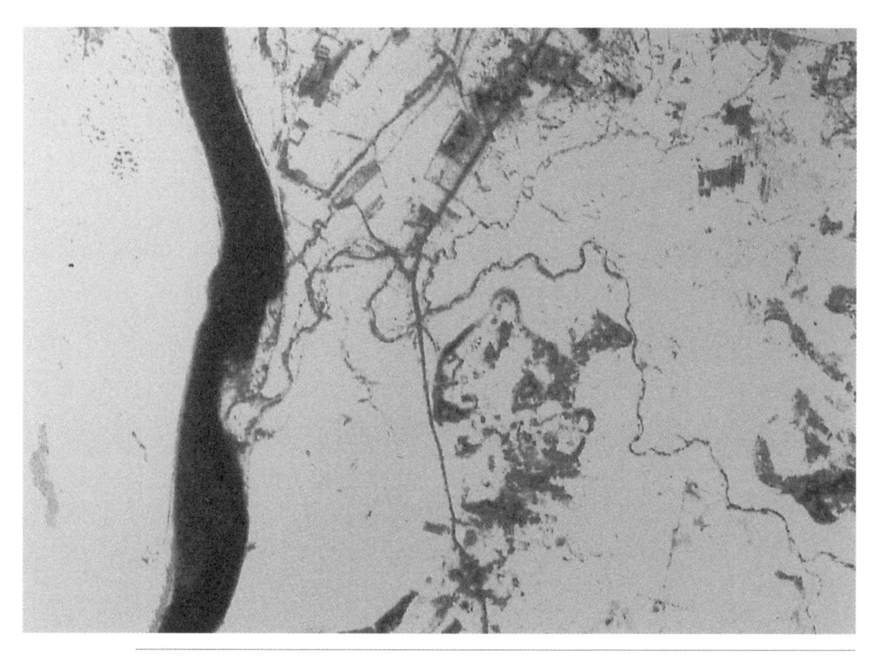

1969년 성내천 인근 항공사진. 성내천은 1910~1930년대와 큰 차이가 없는 구불구불한 만곡 형태로, 자연 상태를 그대로 유지하고 있다.

1972년 성내천 인근 항공사진. 1971년 잠실 개발로 남쪽 한강을 막으면서 기존 잠실 섬에 새로운 성내천을 만들고 있다.

1974년 성내천 인근 항공사진. 구불구불하던 기존 성내천을 직선으로 바꿔 새로 만든 성내천과 연결하고 있다.

1977년 성내천 인근 항공사진. 성내천 인근 기존 송파강을 매립하고 그 위에 아파트를 세우고 있다.

1980년 성내천 인근 항공사진. 새로 만든 인공수로 성내천의 모습이 뚜렷하다.

1984년 성내천 인근 항공사진. 모든 구간의 한강 매립을 마치고 아파트를 본격적으로 세우고 있다.

1988년 성내천 인근 항공사진. 성내천의 예전 모습은 찾아볼 수 없고, 인공수로와 공원 호수의 모습으로 남았다. 매립한 송파강에는 서울아산병원이 들어서고 있다.

2020년 성내천 인근 항공사진. 1988년 모습과 거의 비슷하다.

1969년 성내천 인근 항공사진과 오늘날 지도를 겹쳐보면 완전히 다른 모습이다.
검은 선으로 보이는 것이 원래 성내천 모습이다. 서울아산병원과 아파트가 한강 위에 들어서 있고
성내천이 있던 자리에도 아파트가 들어섰다. 성내천 상류는 공원이 되었다.

않아 더 그렇다. 이제 사람들은 잠실 개발 이후의 성내천만 기억한다. 크지 않은 강이라서 더 그런 걸까. 작은 하천은 이렇게 대해도 되는 걸까. 강이 지닌 고유한 가치에 대해 이렇게 무심하게 지나쳐도 되는 걸까. 1970~1980년대 개발의 산물을 이렇게 끌어안고 살기만 해도 되는 걸까.

탄천과 양재천, 물의 흐름이 꼬여 끝내 길을 잃다

이렇게 영영 흩어져 사라져버릴 강의 역사여!

탄천炭川은 왕숙천, 중랑천, 안양천과 더불어 한강의 주요 지류다. 탄천의 지류로는 양재천, 세곡천 등이 있다. 경기도 용인에서 시작, 성남·하남·과천 등을 거쳐 서울 강남구·서초구·송파구에 걸쳐 흐르다 한강으로 흘러들어간다. 유역 면적은 302제곱킬로미터, 길이는 35.44킬로미터다.

오늘날의 탄천과 양재천 합류부는 1970년대 잠실 개발 이후 만들어졌다. 양재천이 합류하는 지점에서 한강 합류부까지 이어지는 하천은 원래 탄천이 아니라 송파강이었다. 다시 말해 탄천과 양재천은 모두 원래는 송파강의 지류였으며, 오늘날 탄천 하구부는 원래 탄천이 아니라 송파강이었다.

1910~1930년대 지도에 나타난 이 부근의 모습은 복잡하다. 한강, 탄천, 양재천이 합류한다. 강들이 모이는 지점에는 섬도 여러 개 있었다. 어떤 섬은 해발높이가 12미터를 넘기도 했다. 무동도라는 섬도 보인다. 탄천과 양재천은 구불구불한 자연스러운 모습이었다.

1969년 항공사진을 보면 양재천 합류부 지점의 형상이 조금 달라졌음을 알 수 있다. 양재천 합류부 인근에 만든 제방으로 인해 양재천의 흐름이 일부 달라져 탄천으로 합류하고 있다. 구불구불하게 흐르던 하천의 모습은 그대로 유지되

2015년 서울시가 발간한 『탄천 등 10개 하천기본계획』에 수록한 탄천과 양재천 인근 지도. 탄천은 한강의 지류이고, 양재천은 탄천의 지류다.

고 있다.

1972년 항공사진에서는 하천의 모습이 크게 달라져 있다. 잠실 쪽으로 제방을 건설하면서 기존 송파강과 단절되었다. 송파강은 매립 중이다. 그나마 탄천의 자연스러운 모습은 아직 유지되고 있다. 1974년에는 잠실 쪽 제방을 완공하면서 탄천의 물길도 조금 달라졌다. 양재천 합류부에도 제방을 건설하고 있다. 1978년에는 양재천 합류부 제방을 연장하면서 양재천 물길도 달라졌다. 탄

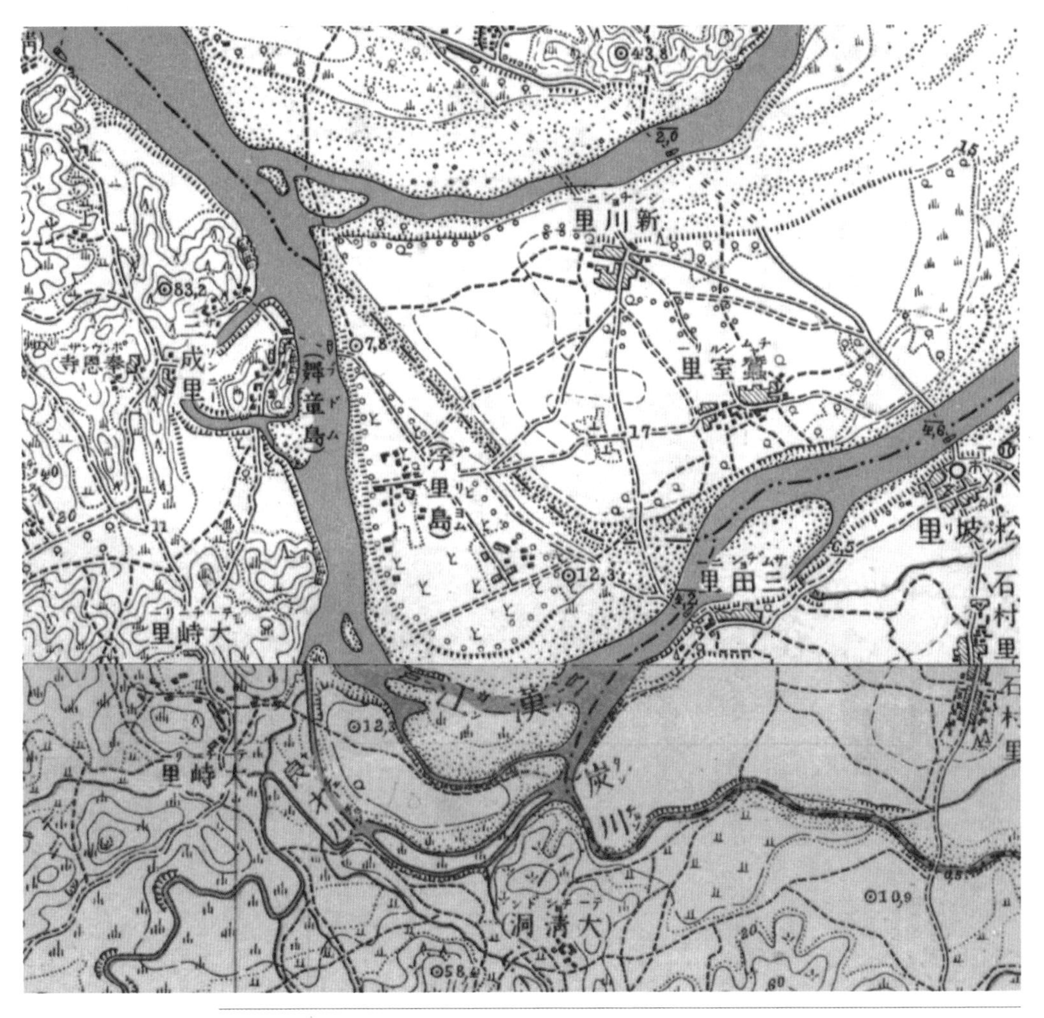

1910~1930년대 탄천과 양재천 인근 지도. 탄천은 오늘날보다 짧았고 양재천은 탄천이 아니라 한강에 합류했다. 지도 아래쪽을 보면 한강, 탄천, 양재천이 한 지점에서 만난다.

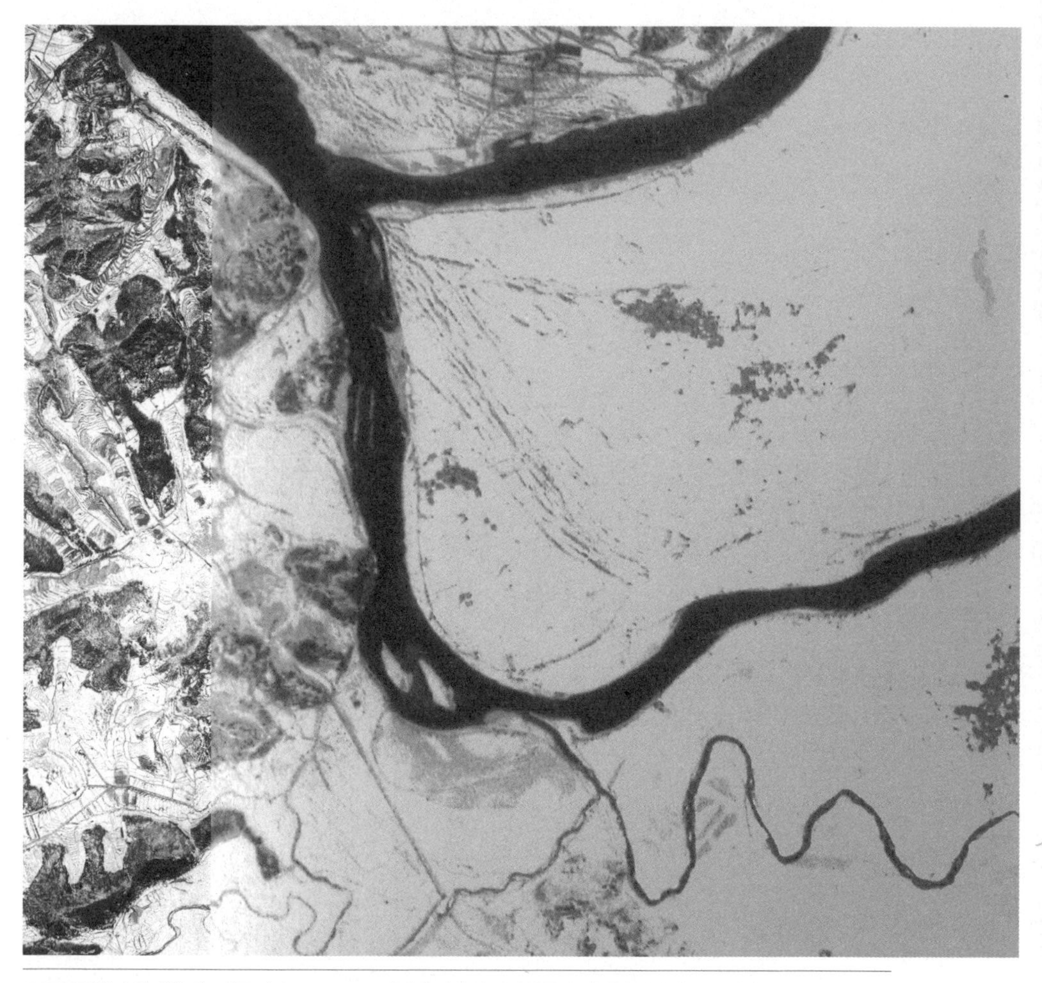

1969년 탄천과 양재천 인근 항공사진. 1910~1930년대에 비해 양재천 합류부 지점의 형상이 조금 달라졌음을 알 수 있다. 양재천 합류부 인근에 만든 제방으로 인해 양재천의 흐름이 일부 달라져 탄천으로 합류하고 있다.

1972년 탄천과 양재천 인근 항공사진. 항공사진에서는 하천의 모습이 크게 달라져 있다.
잠실 쪽으로 제방을 건설하면서 기존 송파강과 단절되었다. 송파강은 매립 중이다.
그나마 탄천의 자연스러운 모습은 아직 유지되고 있다.

1974년 탄천과 양재천 인근 항공사진. 잠실 쪽 제방을 완공하면서 탄천의 물길도 조금 달라졌다. 양재천 합류부에도 제방을 건설하고 있다.

1978년 탄천과 양재천 인근 항공사진. 양재천 합류부 제방을 연장하면서 양재천 물길도 달라졌다.
탄천과 양재천 합류 이후 왼쪽과 오른쪽에 제방을 건설, 오늘날의 탄천의 모습이 드러나고 있다.
기존 한강에 비해 폭이 크게 줄었다.

1980년 탄천과 양재천 인근 항공사진.
제방 건설, 고수부지 등이 들어서면서 오늘날의 탄천과 양재천 모습이 나타나고 있다.

1984년 탄천과 양재천 인근 항공사진. 오늘날의 탄천 모습이 나타난다.
원래 탄천 자리에는 하수처리장이, 양재천 자리에는 아파트가 들어서고 있다.

1988년 탄천과 양재천 인근 항공사진. 오늘날과 비슷한 모습이다.

2020년 탄천과 양재천 인근 항공사진. 1988년 이후 거의 변화가 없다.

1969년 탄천과 양재천 인근 항공사진과 오늘날 지도를 겹쳐보면 완전히 다른 모습이다.
검은 선으로 보이는 것이 원래 하천의 모습으로 오늘날 거의 남아 있지 않다.

천과 양재천 합류 이후 왼쪽과 오른쪽에 제방을 건설, 오늘날의 탄천의 모습이 드러나고 있다. 기존 한강에 비해 폭이 크게 줄었다.

오늘날의 탄천과 양재천의 모습은 1980년에 만들어졌다. 기존의 한강은 사라지고 폭 좁은 탄천을 인공으로 만들었다. 양재천과 탄천이 만나는 지점의 흐름도 완전히 바뀌었다. 구불구불하던 탄천의 원래 모습은 제방 건설로 사라지고 직선 형태가 되었다. 그나마 원래 탄천의 물길은 아직 남아 있다. 1984년에는 기존 탄천의 모습이 완전히 사라진다. 원래 탄천 자리에는 하수처리장이, 양재천 자리에는 아파트가 들어서고 있다. 한강, 탄천, 양재천 모두 강의 폭이 크게 줄어들었다. 1988년 오늘날의 모습이 만들어졌다. 기존 강의 흔적은 찾아볼 수 없다. 이후 탄천과 양재천의 모습은 거의 변화가 없다.

1969년 항공사진과 현재의 지도를 합쳐보면 과거의 모습이 거의 남아 있지 않다는 걸 알 수 있다. 구불구불하게 흐르던 탄천과 양재천의 모습을 찾아볼 수 없고 강폭도 크게 좁아졌다. 탄천과 양재천이 흐르던 자리에 하수처리장, 아파트가 들어선 것도 알 수 있다. 무동도를 비롯해 여러 개의 섬은 완전히 자취를 감추었다.

똑같이 송파강의 지류였던 탄천과 양재천은 잠실 개발로 인해 물의 흐름이 달라졌다. 구불구불하던 강은 직선이 되었다. 송파강은 탄천이 되었고 양재천은 탄천의 지류가 되었다. 탄천과 양재천은 이름이라도 남았지만 송파강은 이름조차 사라졌다. 사람들은 송파강을 잊고 탄천은 원래부터 탄천이었다고 알고 있다. 섬과 모래톱은 모두 다 사라졌다. 함께 사라져버린 섬, 무동도는 이제 이름마저 생소하다. 강이 흐르던 곳은 하수처리장과 아파트가 들어섰다. 불과 50년 남짓 사이에 일어난 일이다. 강의 원형을 기억하지 않으면 강의 역사는 영영 이렇게 흩어져 사라지고 말 것이다.

7장.

미사리, 이름처럼 아름다웠던 모래섬

돌섬과 왕숙천 · 미사리

돌섬도, 왕숙천도 굽이치던 흔적만 남아

섬은 사라지고 이름만 남은 한강의 돌섬마을

경기도 구리 한강 변에는 돌섬마을이 있다. 평범한 주택가다. 돌섬 마을회관도 있다. 행정구역상으로는 구리시 토평동 일대다. 왕숙천이 한강으로 합류하는 곳이다. 강변북로가 지나가고 수도권 제1순환고속도로 토평 IC가 있다. 교통의 요충지다. 그런데 마을 이름은 왜 돌섬일까. 아무도 이곳을 섬이라고 생각하지 않는다.

이곳은 원래 여의도 면적의 30퍼센트 정도 되는 큰 섬이었다. 왕숙천이 한강으로 합류하면서 함께 떠내려온 모래와 한강 상류에서 흘러온 모래가 합류점 주위 저지대에 쌓여 섬이 되었다. 미사리처럼 한강 폭이 넓어지면서 퇴적 작용으로 자연스럽게 생긴 섬이다. 장자못과 장자천도 그 일부였다.

일제 강점기에는 이 섬에 40가구가 모여 살았다고 전해진다. 1910~1930년대 지도에는 석도石島라고 표시했다. 우리말로 돌섬이다. 같은 지도에 표시한 석도 앞 한강 수심은 3.5미터로 그리 깊지 않다. 하지만 왕숙천 합류 이전 상류 지점은 8미터로 수심이 깊었다.

1947년 항공사진에서는 돌섬, 장자못이 그대로 남아 있다. 한강의 모습이며 그 인근의 모습이 1910~1930년대 지도와 비슷하다. 다만 한강에 합류하는

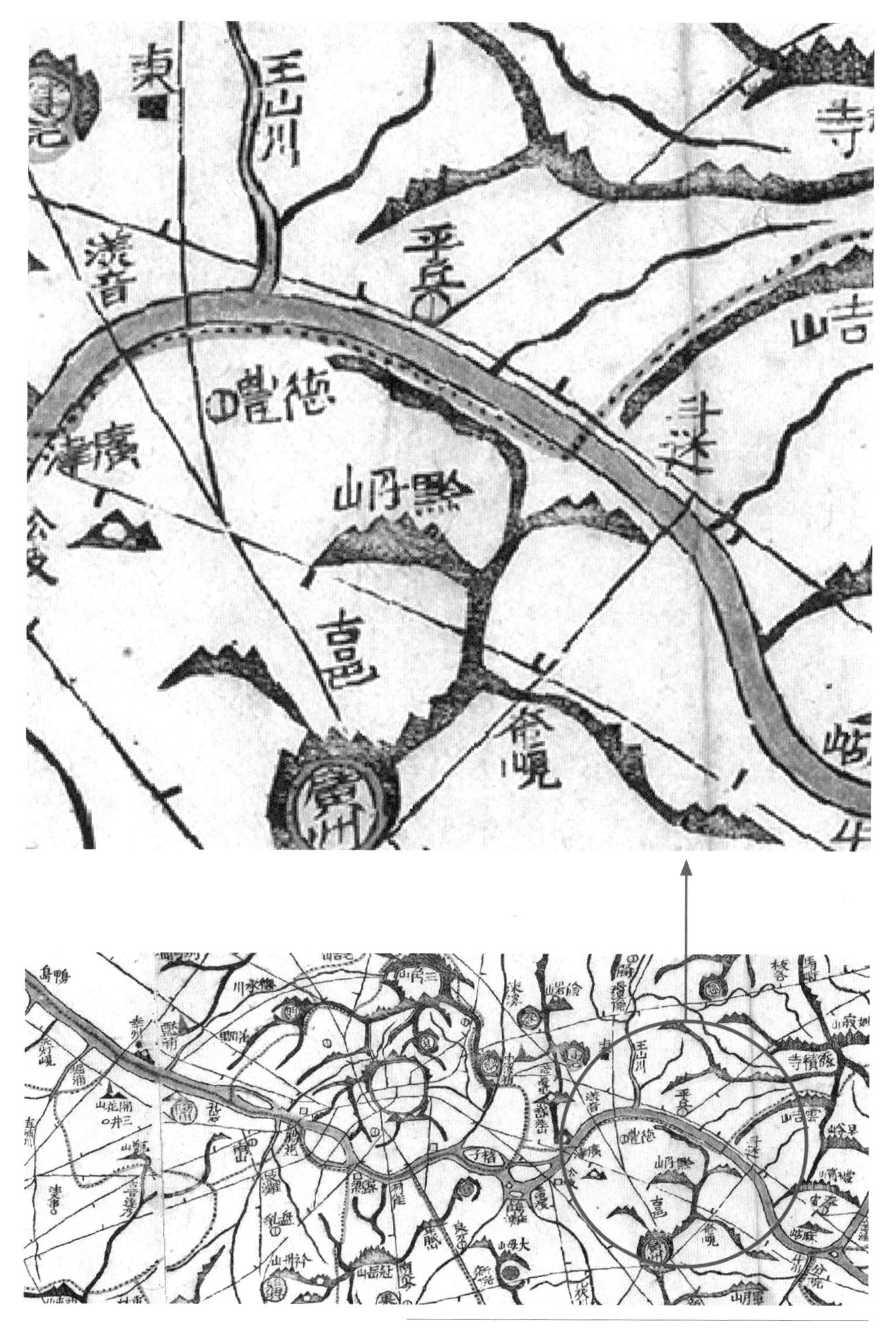

1861년 제작한 『대동여지도』에는 왕숙천이 왕산천으로 표시되어 있다.

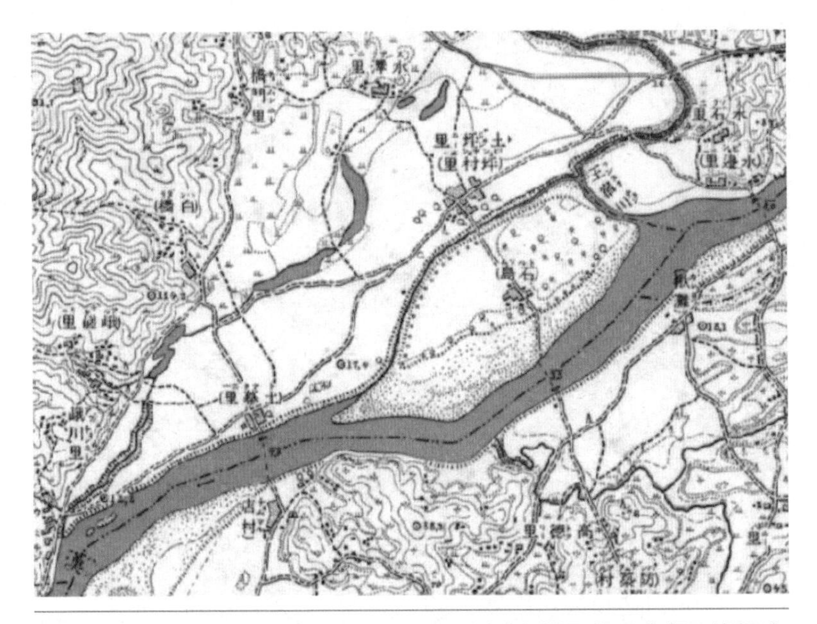

1910~1930년대 지도에서 보이는 왕숙천 합류부 인근. 왕숙천이 한강에 합류하는 곳에 대규모 삼각주가 형성되어 있다. 지금도 남아 있는 장자못과 장자천은 모두 삼각주에 생긴 호수와 하천이다. 석도라고 표시한 돌섬은 왕숙천이 한강과 합류하며 생겼다. 석도 앞 한강의 수심은 3.5미터인데 왕숙천 합류하기 이전 상류 지점 수심은 8미터, 토막리 인근은 7미터로 표시했다.

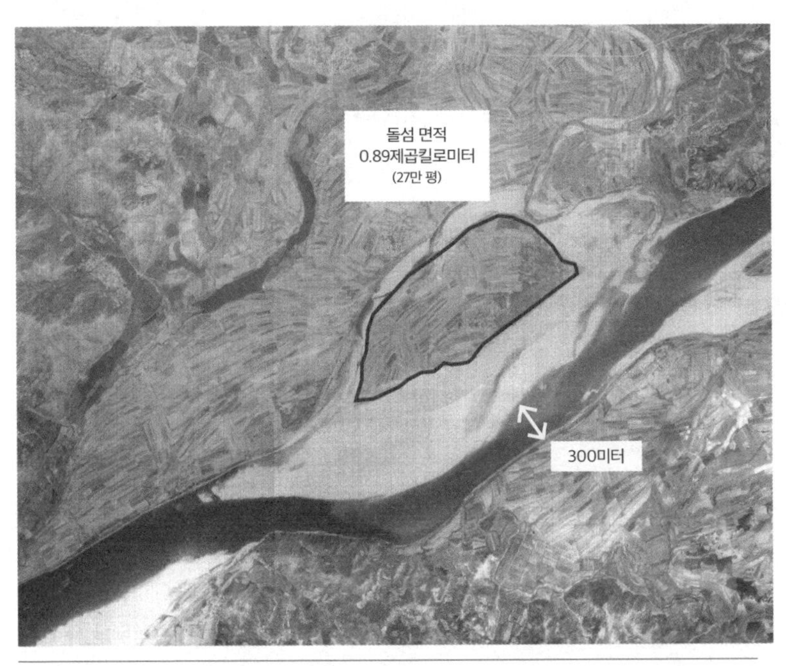

1947년 항공사진에 나타난 왕숙천 합류부. 1910~1930년대 지도와 비슷한 모습의 왕숙천 합류부 삼각주가 보인다. 돌섬은 뚜렷한 섬의 형태를 유지하고 있었다. 오늘날 여의도 면적의 30퍼센트 정도의 큰 섬이었다. 사람들이 사는 마을 모습도 보인다.

1969년 항공사진에 나타난 왕숙천 합류부. 전반적으로 1947년과 비슷하다. 왕숙천 주위에 제방이 만들어지면서 왕숙천과 돌섬 인근 흐름이 단절되었고 왕숙천의 형태도 크게 바뀌었다.

1972년 항공사진에 나타난 왕숙천 합류부. 1969년에 비해 준설이 많이 이루어지고 있다.

1974년 항공사진에 나타난 왕숙천 합류부. 준설이 이어져 왕숙천 제방이 더 늘어났다.

1977년 항공사진에 나타난 왕숙천 합류부. 준설이 계속 이어져 모래사장 면적이 크게 줄었다.

1984년 항공사진에 나타난 왕숙천 합류부. 준설로 인해 모래사장이 거의 사라졌다.

왕숙천 만곡의 형태가 조금 다르다. 돌섬 전체 면적은 약 0.89제곱킬로미터(27만 평)로 오늘날 여의도 면적의 약 30퍼센트 정도였다. 대부분 농경지였고, 마을도 있었다. 넓은 지역에 펼쳐진 모래도 보인다. 돌섬 근처 한강의 수면 폭은 300미터 정도였다.

1969년 항공사진은 1947년 사진과 큰 차이가 없다. 다만 제방 건설로 왕숙천과 돌섬 사이에 흐르던 물길이 끊겼고 왕숙천 만곡 형태가 크게 달라졌다.

1972년에는 한강 변 모래사장에서 준설이 이루어지고 있다. 1974년에는 모래 준설을 계속하고 있고, 왕숙천 제방은 더 늘어났다. 돌섬 샛강을 매립하고 있다. 1977년에도 준설은 계속 이어져 한강 변 모래사장 면적이 크게 줄었다. 1984년에는 준설로 인해 한강 변 모래가 거의 사라졌다. 이때까지도 왕숙천 합류부의 만곡은 남아 있었다.

강물 흐르는 곳이 모래로 가득한 땅이었네

1988년에는 왕숙천 모습이 크게 달라졌다. 기존의 만곡부에 제방을 건설하면서 물길이 끊겼고, 하천은 직선으로 흘렀다. 한강 변 모습도 크게 달라졌다. 강동대교를 놓기 시작했다. 2020년에는 한강 변에 공원을 조성했다. 왕숙천 인근에는 끊긴 물길이 그대로 남아 있다.

1969년과 오늘날의 돌섬과 왕숙천 인근 한강을 비교해 보면 크게 달라졌음을 한눈에 알 수 있다. 한강의 하폭은 크게 넓어졌고 모래는 대부분 준설로 사라졌다. 왕숙천 형태도 완전히 바뀌었다. 돌섬은 더 이상 섬이 아니다. 1969년 항공사진을 기준으로 왕숙천 인근에서 준설로 사라진 모래 면적을 산정해 보면 모두 3.89제곱킬로미터(117만 7,000평)이다.

1980년대 크게 바뀌는 왕숙천 모습은 하천기본계획에서 확인할 수 있다. 1984년 하천기본계획에서는 크게 굽이치던 왕숙천이 2001년에는 크게 달라진다. 기존 하천의 만곡을 자르고 그 위에 제방을 만들었다. 기존 하천은 폐천이 되었다.

1988년 항공사진에 나타난 왕숙천 합류부. 왕숙천에 추가로 제방을 건설하면서 단절된 왕숙천 만곡부가 남아 있다. 한강 변 모습도 크게 바뀌었다.

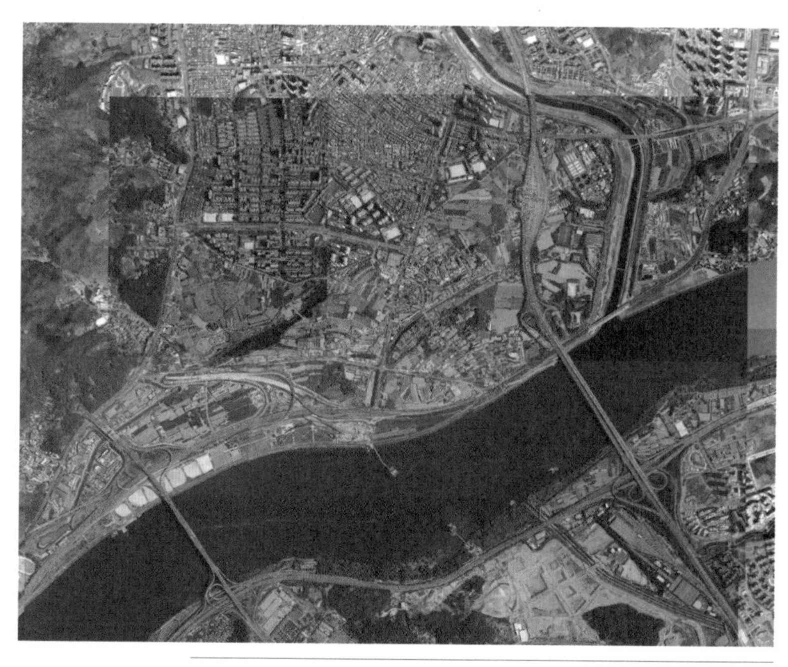

2020년 항공사진에 나타난 왕숙천 합류부. 한강 변 고수부지에 공원을 조성했다. 왕숙천의 구하도 모습도 보인다.

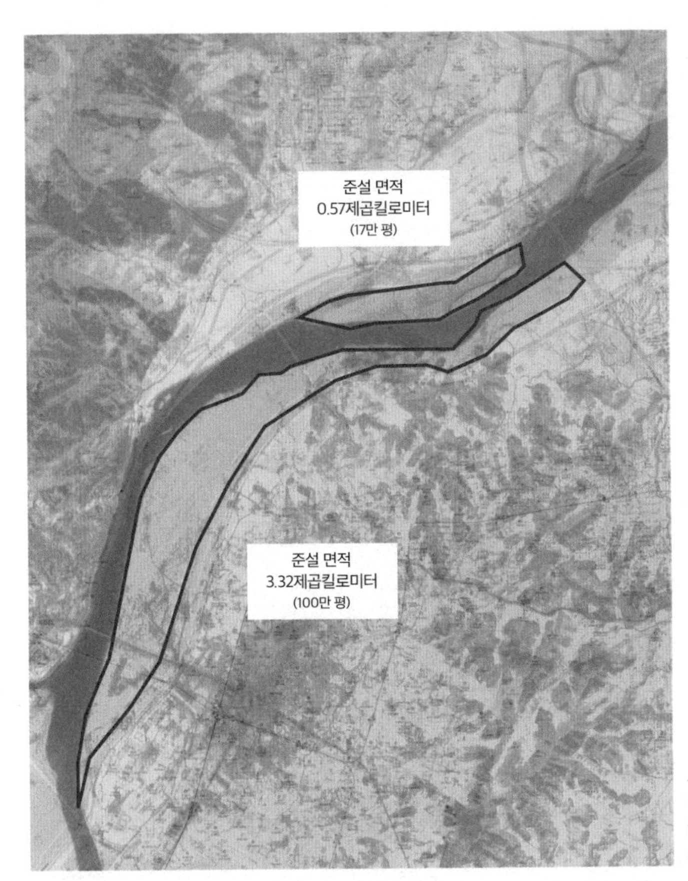

1969년 대비 현재 왕숙천 합류부에서 준설로 사라진 모래 면적은 모두 3.89제곱킬로미터다.

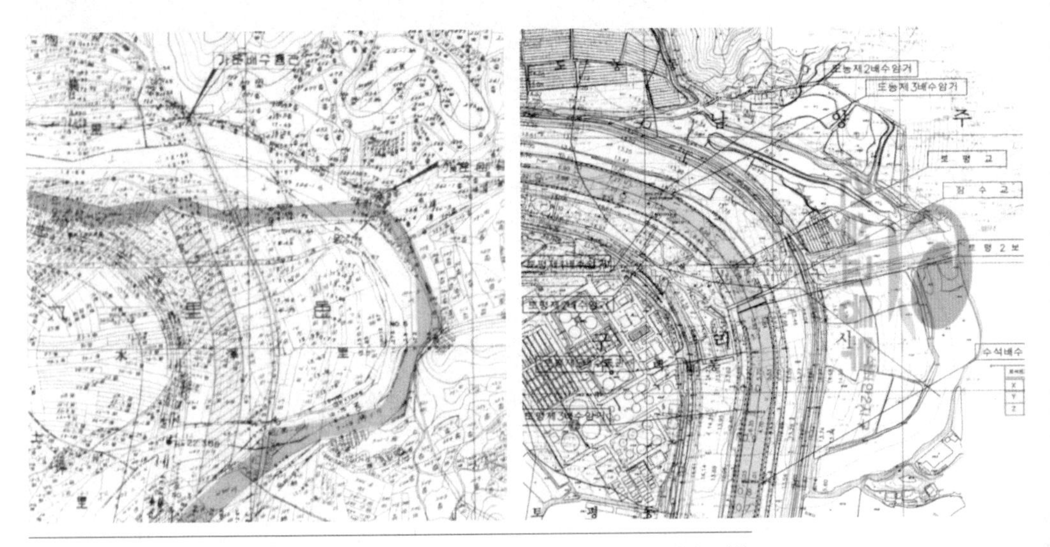

1984년 큰 만곡으로 흐르던 왕숙천 물길을 짧게 변경했다. 왼쪽은 1984년 왕숙천 하천정비기본계획, 오른쪽은 2001년 왕숙천 수계 하천정비기본계획 자료다. 자료들은 모두 경기도에서 작성했다.

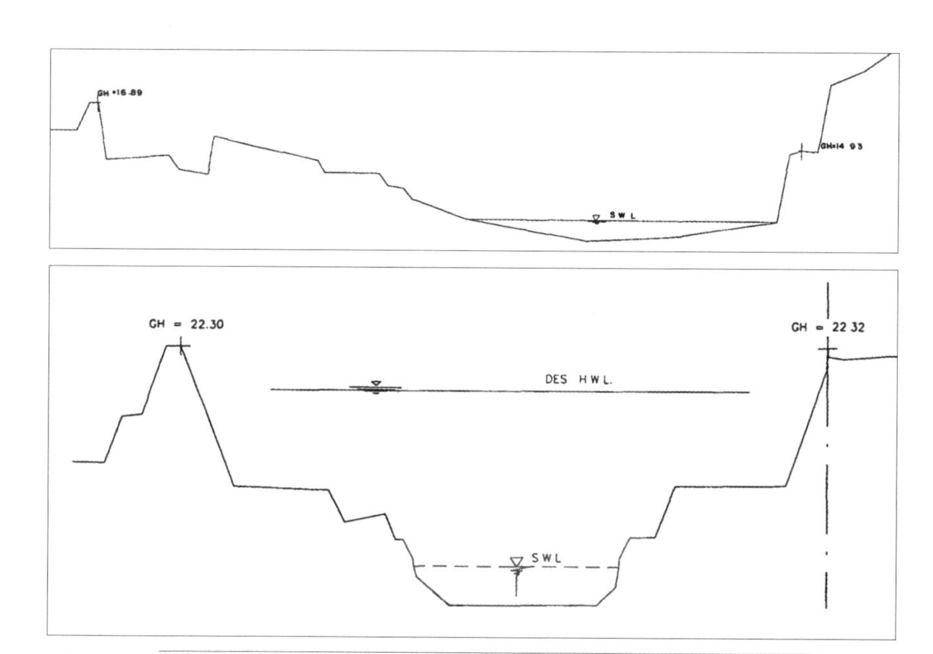

1984년 편평하던 하천이 2001년에는 복단면 형태로 바뀌어 고수부지가 조성되었고 물길이 좁아졌다.
위쪽은 1984년 왕숙천 하천정비기본계획, 아래쪽은 2001년 왕숙천 수계 하천정비기본계획 자료다.
자료들은 모두 경기도에서 작성했다.

하천 단면도 크게 달라진다. 1984년 하천 단면을 보면 왼쪽에는 작은 제방이 있고 전반적으로 편평한 형태였다. 2001년에는 정형화된 복단면으로 바뀌었다. 폭이 좁은 저수로를 만들고, 양쪽으로 고수부지를 조성했다. 왼쪽에는 높은 제방을 쌓았다.

강의 모습은 인간의 개입으로 빠르게 변했다. 섬은 더이상 섬이 아니다. 넓은 모래사장은 흔적도 없다. 구불구불하게 흐르던 강은 직선으로 흐른다. 쉽게 바뀌고 쉽게 잊힌다. 돌섬이 섬이었다는 걸, 강물 흐르는 곳이 모래로 가득한 땅이었다는 걸 누구도 기억하지 않는다. 왕숙천 굽이치던 물길은 흔적만 남았을 뿐 아무런 역할을 하지 못한다. 예쁘게 단장한 채 고수부지 공원으로만 우리 곁에 있다.

미사리, 세 개의 섬은 모두 어디로

이곳은 강이 아닌 수도권 골재 공급원

팔당댐 인근은 계곡이다. 양쪽으로 산이 있다. 한강은 그사이를 흐른다. 팔당댐에서 팔당대교 사이 물 흐름은 빠르고 거칠다. 수면 폭은 좁고 수심은 깊다. 팔당대교를 지나면 한강 하폭은 급격히 넓어진다. 물의 속도는 느려지고 수심은 얕아진다. 홍수 때 상류에서부터 떠내려온 모래는 팔당대교를 지나면서 물의 속도가 느려져 바닥에 가라앉는다. 자연스럽게 모래가 쌓여 섬을 만든다. 미사리에 섬들이 들어선 까닭이다.

미사섬과 당정섬은 오래전부터 한강에 있었다. 미사섬은 조선시대 수운의 요충지였다. 암사동 유적과 함께 대표적인 신석기 유적지라는 역사적 가치가 있다. 4~5세기 농경 생활 유물이 나왔고, 층위를 달리하며 1,500년 전 밭과 집터·토기·철기류 등이 나왔다.*

1985년 미사섬에는 238세대, 1,160명이 살았다. 당정섬에는 두 채의 가옥이 있었다. 미사섬 전체 면적은 242만 809제곱미터(73만 2,000평)였고 당정섬은

* 윤경준, 「하남시 일대 한강 하중도의 환경 변화와 생태적 활용 방안」, 대한지리학회 2007년 연례학술대회, pp. 286-289, 2007.

85만 2,435제곱미터(25만 8,000평)였다.

서울 한강종합개발이 끝날 무렵인 1985년 12월 수립한 경기지구 한강종합개발 계획은 미사리 지역을 수도권 골재 공급의 적지로 제시했다. 이 지역은 서울지역 한강종합개발 사업 착공 이전에도 수도권의 골재 공급원 역할을 하고 있었다. 따라서 많은 준설이 이루어지던 곳이었다. 골재 공급의 적지로 꼽힌 미사섬과 당정섬을 절취하는 다양한 시나리오가 나왔다. 검토를 거친 끝에 미사섬은 17만 평을 우선 제거해 889만 6,000세제곱미터의 골재를 활용하고 나머지 36만 평은 경제성을 고려하여 장래에 개발하기로 했다. 당정섬은 완전히 제거해 2,150만 세제곱미터의 골재를 확보하기로 했다.* 경기도에서 세운 이 계획은 서울 한강종합개발의 연장선이었다. 팔당댐에서 구리까지 18킬로미터 구간에서 골재를 확보하기 위해 준설하는 것이 핵심이었다. 전체 6,089만 7,000세제곱미터 모래를 굴착해 5,500만 세제곱미터의 골재를 확보하는 계획이었다. 고수부지에 공원을 조성하고 강변도로를 만드는 것도 서울 한강 계획과 같았다. 결정권자들의 눈에 강은 오로지 골재 공급원으로만 보였다.

미사리美沙里는 이름 그대로 아름다운 모래섬이었다. 1910~1930년대 지도는 미사리만이 아니라 당정리와 선리도 모래섬으로 표시했다. 이름을 표시하지 않은 섬도 여럿 있다. 당정리에는 민가 표시를 했고, 해발 높이는 16.3미터로 표시했다. 팔당대교 인근 한강 수심은 5미터, 덕소 인근은 6미터, 왕숙천 합류 이전은 8미터로 표시했다.

1947년 항공사진에 나타난 섬들의 면적은 미사 섬 1.89제곱킬로미터(57만 2,000평), 당정 섬 0.74제곱킬로미터(22만 4,000평), 이름을 밝히지 않은 섬 0.45제곱킬로미터(13만 6,000평)를 모두 합하면 3.08제곱킬로미터(93만 2,000평)다. 오늘날 여의도 면적보다 약 1.1배 크다. 여기에 경계가 불확실해서 면적을 측정하기 어려운 선리라고 표시한 섬까지 네 개의 섬을 모두 합하면 면적은 더 커진다. 섬

* 경기도, 『경기지구 한강종합개발사업 기본계획 보고서』, 1985.

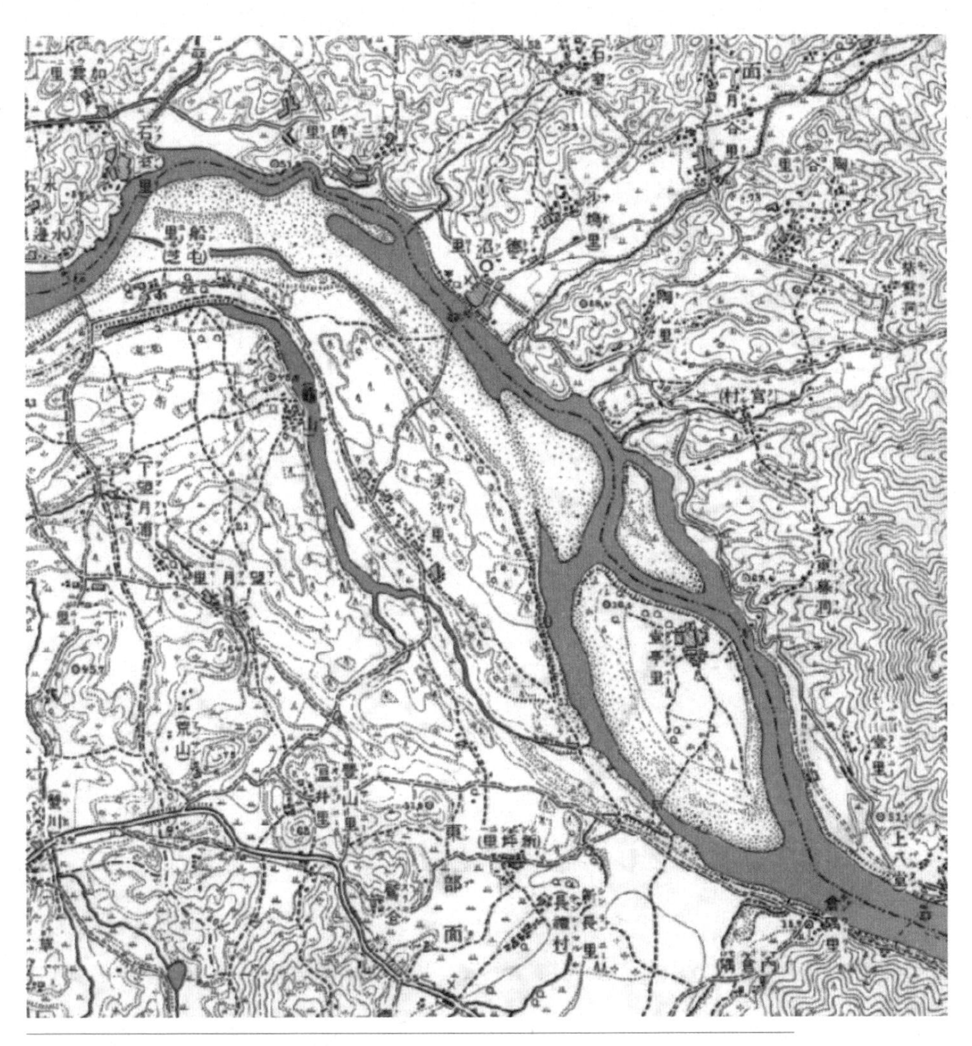

1910~1930년대 미사리 인근 지도. 미사리 주변은 당정리, 미사리, 선리 등 세 개의 섬으로 이루어져 있었다.

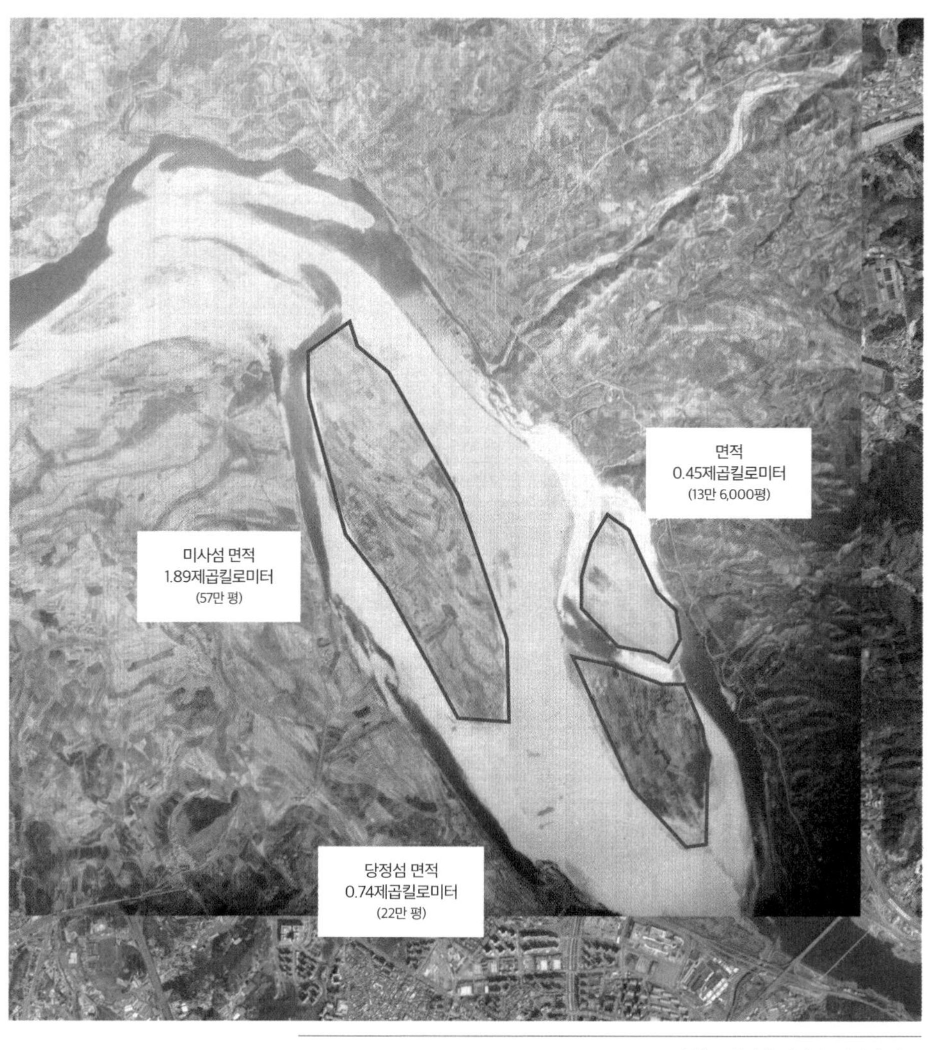

1947년 항공사진에 나타난 미사리 인근.
미사 섬, 당정섬, 이름이 없는 섬의 면적을 합하면 오늘날 여의도 면적보다 조금 더 크다.

1966년 항공사진에 나타난 미사리 인근. 미사 섬과 당정 섬을 비롯해 세 개 섬이 보이고 미사섬 왼쪽으로도 물길이 뚜렷하다. 윤경준, 「하남시 일대 한강 하중도의 환경 변화와 생태적 활용 방안」 대한지리학회 2007년 연례학술대회, pp. 286-289, 2007.

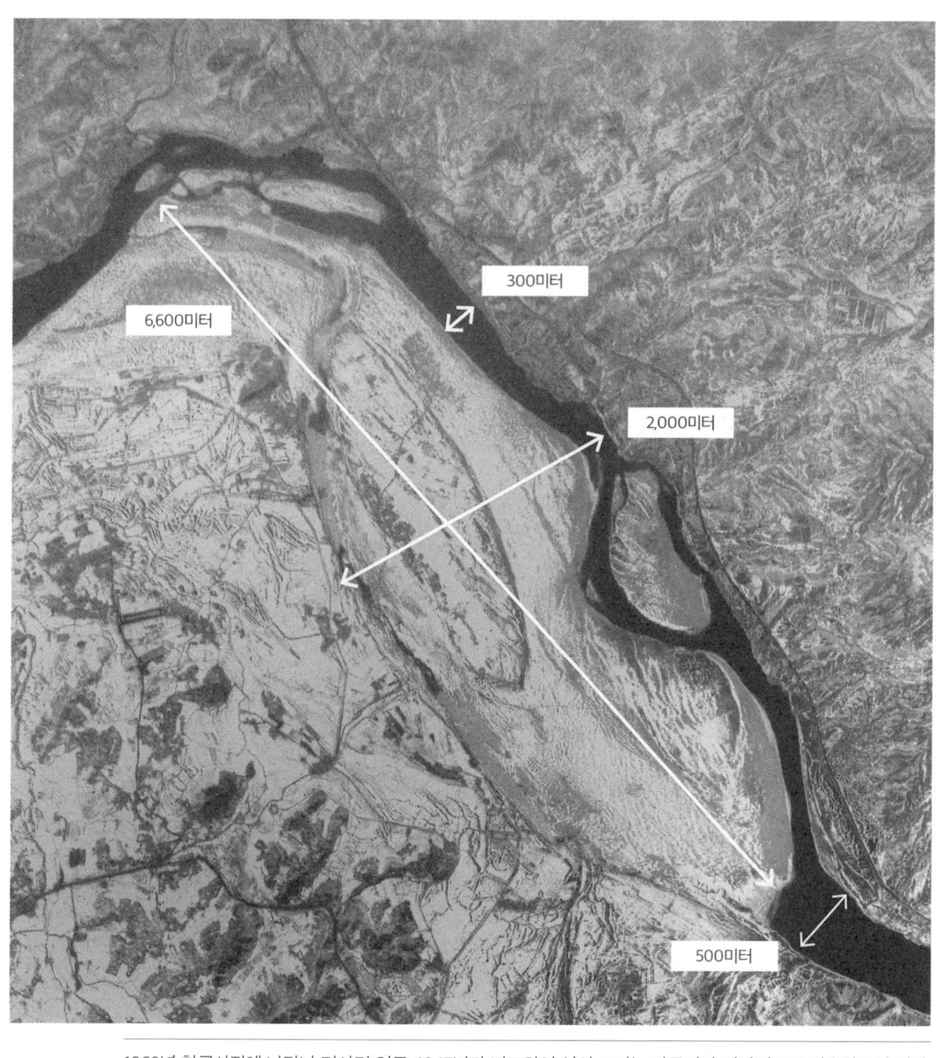

1969년 항공사진에 나타난 미사리 인근. 1947년과 비교하여 섬의 크기는 다르지만 전반적으로 비슷한 모습이다.

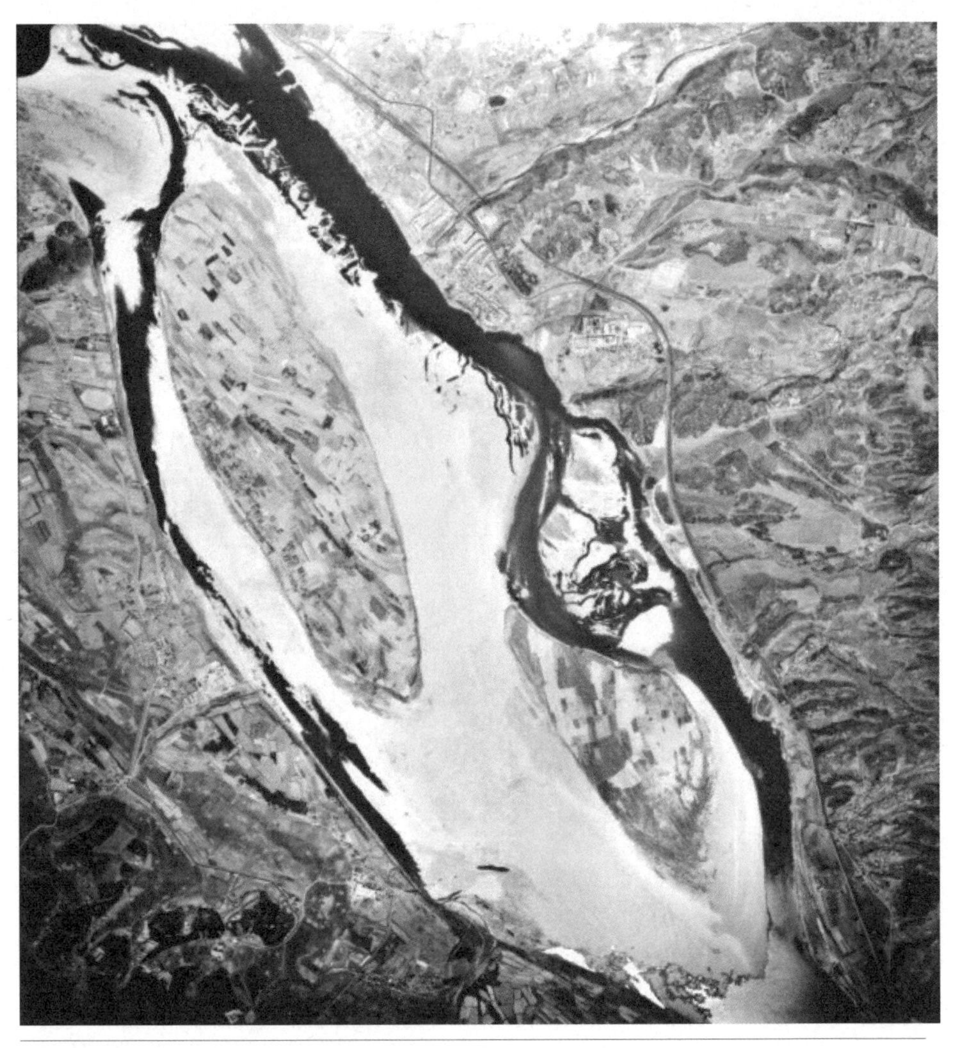

1977년 항공사진에 나타난 미사리 인근. 이전 항공사진과 비교하여 모래톱의 형상이 조금 차이가 있지만 비슷한 형태가 계속 유지되고 있다. 윤경준, 「하남시 일대 한강 하중도의 환경 변화와 생태적 활용 방안」, 대한지리학회 2007년 연례학술대회, pp. 286-289, 2007.

들을 둘러싼 모래사장 면적도 넓게 표시했다.

1966년 항공사진에도 세 개의 섬이 뚜렷하게 보인다. 미사 섬 왼쪽 물길도 뚜렷하다.

1969년 항공사진은 1947년 사진과 유사하다. 섬 크기가 조금 차이가 있지만 모양과 위치, 물의 흐름 등 대체로 비슷하다. 미사리 지역 전체를 보면 강 흐름 방향의 길이는 약 6,600미터, 강폭은 약 2,000미터에 달한다. 강폭이 넓었음을 알 수 있다. 반면 평상시 흐르는 수면 폭은 300~500미터로 상대적으로 좁은 편이다. 1977년에도 전반적으로 비슷했다.

얼마나 많은 모래를 퍼냈는지 아무도 모를 만큼

미사 섬 주위가 본격적으로 변하기 시작한 것은 1980년대 들어서부터다. 1981년 항공사진을 보면 미사 섬 인근 모래가 상당 부분 준설로 사라졌다. 미사 섬 오른쪽 모래톱뿐만 아니라 왼쪽 부분도 마찬가지다.

미사섬 왼쪽 수로에는 서울올림픽조정경기장이 들어섰다. 1984년 9월 착공, 1986년 6월 준공했다. 1992년 항공사진에는 조정경기장 모습이 뚜렷하다. 당정 섬을 준설하는 모습도 보인다. 당정 섬은 1989년 10월부터 삼성종합건설, 한국중공업, 공영사 등 3개 회사가 골재 채취를 시작하면서 사라지기 시작했다.* 2000년 항공사진에는 당정 섬이 완전히 사라지고 넓은 수로가 보인다. 이후로 미사리 모습은 오늘날과 비슷하다.

미사리 인근은 수도권 모래 공급원이었다. 1980년대 들어서면서 급격하게 준설이 이루어졌다. 그로 인해 인근 섬과 모래사장이 사라졌고 1990년대 초에는 당정 섬도 준설로 사라졌다. 1969년 대비 미사리 지역에서 준설로 사라진 면적은 약 7.22제곱킬로미터(218만 8,000평)로, 이는 여의도 면적의 2.5배 규모다.

---

* 「한강수계 '당정섬' 과연 보존될까 땅 보상협상따라 운명 결판」, 『한겨레신문』, 1992. 2. 2.

1981년 항공사진에 나타난 미사리 인근. 미사섬 주위에 본격적인 준설이 이루어지고 있다.
윤경준, 「하남시 일대 한강 하중도의 환경 변화와 생태적 활용 방안」
대한지리학회 2007년 연례학술대회, pp. 286-289, 2007.

1992년 항공사진에 나타난 미사리 인근. 기존 미사 섬 왼쪽에 미사조정경기장이 들어섰고, 당정 섬을 준설하고 있다.

2000년 항공사진에 나타난 미사리 인근. 당정 섬이 사라진 오늘날과 비슷한 모습이다.
윤경준, 「하남시 일대 한강 하중도의 환경 변화와 생태적 활용 방안」, 대한지리학회 2007년 연례학술대회, pp. 286-289, 2007.

2020년 항공사진에 나타난 미사리 인근. 미사리를 제외한 대부분의 모래가 사라졌다.
당정 섬은 준설로 완전히 사라진 이후 조금씩 다시 생겨나고 있다.

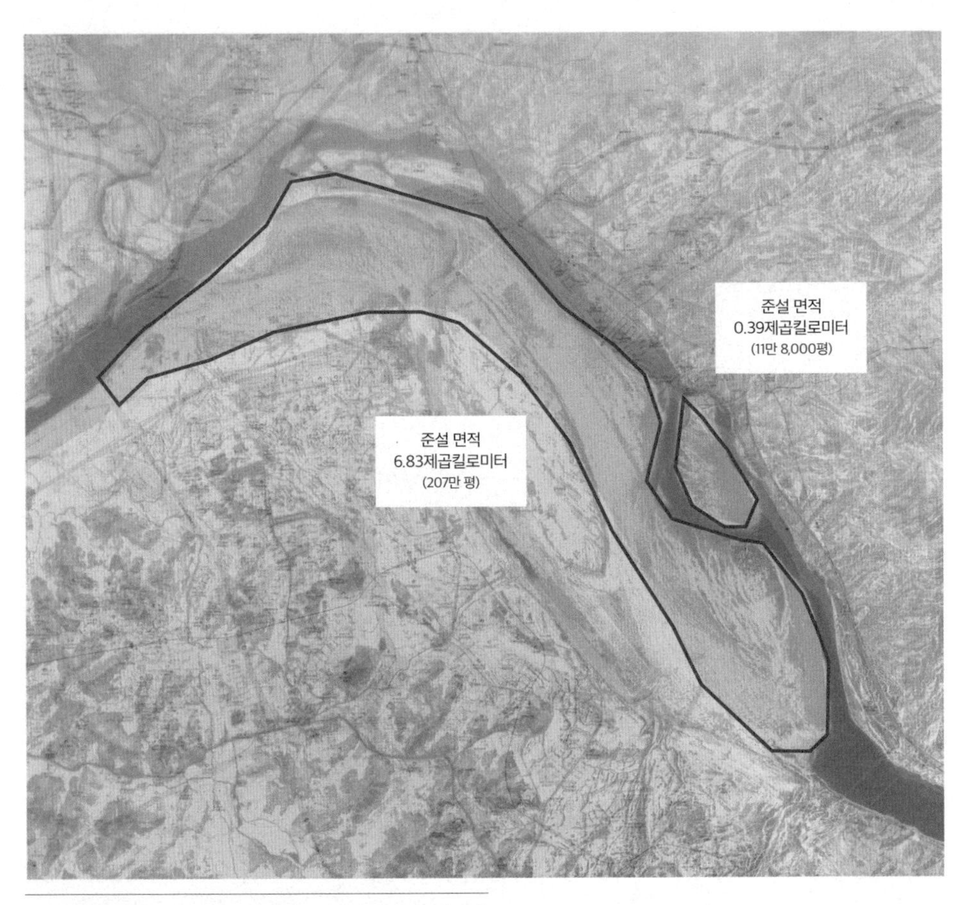

1969년 대비 준설로 사라진 모래 면적은 약 7.22제곱킬로미터다.

1989년 골재 채취로 사라지고 있는 당정 섬. 『경인일보』 2011. 3. 18.

1970년대 이후 한강에서 준설을 피한 곳이 거의 없다. 서울시에 속한 곳만 그런 건 아니다. 경기도에 속한 구간에서도 시기만 다를 뿐 어디에서나 준설이 이루어졌다. 어디라고 할 것 없이 한강의 모래가 있는 곳은 어디나 파헤쳤다. 모래사장도, 섬도 사라졌다. 1970~1980년대 한강의 역사는 준설의 역사라고 해도 과언이 아니다.

미사리 지역에서 준설로 사라진 면적은 200만 평이 넘는다. 왕숙천 인근에서는 100만 평이 사라졌다. 면적이 아닌 모래의 양으로는 계산조차 불가능하다. 그래서 얼마나 많은 모래를 퍼냈는지 가늠조차 할 수 없다.

준설 이후 수십 년이 지났다. 하천은 제 모습을 회복하지 못하고 있다. 몇몇 곳에서 다시 퇴적이 발생하고 있지만 예전 모습으로 완전히 회복한 곳은 없다. 한강 상류에 지어놓은 댐들에 막혀 모래가 떠내려오지 못했기 때문일 수도 있지만, 워낙 많은 모래를 퍼내 강 스스로 다시 회복할 수 있는 임계점을 넘은 것도 원인이다. 자연의 회복력으로는 해결할 수 없을 정도로 준설을 강행했기 때문이다. 그만큼 한강은 너무 많이 망가져 있다.

8장.

한강의 미래

사라진 모래, 개발의 시대

개발의 시대, 이용의 대상으로 전락한 강, 강, 강

흔히 유럽이나 미국의 강은 아름답다고 여긴다. 과연 그럴까. 그곳의 강은 마냥 아름답지 않다. 낭만과도 거리가 멀다. 잘 알려지지 않은 사실이다.

유럽이나 미국 등 커다란 대륙의 강들은 오랜 시간 이용의 대상이었다. 그곳에서도 개발의 시대가 있었고, 그런 시대에 강은 여지없이 막히고 단절되었다. 운하를 만들어 배를 띄웠다. 무엇보다 농사가 중요했던 시대도 있었다. 이를 위해 대륙 곳곳의 강에 보가 들어섰다. 특히 전 세계 약 167만 개의 댐이나 보 가운데 100만 개가 유럽에 있다. 정확한 통계를 내지 못할 정도로 많다.* 평균 1킬로미터마다 한 개씩 있는 꼴이다.

우리나라도 더하면 더했지 덜하지 않다. 농업이 중요한 시대, 농사짓는 데 필요한 물을 확보하기 위해 강에 보를 막았다. 무려 3만 4,000여 개를 설치했다.** 중소 규모 하천에는 연속적으로 수십 개씩 설치했다. 너무 많아서, 지극히 익숙해져서 우리 모두 당연하게 여길 정도다.

---

* Lehner, B. et al., High-resolution mapping of the world's reservoirs and dams for sustainable river-flow management. *Frontiers in Ecology and the Environment*, 9(9), pp. 494-502., 2011.

** 해양수산부 국가어도정보시스템.

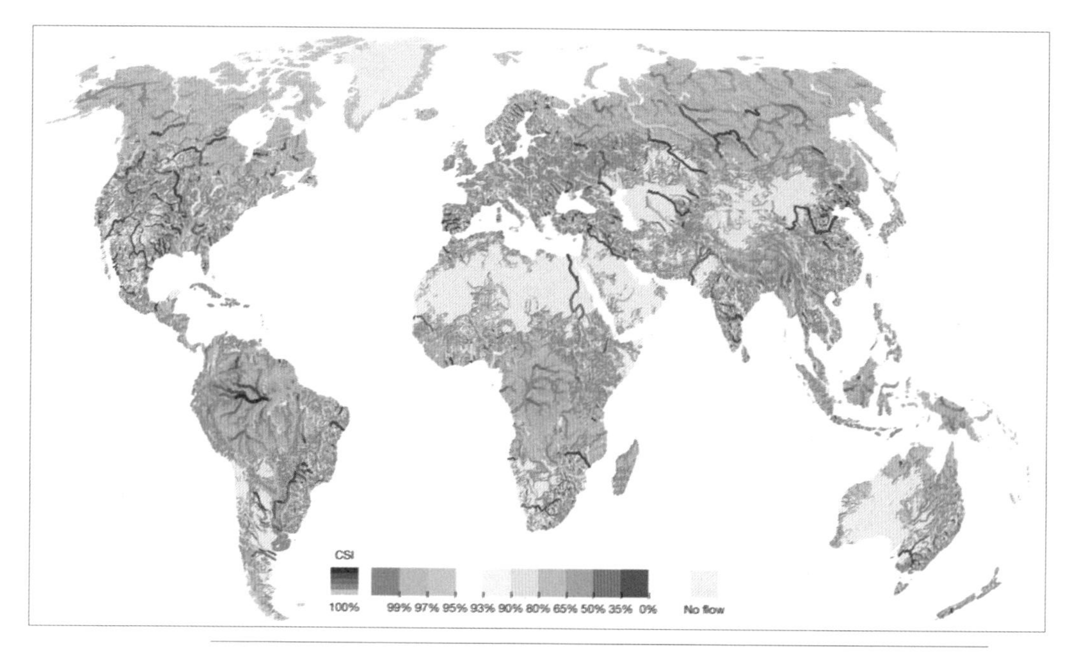

강의 단절 현황. 붉은색일수록 댐이나 보가 많아 강이 단절된 것을 나타낸다.
Grill, G., Lehner, B., Thieme, M. et al., 2019, Mapping the world's free-flowing rivers. *Nature 569*, 215~221.

보나 댐은 강을 가로지르는 콘크리트 구조물이다. 강의 수심을 깊게 하여 취수를 쉽게 한다. 배가 다닐 수 있게 만든다. 하지만 강물의 흐름과 강의 생태계를 단절시킨다. 그렇게 되니 물고기는 강을 거슬러 올라갈 수 없다. 보는 댐보다 작아 잘 드러나지 않지만 개수로 보면 댐보다 훨씬 많다. 전 세계에서 강을 막아선 구조물 가운데 99.5퍼센트가 보다. 보기에는 작지만 생태계를 단절시키는 악영향의 정도는 보가 훨씬 강력하다.

유럽이나 미국의 어떤 강들은 강이라기보다 수송로다. 도로와 다르지 않다. 거대한 대륙에 도로를 건설하기 전 사람과 짐을 나르는 것은 강의 몫이었다. 땅 위에 도로를 만드는 것보다 물길을 이용하는 쪽이 훨씬 효과적인 시대였다. 그 시대 강은 당연하다는 듯 운하로 개발했다.

복잡하게 얽혀서 또는 구불구불한 모양으로 자연스럽게 흐르던 강은 운하

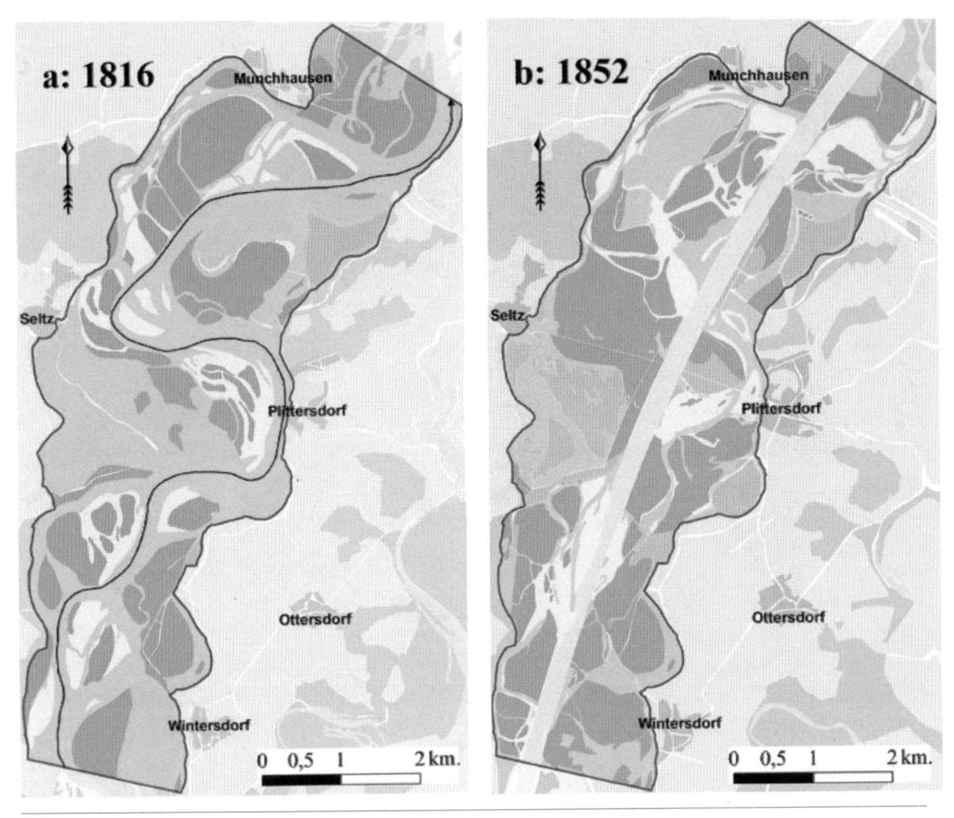

왼쪽의 1816년 라인 강은 매우 복잡하게 흐르고 있다. 강 중앙의 검은 선은 가장 깊은 곳이다.
오른쪽은 1852년 수로가 만들어진 라인 강이다. 배가 다니는 길이 중앙에 뚜렷하다.
Diaz-Redondo et al., Benchmarking fluvial dynamics for process-based river restoration: The upper Rhine river (1816-2014), *River Research and Application*, 33, pp. 403-414., 2017.

2023년 구글어스를 통해 본 라인 강 위성사진. 운하로 개발이 이루어지면서 직선이 되었다.
배가 다니기 위해 보를 설치했고 강변 양쪽에는 물의 흐름을 조절하는 구조물 수제를 설치했다.

로 개발이 이루어지면서 직선이 되었다. 강폭은 좁아졌고 수심은 깊어졌다. 지속적으로 배를 띄우기 위해 이 상태를 유지해야 했다. 배가 다니기 위해 보를 설치했고 강변 양쪽에는 물의 흐름을 조절하는 구조물 수제를 설치했다. 물의 흐름은 더 빨라졌고 강의 모래는 더 많이 사라졌다. 강바닥은 깎여 나갔고 수위는 낮아졌다. 주변 농경지 지하수위도 덩달아 낮아졌다. 자연의 모습이 사라지고 운하로 이용되면서 강은 도로처럼 정비의 대상이 되었다. 강은 꾸준히 유지보수가 필요한 인공구조물이 되었다. 라인 강이며 미시시피 강의 민낯이다.

잘리고 파헤쳐지고, 땅이 되고 길이 되고 공원이 되고

강은 직선으로 흐르지 않는다. 구불구불한 곡선으로 흐른다. 그게 강의 원래 모습이다. 자연의 모습, 자연스러운 모습이다. 하지만 그렇게 흐르는 강은 인간에게 비효율적이다. 운하로 이용할 수도 없고, 강 주변의 농지를 이용하기에도 불편하다.

유럽은 운하를 만들기 위해 라인 강 물길을 직선으로 바꿨고, 우리는 농지 확보를 위해 강을 잘라 직선으로 흐르게 만들었다. 전라북도 북부를 따라 금강·동진강과 함께 황해로 흐르는 만경강도 그런 이유로 잘려 나갔다. 평야 지대를 구불구불하게 흐르던 만경강은 여러모로 비효율적이었다. 홍수 소통에도, 농경지 확보에도 어려움이 많았다. 이를 해결하려고 강폭을 줄이고, 구불구불하던 강을 직선으로 흐르게 만들었다. 지류는 다른 곳에 이어 붙였다. 그 결과 강은 자연의 모습을 잃고 인공화되었다. 강을 바꾼 대가는 땅으로 돌아왔다. 땅이 먼저인 시대였다.

강은 화수분이다. 강물도 화수분이고 강의 모래도 화수분이었다. 퍼내도 퍼내도 물과 모래로 끝없이 채워졌다. 채워진다고 생각했다. 그런 줄 알았다. 개발의 시대 강은 곧 모래 공급원이었다. 한강에도 모래가 많았다. 한강의 기적은 다름 아닌 모래의 기적이다. 1970~1980년대 한강 모래로 서울의 숱한 건물

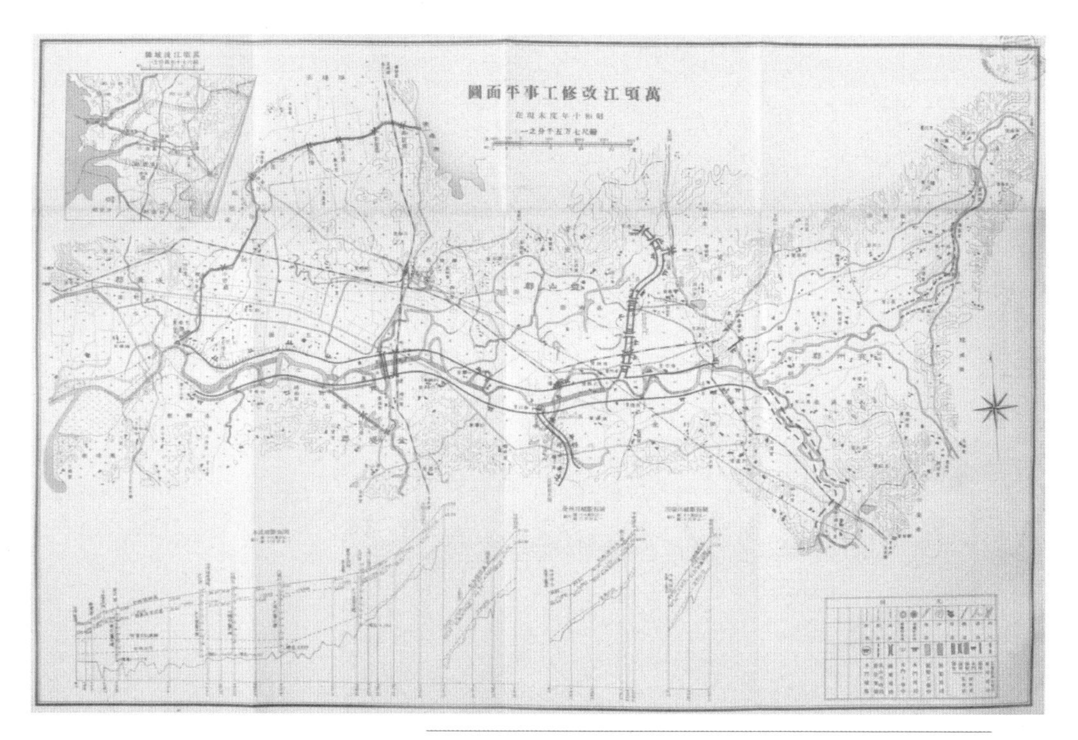

1938년 조선총독부가 발간한 『1935년 조선직할하천공사연보』에 실린 만경강.
자연의 모습을 잃고 잘려 나간 강은 직선이 되었다.

을 지어올렸다. 강변의 모래를 파고 또 파서 서울의 아파트를 지었다. 서울의 인구는 기하급수적으로 늘어났고 살 집이 모자랐다. 이를 감당하기 위해 아파트를 끝없이 지었다. 한강의 모래 없이 아파트를 지을 수는 없었다. 서울 아파트의 고향은 한강이다. 그 결과 한강에서 모래가 사라졌다. 화수분인 줄 알았으나 그렇지 않았다. 한강에는 더이상 모래가 보이지 않는다. 그리고 우리에게는 강변의 아파트가 남았다.

개발 시대에 강은 공터와 같은 뜻이었다. 빈 땅으로 여겼다. 뭐든지 할 수 있었다. 폭발적으로 늘어나는 교통량을 감당할 수 없었다. 도로를 만드는 가장 단순한 방법은 바로 복개였다. 강에 콘크리트를 덮어씌우고 그 위에 도로를 만들었다. 서울 시내에서 작은 강들을 보기 어렵다. 원래부터 없던 게 아니다. 강이

2024년 한강변의 아파트. ©김원

2024년 원효대교 아래에서 한강으로 합류하는 만초천 모습이다. 복개되어 도로로 이용되고 있어 강이 있는지도, 또 어디에 있는지도 많은 사람들은 모른다. ©김원면 강마다 콘크리트로 덮고 길을 만들었기 때문에 볼 수 없다. 복개한 강은 어디서는 주차장이 되었다. 자동차는 늘어나고 도시에는 차를 세울 곳이 마땅치 않았다. 역시 또 강을 덮어 땅을 만들어 주차장을 만들었다. 공원도 필요했다. 공원을 만들 땅이 없었다. 역시 또 강을 파헤치거나 덮어 만든 땅은 산책로와 체육 시설을 갖춘 시민을 위한 공간, 공원이 되었다.

강을 원래 모습으로 흐르게 하라, 복원의 시대

개발의 시대를 건너 복원의 시대로

2024년 8월 18일은 유럽연합EU 역사에서 매우 중요한 날이다. 6월 17일 의회를 통과한 자연복원법Nature Resotoration Law이 발효된 날이다. 자연복원법 발효로 27개 회원국은 2030, 2040, 2050년 단계별 복원 계획을 수립하고 진행 상황을 살펴서 보고해야 한다.

자연복원법은 상징적인 구호에 그치지 않는다. 자연 복원이라는 이상을 내세우고 있어 얼핏 모호해 보이지만 매우 구체적인 목표와 더불어 전략을 담고 있고, 법적 구속력을 갖는다. 2024년 기준으로 6년 이내 육상 및 해상 생태계 등 훼손 지역 20퍼센트 복원, 26년 이내 100퍼센트 복원 등 구체적인 수치의 목표를 제시한다.

강 복원 목표도 제시한다. 2030년까지 댐이나 보 등으로 끊어진 하천을 복원하여 '자유롭게 흐르는 강'free-flowing rivers 2만 5,000킬로미터를 확보하라고 했다. 댐과 보의 철거로 하천의 연속성을 확보하라고 법으로 강제했다. '자유롭게 흐르는 강'은 물과 모래가 장애 없이 흐르고, 물고기를 비롯한 물속 생물 등이 자유롭게 이동할 수 있는 강을 말한다. 연속성 확보는 종적 연속성뿐만 아니라 횡적, 수직적 연속성까지 모두 포함한 개념이다.

자연복원법 제정 과정에서 많은 반대와 우여곡절이 있었다. 유럽 의회 통과를 앞둔 시기에는 환경규제에 반발하는 농민들의 트랙터 시위가 유럽 각지로 확산되기도 했고, 이탈리아·헝가리·네덜란드·핀란드·스웨덴 등의 회원국은 반대표를 던졌다. 그럼에도 유럽연합은 구체적인 강 복원 목표를 법제화함으로써 새로운 시대의 시작을 알렸다. 자연복원법 제정은 개발 시대의 종언임과 동시에 복원 시대의 출발을 상징한다. 인류가 개발 시대를 거치며 훼손한 강을 복원해야 한다는 목소리와 노력은 꾸준히 이어졌지만 법으로 목표를 규정하고 강제한 것은 처음이다. 이전과는 차원이 다른 자연 복원의 시대가 열렸다.

자연복원법이 목표라면 자연기반해법Nature-based Solution은 목표 달성을 위한 구체적인 방안이다. 전 세계 자원 및 자연보호를 위해 국제연합UN의 지원을 받아 1948년에 국제기구로 설립한 세계자연보전연맹IUCN은 이미 2009년에 자연기반해법 개념을 도입하고 공식적인 정의와 실행 표준을 제시했다. 생태계의 다양한 이슈에 대한 구체적인 해결책, 즉 구체적인 솔루션을 제시하려는 자연기반해법의 기반은 생태계 기능과 역할을 이해하고 사회 시스템의 가치와 편익을 이해하여 조화를 이루는 데 있다. 생물 다양성과 인간의 행복을 목표로 삼는다.

자연기반해법의 가치 평가 기준은 눈여겨볼 만하다. 그 이전까지 어떤 문제에 대한 해법은 경제성이나 효율성을 우선으로 삼았다. 일반적인 사업 시행의 평가는 경제성을 주요 기준으로 삼았다. 투입하는 비용 대비 사업의 편익이 커야만 경제성이 있다고 평가했다. 자연기반해법의 기준은 다르다. 경제성이나 효율성 대신 자연성을 중요한 기준으로 삼는다. 돈이나 효율성으로 환산할 수 없는 자연성의 가치를 인정한다. 이러한 가치를 기반으로 당면한 문제의 해법을 찾는다. 자연성을 기반으로 문제를 정의하고, 가치를 판단하고, 해결 방법을 찾는다.

개발의 시대 어디나 할 것 없이 거의 모든 하천은 경제성을 근거로 한 사업의 대상이었다. 경제성이 있다고 판단하면 거리낌 없이 제방과 댐을 만들었다. 결국 돈이었다. 자연성을 고려하지 않았다. 그러나 간과한 것이 있다. 강에 손을

대는 일은 건물을 짓거나 도로를 내는 것과는 다르다. 강은 인공구조물이 아니다. 강은 물이 흐르는 생태계 공간이다. 강 안의 생태계를 돈의 가치로 환산하기는 어렵다. 늦은 감이 없지는 않지만 자연기반해법이 유럽을 포함한 여러 나라에서 전 세계 하천 관리 개념으로 점차 자리를 잡아 가고 있다.

유럽연합은 자연복원법을 제정했다. 전 세계 여러 국가가 자연기반해법 실행을 위해 노력한다. 핵심 키워드는 자연이다. 그리고 복원이다. 복원은 원래 모습으로 되돌리는 것이다. 100퍼센트 원래 모습으로 돌아가는 것이 가장 이상적이지만 현실적으로는 조금이라도 더 과거와 가깝게 돌아가는 것을 목표로 삼는다.

복원의 전제, 원래 모습으로 돌아가기

'자연 복원'에는 몇 가지 전제가 있다. 우선 지금의 모습이 자연 상태가 아니라는 것을 전제한다. 즉 자연과 상충한다는 것을 전제하고 출발해야 한다. 개발의 시대에는 이런 문제의식조차 없었다. 자연을 고려할 여유, 기술도 없었다. 자연의 가치를 제대로 알고 있지도 않았다. 그 결과는 우리가 아는 그대로다. 원래대로 돌아가야 한다는 것 역시 중요한 전제다. 원래의 상태, 자연의 상태로의 복귀를 지향해야 한다.

강의 복원을 위한 노력은 꽤 오래전부터 이어졌다.* 미국 캘리포니아 주 북서쪽에 흐르는 트리니티Trinity 강은 1960년대 댐 건설로 자연의 모습을 잃었다. 댐에서 다른 유역으로 물을 보내면서 물의 양이 줄었고 작은 규모의 홍수가 거의 일어나지 않아 오히려 강변에 과도한 식생이 발생했다. 댐으로 인해 토사 이동이 막히면서 어류들의 서식처도 줄어들었다. 이러한 문제점을 인식하고 2000년대 들어 강을 복원하려는 사업을 시작했다. 댐으로 인해 줄어든 수량 변화를 보완하기 위해 댐에서 인공적으로 자주 물을 흘려주는 방법을 도입했다. 강변에 과

* 생태공학포럼, 『생명의 강 살리기』, 청문각, 2011.

도하게 발생한 식생은 제거하고 강변이 자주 물에 잠길 수 있도록 조성했다. 댐으로 인해 막힌 토사 이동 문제 해결을 위해 댐 하류에서는 정기적으로 토사를 공급했다. 이런 노력 끝에 트리니티 강의 생태계는 회복되어 가고 있다. 댐 건설 후 200개체까지 감소했던 은연어는 2022년에 3,044개체로 증가한 것으로 확인되었다.

유럽의 엘베Elbe 강은 폴란드와 체코 국경지대 산맥으로부터 흘러나와 체코 북부, 독일 동부를 흘러 함부르크 부근에서 북해로 흘러든다. 이곳 역시 자연성 훼손이 문제였다. 운하를 만들기 위해 설치한 보와 농경지 확보를 위해 설치한 제방이 문제였다. 뱃길이 만들어지면서 강은 크게 달라졌다. 물은 직선으로 흐르고, 강폭은 줄었다. 물의 흐름도 달라져 물속 생태계는 크게 위협을 받았다. 2000년대 들어 복원 사업에 착수했다. 원래대로 복원하는 것을 핵심으로 삼았다. 제방을 뒤로 밀어 좁아진 강폭을 넓히고 지류와 본류를 연결했으며, 기존 제방을 낮춰 물에 자주 침수될 수 있게 했다. 1775년 당시 고지도를 참고해서 강변에 하반림을 조성했다. 이를 통해 홍수 피해를 줄일 수 있었고 하천의 생태계도 확보했다.

일본 다마多摩 강 사례도 있다. 다마 강은 야마나시 현, 가나가와 현, 도쿄 도를 흐르는 강으로 가나가와 현과 도쿄 도의 경계를 이룬다. 이곳은 모래톱이 사라진 게 문제였다. 일본 고도 경제성장 시기인 1923~1967년 사이에 다마 강 상류에서 막대한 양의 골재를 채취했다. 강바닥 준설로 상류에서 내려오는 모래의 양도 줄어들었다. 더불어 상류에 댐과 보를 여럿 짓는 바람에 모래톱은 줄었고, 강바닥은 깊게 패였다. 홍수 때 물이 흐르는 홍수터에는 식생이 과도하게 발생했고 외래 식물이 번성했다. 생태계에 큰 변화가 발생한 것이다. 1990년대 들어 복원을 위한 연구에 착수했다. 자갈과 모래의 공급을 늘리기 위해 인위적으로 상류에서 토사를 공급했다. 홍수터를 파고 저수로를 확장하여 모래톱을 복원했다. 강에서 자라지 않던 아카시아를 제거하여 원래 식생이 회복될 수 있게 했다.

우리나라에서도 사례가 없지 않다. 1990년대 양재천을 복원했다. 원래 모습과 달리 직선으로 흐르고 콘크리트로 덮인 강을 복원해서 원래의 모습을 가까스로 되찾았다. 적당한 만곡을 만들어 물 흐름을 자연스럽게 했고, 야자섬유 같은 자연재료로 하천 저수로에 설치했던 콘크리트 블록을 대체하여 자연의 모습을 회복할 수 있게 했다. 심각한 수질 오염이 사회적 관심으로 떠올랐던 울산 태화강도, 콘크리트에 덮여 오랜 시간 하수구 역할만 하던 서울 청계천도 복원의 사례로 꼽을 만하다.

한강에 배 띄우고, 한강에서 물놀이하고

옛날옛날, 이미 한강에는 증기선이 다녔네

1886년 한강에 최초로 증기선이 등장했다. 우리나라 최초의 민간 기선 회사 대흥상회가 도입한 대흥호였다. 마포, 행주, 인천 사이를 운행하는 72톤급 기선이었다.* 오래 운행하지는 못 했지만 그 무렵 한강에 등장한 기선의 규모는 작지 않았다. 1888년 8월에는 삼산회사에서 소형 증기선인 용산호(16톤급)와 삼호호(13톤급)를 마포와 인천 노선에 취항시켰다. 1891년에는 미국인 타운젠트가 소형 기선인 순명호를 같은 구간에 운행했다. 100톤급 증기선이 한강에 등장한 것은 1893년 8월이다. 청나라 거상이 경영하는 상회 동순태同順泰가 증기선 한양호를 인천-용산 노선에 취항시켰다. 한양호는 시간당 10노트의 속도로 60톤의 화물과 140명의 승객을 수송할 수 있었다.**

1895년 일본은 네 척의 소형 증기선을 운행하여 인천과 행주, 마포, 용산 사이의 화물과 여객을 독점하다시피 했다. 1900년쯤에는 범선도 등장했다. 역시 일본에서 운행한 것으로 대개 30~40톤 규모였다. 인천과 마포 사이를 운행하는

* 「에코경제학(5-1) '가끔, 서울은 배가 드나들던 항구도시였음을 생각하세요'」, 『이코노미뉴스』, 2022. 8. 10.

** The Korea Times, *Traveling on the Han River in the 19th Century: Part 1*, 2022.8.13.

데에는 간조와 만조의 차이가 큰 사리 때는 사흘 이상 걸렸다. 간만의 차이가 크지 않은 조금 때는 행주까지만 운행했다. 1911년 기준으로 인천과 마포를 오가는 선박의 수는 2,115척이었다.*

일제 강점기에는 한강 하구에서 용산까지 57.6킬로미터 구간에 화물 수송선이 다녔다. 마포와 용산에 들어오는 화물은 시멘트, 벼, 목재, 소금, 절인 생선, 땔나무 등이었고 나가는 화물은 콩, 설탕, 목재, 소금 등이었다. 1916~1920년 사이 연평균 3만 4,700톤의 화물을 수송했다.**

일제 강점기 한강과 인천 사이를 다닌 화물 수송선은 대략 30톤급이었다. 하지만 앞서 살핀 대로 1886년 등장한 최초의 증기선은 72톤급이었고, 1893년에는 100톤급 증기선이 인천과 용산을 오갔다. 큰 규모의 선박들이 이 구간을 다닐 수 있었다. 서해 조수간만의 변화와 자주 변화하는 하상 등으로 상시 운행은 어려웠지만 한강에 큰 규모의 선박이 다닐 수 있었던 것은 분명하다.

그때는 가능하고, 지금은 불가능한 일

배가 다니려면 무엇보다 수심이 깊어야 한다. 일제 강점기 한강 평균 수심은 약 7.9미터였다.*** 1910~1930년대 지도에 표시한 한강 팔당~하구 구간 수심은 최소 3.5미터, 최대 10미터다. 전류·행주·구리 등 세 곳은 3.5미터, 나머지 지점은 4미터 이상이다. 한강 하구나 임진강 합류부는 6~8미터, 여의도 일대 마포·양화는 9~10미터였다. 인천~마포 사이에서는 전류와 행주 두 개 지점만 수심이 얕았다. 서해 조석에 따라 크게 달라지기는 하지만 이 정도 수심은 대체로 유지한 것으로 보인다. 과거 한강에 배가 다닐 수 있었던 이유는 수심이 깊었기 때문이다.

---

* 「에코경제학(5-2) 한강 선박 운항권을 두고 경쟁한 일본과 청나라」, 『이코노미뉴스』, 2022.8.13.

** 조선총독부, 『조선하천조사서』, 1929.

*** 서울특별시사편찬위원회, 『한강사』, 서울시, 1985.

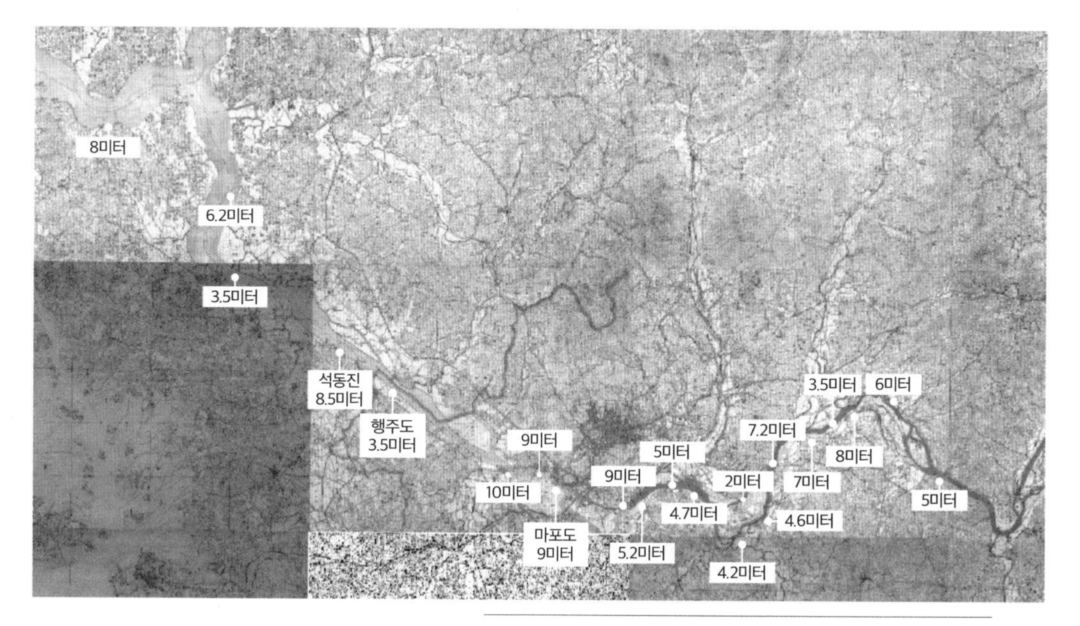

국토지리정보원에서 제공하는 지도에 당시 수심을 표시했다.
1910~1930년대 한강의 최소 수심은 3.5미터, 최대 수심은 10미터였다.

이렇게 수심이 깊었던 건 왜일까. 수면 폭이 좁았기 때문이다. 수면 폭이 좁았던 것은 모래가 많았기 때문이다. 당시 한강의 수면 폭은 대부분 200~300미터였는데 모래는 700~800미터 폭을 차지했다. 이 모래들이 물을 한곳으로 몰아 수면 폭을 좁혔고, 수심을 깊게 만들었고, 배를 다니게 했다. 결국 배가 다닐 수 있었던 것은 모래가 있었기 때문이었다.

오늘날은 어떨까. 신곡 수중보 상류에서 확보한 한강의 최소 수심은 2.5미터다. 1980년대 한강종합개발에서 목표로 설정한 수심이다. 준설을 하고 수중보를 막아서 확보한 수심이다. 한강종합개발에서 가장 강조한 것 중 하나가 바로 한강에 배를 띄우는 것이었다. 130~210명이 탑승할 수 있는 20~50톤급 유람선과 500~1,000톤급 바지선을 띄우는 것이 목표였다. 이를 위해 필요한 수심이 2.5미터였다.* 거기에 맞춰 수중보 높이를 정했다.

한강 수면 폭은 어떨까. 많이 넓어졌다. 대부분 구간에서 1킬로미터 정도의 수면을 확보할 수 있게 했다. 준설로 만들어낸 인공적인 수면이다. 수중보로 수위를 높이고 준설로 수면 폭을 넓혔다.

한강종합개발 이후 확보한 한강 수심은 2.5미터인데 개발 이전 일제 강점기 당시 수심은 3.5미터다. 자연 상태에 가까웠던 1910~1930년대 수심이 개발 이후 수심보다 더 깊다. 이 아이러니한 결과의 의미가 절대 가볍지 않다. 이런 결과는 준설에서 비롯했다. 준설로 수면 폭이 넓어지자 수심은 얕아질 수밖에 없었다. 같은 양의 물이 흐르는 곳에서 수면 폭을 넓히면 당연히 수심은 얕아진다. 모래를 준설해서 강 밖으로 퍼내니 강의 수위는 낮아졌다. 수중보를 만들어 억지로 수위를 올렸지만 개발 이전의 수심을 확보할 수 없었다. 한강에 배를 띄우기 위해 개발한다고 했는데, 정작 개발 이전보다 조건은 더 나빠졌다. 아이러니는 또 있다. 수심을 유지하기 위해 신곡과 잠실에 한강을 가로질러 수중보를 설치했는데, 바로 그 수중보 때문에 배는 그 안에서만 운행할 수 있게 되었다. 김포의 배는 서울로 올 수 없다. 여의도의 배는 김포로 내려갈 수 없고 잠실 상류로 올라갈 수 없다. 잠실 수중보 상류의 배는 그 아래로 내려올 수 없다. 수중보로 인해 선박의 자유로운 통행 자체가 불가능해졌다. 수중보가 선박 운행을 가로막는 걸림돌이 된 것이다. 배를 띄우겠다고 한강을 개발했는데, 정작 배를 띄울 수 없는 강을 만들었다.

아시나요, 한강 광나루 유원지에서 30만 명이 물놀이를 즐겼다는 걸

옛날에는 누구나 한강에서 자유롭게 놀았다. 1916년 서빙고 앞에 탈의실, 세면장, 다이빙대 등을 갖춘 본격적인 수영장이 최초로 들어섰다. 경성 거주 일본인 학생들을 위한 시설이었다. 1920년대 중반까지 한강의 유일한 수영장이었다. 1925년에는 경성부가 용산경찰서와 협력하여 한강 인도교와 한강철교 사이에

* 서울특별시사편찬위원회, 『한강사』, 서울시, 1985.

수영장을 만들었다. 1933년 인도교 상류 이촌동에 수영장을 만들고 그 이듬해 인근 3,000평 부지에 부영수영장을 만들었다. 1933년 7월 23일에는 조선일보사가 한강 인도교 인근에 수영장과 일광욕장을 설치했다. 탈의장과 세면대, 화장실은 물론 놀이시설을 갖춰 누구나 즐길 수 있었다.*

1960년대까지도 한강은 서울 시민들의 물놀이장이었다. 해마다 자연 수영장을 개장했다. 1962년 한강의 일곱 개 수영장에 훈련 받은 수상 경관 40명과 각종 구호·의료·무전 시설을 갖춘 모터보트 여덟 척을 배치했다. 1964년 광나루 백사장에는 수만 명이 나와 놀았다. 1969년 뚝섬, 광나루, 옥수동, 서빙고, 한강대교, 마포, 난지도 등에 여름경찰서를 설치했다.** 1974년 8월 광나루유원지 한강 수영장에는 30만 인파가 몰렸다.*** 당시 서울시 인구가 650만 명 내외였음을 감안하면 얼마나 많은 인파가 몰렸는지 짐작할 수 있다.

1968년 밤섬 폭파, 한강 물놀이 금지 시대의 서막

1968년 2월 10일 밤섬을 폭파했다. 1969년 동부 이촌동을 매립했다. 1972년 여의도 매립을 끝냈다. 1972년 반포를 매립했다. 1972년 저자도 준설 뒤 압구정을 매립했다. 1975년 선유봉은 선유도가 되었다. 봉우리를 섬으로 만들었다. 1977년 구의지구를 매립했다. 1978년 잠실을 매립했다. 1986년 한강 준설을 끝냈다. 1986년 잠실 수중보를 만들었다. 1988년 신곡 수중보를 만들었다. 한강 개발을 끝냈다.

한강에서 더이상 물놀이를 할 수 없었다. 1971년 7월 8일 서울시는 광나루를 제외한 한강에 수영 금지령을 내렸다. 수질 때문이었다. 1978년 7월 8일 서

* 「모던 경성-'억센 조선을 세우자, 부인도 한강에 오시라'」, 『조선일보』, 2021. 8. 17.

** 서울특별시사편찬위원회, 『한강사』, 서울시, 1985.

*** 『동아일보』, 1974. 8.12.

1933년 한강 인도교 인근에 설치한 특설 수영장이 성황을 이루었다는 관련 기사에 실린 사진. 『조선일보』 1933. 7. 24.

1974년 한강 서울 광나루 유원지 수영장이 30만 피서 인파로 뒤덮였다는 기사에 실린 사진. 『동아일보』 1974. 8. 12.

울시는 광나루에서의 물놀이를 전면 금지했다. 무분별한 골재 채취로 위험한 웅덩이가 많다는 이유였다. 1981년 6월 23일 광나루 수영장을 다시 열었지만 1983년 6월 폐쇄했다. 한강종합개발을 위해서였다.* 그 이후로 한강에서 물놀이하는 모습은 더 이상 볼 수 없었다.

밤섬 폭파로 시작한 한강 개발은 수영 금지로 끝났다. 그 사이 한강의 원래 모습은 사라졌다. 1968~1986년까지 18년, 신곡 수중보 건설까지 포함하면 20년 사이에 한강은 상실되었다. 불과 40~50년 전의 일이다. 우리가 눈을 뜨고 지켜보고 있는 동안 한강은 그렇게 망가졌고 사라졌다.

한강은 물놀이를 할 수 있던 시대와 그럴 수 없는 시대로 나뉜다. 지금은 물놀이를 할 수 없는 시대다. 수영을 비롯한 물놀이를 할 수 있던 강에서 하지 못하는 강이 된 건 왜일까. 예전에는 넓은 모래사장이 있었고 수질이 좋았다. 이 두 가지 조건을 갖춘 강에서만 물놀이를 할 수 있다.

1971년 광나루를 제외한 한강에서 물놀이를 못 하게 된 건 수질이 안 좋아졌기 때문이고, 1983년 광나루 수영장은 한강종합개발로 모래가 사라져 문을 닫았다. 모래가 없으면 수영장 조성은 불가능하다. 한강의 모래사장은 준설로 모두 사라졌다. 1970년대에는 물 위의 모래가 사라지더니 1980년대에는 물 아래의 모래도 사라졌다. 1970~1980년대 미사리에서 난지도 구간에서 준설 또는 매립으로 사라진 모래사장 면적은 4,060만 3,000제곱미터다. 5만 8,400제곱미터인 부산 해운대 해수욕장 면적의 695배다. 수질 역시 결코 좋다고 할 수 없다. 대장균이 문제가 되던 1970~1980년대보다야 크게 좋아졌지만 여전히 안심하고 물놀이를 할 수 있는 수준에 이르지는 못했다.

이유는 또 있다. 안전한 강에서만 물놀이를 할 수 있다. 안전은 수심이 좌우한다. 얕은 물에서 깊은 물까지 서서히 깊어져야 한다. 수심이 불규칙해서 갑자기 깊어지면 큰일이다. 이 역시 모래가 있어야 가능하다. 바위나 암반이 많아도

* 서울특별시사편찬위원회, 『한강사』, 서울시, 1985.

2024년 한강대교 아래. 모래는 없고 콘크리트 호안이 설치되어 있다. 갑자기 깊어져 물에 들어갈 수조차 없다. ©김원

2024년 한강철교 위쪽에도 역시 모래는 없고 큰 돌만 채워두었다. 여기에서 물놀이는 불가능하다. ©김원

수심을 일정하게 확보하기 어렵다. 웅덩이가 많아도 물놀이를 할 수 없다. 익사 사고의 원인이 되기 때문이다. 예전의 한강은 안전했다. 30만 명이 광나루 강수욕장을 즐길 수 있었다.

1978년 서울시는 광나루 수영장 물놀이를 일시 중지시켰다. 무분별한 준설로 웅덩이가 생겼기 때문이었다. 1980년대 한강종합개발 과정에서 저수로를 준설하고 고수부지와 저수로 사이에 콘크리트 벽을 만든 뒤로 한강에는 얕은 수심도 없고, 낙차가 커서 갑자기 깊어진다. 자연이 그렇게 만든 게 아니다. 사람이 그렇게 만들었다.

한강에 다시 배를 띄우고 싶다면, 한강을 더 가깝게 즐기고 싶다면

그럼 이제 다시는 한강 이쪽에서 저쪽으로 자유롭게 다니는 배를 볼 수 없게 된 걸까. 이제부터라도 한강에서 물놀이를 하고 싶다면 어떻게 해야 할까. 가능성이 없지는 않다. 방법은 하나다. 배가 다니지 못 하게 된 원인, 물놀이를 못 하게 된 원인을 돌아보면 답이 나온다. 골재 채취를 위해 모래를 퍼냈고 수면 폭을 억지로 넓혀서 배가 제대로 다니지 못 하게 되었다. 모래사장을 없애고 수심에 손을 대서 그렇게 됐다. 강바닥을 파헤쳐 물놀이를 할 수 없게 됐다.

방법은 하나다. 예전으로 돌아가면 된다. 다시 모래가 있는 한강을 만들면 된다. 모래와 수면을 조화롭게 하면 된다. 그렇게 하면 자연스럽게 수심이 깊어진다. 굳이 수중보 같은 인공 시설물을 두지 않아도 배가 다닐 수 있다. 예전 수심 3.5미터로 돌아갈 수만 있다면 예전보다 훨씬 더 큰 배를 띄우는 것도 가능하다. 기술의 발전 덕분이다. 하천설계기준에 의하면 수심 3.5미터에서는 최대 1,500톤급의 배가 다닐 수 있다.* 모래사장을 확보하면 자연스럽게 물놀이를 할 수 있다.

* 국토교통부, 『하천설계기준 해설』, 2019.

물론 예전과 똑같이 복원하는 일은 어려울 수 있다. 복원을 해도 기대한 만큼의 수심을 확보하지 못할 수도 있다. 하천의 모양이며 제방 같은 시설물이 많이 들어서서 오늘의 한강은 예전의 한강과 다르다. 한강 상류에 설치한 수많은 댐들로 인해 모래의 공급이 어렵다는 조건도 현실이다. 강바닥이 수시로 변해 안정적인 수로를 확보할 수 없다거나 서해 조수간만의 영향으로 수심이 불안정하다는 불안 요소도 분명하다. 아무리 많은 양의 모래를 쏟아부어도 단시간에 되는 일이 아니다.

그러나 불가능하지 않다. 오래 전에 깊은 수심을 확보했다면 미래에도 확보할 수 있다. 억지로, 인공적으로 한강을 개조해서 배를 띄우려던 1980년대의 시도는 실패했다. 우리에게 남은 건 배를 띄우지 못하는 강이다. 가까이 갈 수조차 없는 강이다. 여전히 한강에 배를 띄우고 싶다면 배를 띄울 수 있는 강을 만들기 위해 노력해야 한다. 한강을 좀 더 가까이에서 즐기고 싶다면 그럴 수 있는 강을 향해 나아가야 한다. 오늘날의 한강으로는 불가능하다. 특정 구간의 문제도, 몇몇 시설물의 문제도 아니다. 강을 새로 만들어야 한다. 강 전체를 놓고 큰 틀에서의 접근이 필요하다. 지금과는 다른 새로운 그림을 그려야 한다.

그 첫걸음은 원래 있던 모습으로 돌아가는 것, 바로 거기에서 시작해야 한다. 1980년대에는 유람선을 띄우기 위해 강을 파헤쳤다. 2000년대에는 운하를 목적으로 강을 준설했다. 배를 위해 강을 망친 개발의 시대였다. 배가 다니는 것이 나쁜 것이 아니다. 강을 변형시킨 것이 문제다. 강에 맞지 않는 배를 운행하기 위해 억지로 강을 파헤친 것이 문제다. 그렇게 만든 강에 배가 다니지 못하는 것은 더 큰 문제이고 그것을 문제라고 인식조차 못 하고 더 많은 시설물을 만들어 또 배를 다니게 만들겠다는 것은 강에 대한 근본 인식의 문제다.

흔히 볼 수 없는 넓은 수면의 강을 보면서 아무 것도 할 수 없으니 안타깝다고 생각하고 그래서 배를 띄우고 뭔가 사업을 해서 강을 이용하려고 한다. 휘황찬란한 공원을 만들고 교통 수단으로 배를 운행하려 한다. 이것이 잘못된 인식이다.

원래의 강으로 돌아가면 모든 문제를 자연스럽게 해결할 수 있다. 자연의 강을 만들 수도 있고, 그 강에 맞는 배가 다닐 수도 있다. 강에 갈 수도 있고 강에서 물놀이도 할 수 있다. 배를 띄우는 것이 먼저가 아니고 원래 강의 모습을 만드는 것이 먼저다.

한강, 복원을 꿈꾸다

복원·회복·교정의 모든 지향점, 원형으로 되돌리기

미래의 한강은 어떤 모습이어야 할까? 지금 한강은 망가졌다. 망가진 채로 40~50년이 흘렀다. 이 망가진 모습을 10년 뒤 20년 뒤에도 봐야 할까. 지금의 한강이 미래의 한강일 수는 없다. 지금과는 다른 새로운 모습을 만들어야 한다. 그렇다면 어떤 한강을 만들어야 할까.

누군가는 라인 강이나 센 강 같은 세계 유명한 풍경 속 강을 떠올릴 것이다. 또 누군가는 섬진강이나 동강처럼 우리나라의 손꼽히는 아름다운 강을 떠올릴 것이다. 또 누군가는 멋진 인공 시설물을 설치해 휘황찬란한 공원으로 만들어야 한다고 생각할 수도 있다. 지금보다 더 강바닥을 파내서 거대한 유람선을 띄우고 싶다고 생각할 수도 있다. 그러나 그래서는 안 된다. 한강은 어디까지나 한강이어야 한다. 미래의 한강은 원래의 한강이어야 한다. 원래의 모습으로 어서 빨리 돌아가야 한다. 사람들이 쉽게 다가갈 수 있어야 하고 물놀이도 마음껏 할 수 있어야 하고 필요하면 배도 띄울 수 있어야 한다. 원래 한강은 그런 곳이었다. 하천공학에서 정의하는 하천 복원은 크게 세 가지다.

① 복원Restoration : 망가진 하천을 원래 상태로 만든다.

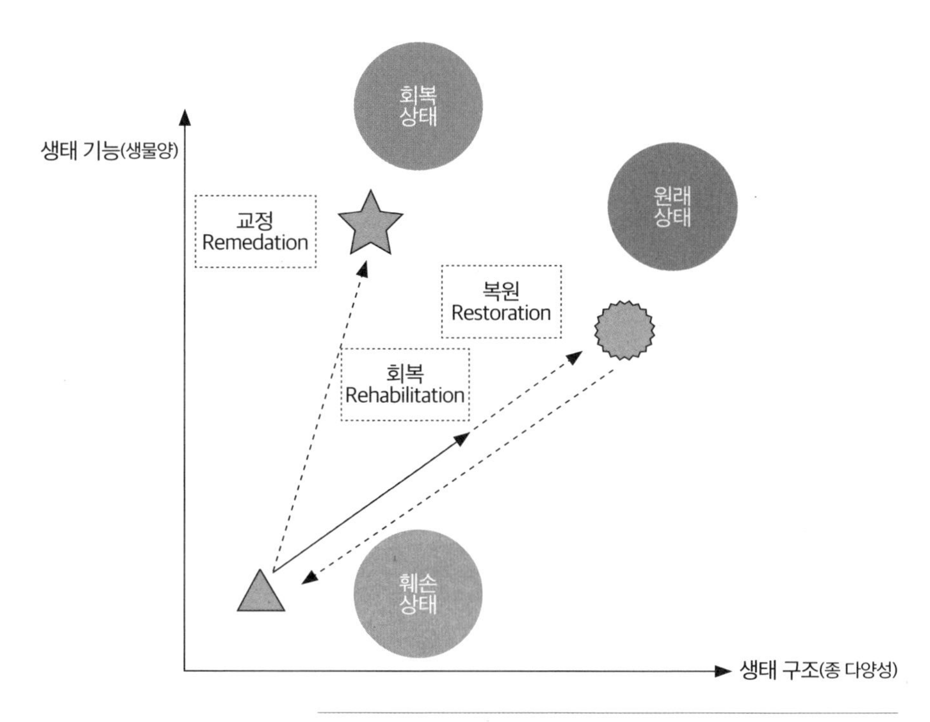

강 복원 개념도. CRCCH, A Rehabilitation Manual for Australian Streams, 2000.

② 회복Rehabilitation : 원래 상태로의 복원이 불가능할 경우 최대한 원래 모습에 가깝게 만든다.

③ 교정Remedation : 복원이나 회복이 불가능할 경우 새로운 상태로 만든다. 기본 방향은 최대한 원래 상태에 가깝게 하는 것에 두어야 한다.

하천 복원의 최종 지향점은 원래 상태로 돌아가는 것을 뜻한다. 과거로부터 오늘날까지 한강에서 이루어진 수많은 사업들은 복원이나 회복은커녕 교정에도 미치지 못한다. 한강을 통해 구현하려는 개념이나 철학은커녕 장기적인 안목도 없다. 어디까지 무엇을 어떻게 할까에 대한 계획도 없고 지향점도 없다. 복원에 대한 인식은 전무하다. 그저 찰나의 아이디어 수준으로 천문학적인 비용을 들여

사업을 강행한다.

개발의 시대를 건너 우리는 이제 복원의 시대를 살고 있다. 개발의 시대 망가진 한강은 복원의 시대에 맞게 복원해야 한다. 복원이 어렵다면 회복해야 한다. 당장 회복이 어렵다면 적어도 교정의 단계부터라도 시작해야 한다. 방향성과 목표는 분명하다. 1968년 이전의 한강을 복원해야 한다.

강에게 과거보다 더 나은 미래는 없다

'과연 복원이 가능할까?'

복원을 이야기할 때 따라오는 흔한 질문이다. 당연히 시간을 되돌릴 수 없다. 과거로 돌아갈 수 없다. 아파트와 도로를 철거할 수 없다. 준설하고 매립해 만든 수많은 결과를 없던 일로 할 수 없다. 앞으로 오랜 시간이 걸릴 것이고 비용도 천문학적으로 들 것이다. 과연 그런 기술이 있는가, 하는 것도 의구심을 갖게 한다. 다 일리가 있는 말이다.

그러나 복원을 가로막는 가장 큰 문제는 시간도 비용도 기술도 아니다. 가장 큰 어려움은 의지의 부재다. 가장 좋은 것이 과거로 돌아가는 일이라는 것을 받아들이지 않는다. 보기에 좋은 강, 강을 끼고 만든 아름다운 공원이 최고의 목표로 각광 받는다.

'호수처럼 넓은 한강, 그 위를 떠다니는 유람선.'

한강을 대하는 많은 이들은 1983년에 나온 건전가요 「아! 대한민국」의 '하늘에는 조각구름이 떠 있고, 강물에는 유람선이 떠 있'고로 전파된 '아름다운 서울'의 상징 이미지를 포기하지 못 한다. 강에 배를 맞추기보다 배에 맞춰 강을 바꾸려는 생각에서 벗어나지 못 한다. 강이 지닌 자연성에는 관심을 갖지 않는다. 강의 자연성을 파괴하고 있는 현실에 대해 무감각하다. 언제까지 그래야 할까.

건강한 지향점과 의지만 있다면 강은 되돌릴 수 있다. 이미 전 세계에서 그렇게 하고 있다. 직선으로 흐르는 물흐름을 다시 구불구불하게 만들고 있다. 하천을 단절시키는 댐과 보를 철거하고 있다. 제방을 철거하고 홍수터를 확보하고 있다. 모래가 사라진 강에 모래를 쏟아붓고 있다. 그렇게 해서 모래가 다시 쌓이게 유도한다. 인공홍수를 일으켜 강의 생태계를 회복시킨다.

강은 살아 있는 생태계에 속해 있다. 강의 회복력은 인간의 상상을 뛰어넘는다. 인간이 망치지만 않는다면, 파괴의 행진을 멈춘다면, 망친 강을 회복하기 위해 인간이 조금만 거든다면, 회복할 수 있는 장을 만든다면 강은 스스로 회복하고 스스로 원형으로 돌아간다. 강은 곧 자연이기 때문이다.

전 세계 많은 나라에서 강 복원을 연구하고 있다. 우리나라에서도 꽤 많은 연구가 이루어지고 있고 성과를 내고 있다. 기술적으로만 보면 준비는 끝났다. 부족한 기술은 더 개발하면 된다. 의지와 지향점이 있다면 불가능은 없다.

1894년 이 땅을 찾은 이사벨라 버드 비숍은 한강을 향해 '금빛 모래의 강'이라며 감탄했다. '천국의 향기'라고도 했다. 바로 그런 한강이 우리가 만들어야 할 미래다. 강에게 과거보다 더 나은 미래는 없다.

주요 참고문헌

• 단행본

강정숙 등, 『잃어버린 선유봉』, 영등포문화재단/영등포구립도서관, 2022.

생태공학포럼, 『생명의 강 살리기』, 청문각, 2011.

손정목, 『서울도시계획이야기 1』, 한울, 2003.

______, 『서울도시계획이야기 2』, 한울, 2003.

______, 『서울도시계획이야기 3』, 한울, 2003.

윤진영 등, 『한강의 섬』, 마티, 2009.

이덕수, 『한강 개발사』, 한국건설산업연구원, 2016.

이사벨라 버드 비숍 지음, 이인화 옮김, 『한국과 그 이웃 나라들』, 살림, 1994.

• 자료집

건설부, 『한강하상변동조사보고서』, 1963.

경기도, 『경기지구 한강종합개발사업 기본계획 보고서』, 1985.

국토교통부, 『하천설계기준 해설』, 2019.

__________, 『한강(팔당댐~하구) 하천기본계획(변경)보고서』, 2020.

산업기지개발공사, 『한국수자원공사 사사』, 1977.

서울시 건설안전본부, 『난지도 매립지 안정화 공사 건설지』, 2003.

서울역사박물관, 『88서울올림픽, 서울을 어떻게 변화시켰는가』, 2017.

______________, 『경강 광나루에서 양화진까지』, 2017.

______________, 『돌격 건설! 김현옥 시장의 서울 Ⅱ』, 2013.

______________, 『두더지 시장 양택식 Ⅰ, 1970-1972』, 2015.

________, 『반포본동 남서울에서 구반포로』, 2019.
________, 『서울생활문화 자료조사 남서울에서 구반포로 반포본동』, 2018.
________, 『서울지도』, 2006.
________, 『서울, 폐허를 딛고 재건으로 Ⅱ 1963-1966』, 2011.
________, 『여의도 : 방송과 금융의 중심지』, 2020.
________, 『을축년 대홍수, 그 후 100년 서울의 변화』, 2024.
________, 『착실한 전진 : 1974-1978(2)』, 2017.
서울역사편찬원, 『서울도시계획사 2』, 2021.
________, 『서울도시계획사 3』, 2021.
서울연구원, 『지도로 본 서울 2013』, 2013.
서울특별시, 『탄천 등 10개 하천기본계획』, 2015.
________, 『한강관리사』, 1997.
________, 『한강수위유지시설(하류수중보) 기본계획 및 실시설계 보고서』, 1986.
________, 『한강종합개발 기본계획보고서(요약)』, 1983.
________, 『한강종합개발 기본계획 설계도』, 1983.
________, 『한강종합개발사업 건설지』, 1988.
________, 『한강종합개발사업 준공도』, 1987.
서울특별시사편찬위원회, 『사진으로 보는 서울 1. 개항 이후 서울의 근대화와 그 시련(1876~1910)』, 2002.
________, 『사진으로 보는 서울 3. 대한민국 수도 서울의 출발(1945~ 1961)』, 2004.
________, 『사진으로 보는 서울 4. 다시 일어서는 서울(1961~1970)』, 2005.
________, 『사진으로 보는 서울 5. 팽창을 거듭하는 서울(1971~1980)』, 2008.
________, 『사진으로 보는 서울 6. 세계로 뻗어가는 서울(1981~1900)』, 2010.
________, 『서울의 하천』, 2000.
________, 『한강사』, 1985.
조선총독부, 『1935년 조선직할하천공사연보』, 1938.
________, 『조선하천조사서』, 1929.
청계천박물관, 『모래내와 가재울, 홍제천』, 2024.

• 논문

윤경준, 「하남시 일대 한강 하중도의 환경 변화와 생태적 활용 방안」, 대한지리학회 2007년 연례 학술대회, pp. 286-289, 2007.

장승필, 「서울의 발전과 한강 다리의 역할」, 대한토목학회지 제70권 제1호 pp. 50-88, 2022. 1.
CRCCH, A Rehabilitation Manual for Australian Streams, 2000.
Diaz-Redondo et al., Benchmarking fluvial dynamics for process-based river restoration: The upper Rhine river (1816-2014), *River Research and Application*, 33, pp. 403-414., 2017.
Lehner, B. et al., High-resolution mapping of the world's reservoirs and dams for sustainable river-flow management., *Frontiers in Ecology and the Environment*, 9(9), pp. 494-502., 2011.

• 기타

『경향신문』, 「서울 속의 낙도 잠실마을 딱한 사정」, 1965. 12. 25.
『동아일보』, 「한강 밤섬, 토사 쌓여 5년새 8,600제곱미터 커져」, 2023. 5. 11.
________, 「한강 썩이는 행주 수중보」, 1988. 6. 8.
서울기록원, 「잠실지구 공유수면 매립신청서」, 1970. 10.
서울시, 서울시보, 1986.
______, 서울시보 제131호, 1985. 9. 11.
______, 서울특별시 교통량 조사자료, 2023.
『오마이뉴스』, 「신익희 한강 백사장 연설 '못살겠다 갈아보자'」, 2025. 1. 23.
『이코노미뉴스』, 「에코경제학(5-1) 가끔, 서울은 배가 드나들던 항구도시였음을 생각하세요」, 2022. 8. 10.
____________, 「에코경제학(5-2) 한강 선박 운항권을 두고 경쟁한 일본과 청나라」, 2022. 8. 13.
『조선일보』, 「근대화에 밀려 수장되는 한강 섬마을 「밤섬」 폭파」, 1968. 2. 11.
________, 「[모던 경성] '억센 조선을 세우자, 부인도 한강에 오시라'」, 2021. 8. 17.
________, 「자취 감출 신비의 마을 밤섬」, 1968. 2. 4.
『한겨레신문』, 「한강수계 '당정섬' 과연 보존될까 땅 보상협상따라 운명 결판」, 1992. 2. 2.
한국사데이터베이스, 「제1기 치도공사 및 한강교 낙성식」, 1917. 10. 7.
해양수산부, 국가어도정보시스템.
환경부, '고양 장항습지, 우리나라 24번째 '람사르 습지'로 등록' 보도자료, 2021. 5. 21.
The Korea Times, 「Traveling on the Han River in the 19th Century: Part 1」, 2022. 8. 13.

이 책을 둘러싼 날들의 풍경

한 권의 책이 어디에서 비롯되고, 어떻게 만들어지며,
이후 어떻게 독자들과 이야기를 만들어가는가에 대한 편집자의 기록

2024년 7월 26일. 한미화 선생님의 '유럽 책방' 관련 글의 연재를 제안, 진행하며 인연을 이어온 『한겨레21』 김규원 기자로부터 서울의 한강에 관한 원고가 있는데 검토해볼 의향이 있느냐는 연락을 받다. 한강의 역사에 대한 인문교양서로 이해한 편집자는 혜화1117에서 출간한 미술사학자 최열 선생님의 『옛 그림으로 본 서울』과 짝이 되는 책을 낼 수 있을 것으로 여겨 검토해보겠다는 뜻을 전하다.

2024년 8월 1일. 저자로부터 이미 책의 구성을 모두 갖춘 원고를 받다. 한강의 역사를 다룬 인문서가 아닌, 1968년 이후 한강의 변화 과정을 담은 원고라는 사실에 잠시 당황하다. 이왕 받은 원고이니 검토를 해보고 판단하자고 여기고 찬찬히 읽어보다. 1970년대 이후 최근까지 개발의 시대 한강의 변화 과정을 따라 읽어가며 마주한 실상을 보며 경악과 한숨이 교차하다. 책에 담은 저자의 메시지에 동의가 되었고, 원고의 마지막 부분에 이르러서는 만들어봐야겠노라, 결론을 내리다. 다만 원고의 구성 및 보완할 부분이 눈에 띄다. 이 부분을 저자가 받아들일 수 있을까 하는 마음이 들다. 이런 결정은 빠를수록 좋다고 여긴 편집자는 곧장 저자에게 전화를 걸어 원고에 대한 의견을 전하다. 일면식도 없는 저자와 첫 통화에서 원고를 놓고 이야기를 하게 되는, 그렇게 하여 책을 만들게 되는, 편집자로서는 처음 해보는 일을 이렇게 시작하다. 꽤 긴 통화를 통해 원고에 대한 전반적인 의견을 전하다. 혜화1117 출판사의 책들을 살펴보실 것도 청하다. 면식이 없는 분과 책을 만드는 일에 대한 염려를 솔직하게 전하다. 아울러 책을 만드는 동안 편집자의 개입이 있을 거라는 것에 대해 미리 양해를 구하다.

2024년 8월 14일. 저자로부터 원고의 전체적인 구성을 수정한 목차안을 받다. 검토 후 책을 출간하기로 최종 결정한 편집자는 책을 만드는 것을 제외한 나머지 의사 결정 및 확인이 필요한 부분에 대해서는 미리, 분명히 설명하고 상황을 정리해둘 필요가 있을 듯하여 우선 혜화1117 계약에 관한 주요 사항을 전하다. 이에 관해 서로 확인을 하고, 원고 구성에 관하여는 수일 내로 만나서 의논키로 하다.

2024년 11월 14일. 수일 내로 만나서 의논하기로 했던 마음과는 달리 편집자의 다른 책 출간 일정, 저자의 중국 출장 등으로 석 달여가 지난 뒤에야 만나게 되다. 10월 중에 만날 예정이었으나 편집자의 일정 변경으로 한 달을 더 미뤄 만나게 되다. 저자가 잠시 적을 두고 있는 연세대학교 교내의 한 카페에서 만날 예정이었으나 사람이 너무 많아 빈자리도 마땅치 않고 소란스러워 이야기를 나눌 상황이 마땅치 않다. 커피를 뽑아들고 교정 야외 공간에서 처음 얼굴을 마주하고 이야기를 나누다. 이 어색하고 난망한 분위기를 짐짓 아무렇지도 않은 듯 이겨내고

처음 만나는 자리에서 계약서에 서명을 하고, 원고의 구성 및 개고 방향에 대해 할 이야기를 빠짐없이 건네는 등 할 일을 다 하다. 편집자는 특히 원고를 읽으면서 아쉬운 부분에 대해 찾아봐줄 것을 요청하다. 1970년대 이후 약 50여 년 동안 이어진, 개발의 시대 한강의 무분별한 변화 과정의 실상을 보며 편집자는 충격에 가까운 느낌을 받았고, 그 충격은 원고를 거듭 볼수록 슬픔으로까지 이어지다. 이러한 개발을 계획하고 주도하고 결정하고 실행한, 과거 권력자와 의사결정권자들의 무지한 데다 탐욕스러우며, 과감하기까지 한 행위의 결과물을 곁에 두고 살고 있다는 현실이 참담하게 느껴지다. 그러나 한편으로 아무리 그런 '그들'이라도, '그들' 나름의 공적 마인드가 조금은 있지 않았을까, 하는 마음이 들다. 지난 과거의 역사 속에서 실오라기 같은 긍정의 요소를 찾고 싶어지다. 그리하여 저자에게 그 어딘가에 있을 지도 모르는 긍정의 요소를 조금이라도 발견해줄 것을 거듭 요청하다.

2024년 12월 24일. 최종 원고가 들어오다. 원고에서 '그 어딘가에 있을지도 모른다고 기대한 긍정의 요소'를 찾지 못하다. 저자로부터 그런 부분은 없었다는 회신을 받다. 그 사이 12월 3일 온 나라를 혼란으로 밀어넣은 계엄 선포를 통해 어리석은 권력자의 적나라한 행태를 지켜본 편집자는 계엄을 선포한 그가 속한 정치 세력들의 전신이 바로 한강 개발의 주체임을 떠올리며, 독재 권력자들에게 잠시나마 공적 마인드를 기대한 스스로의 순진함을 자각하다. 권력욕과 탐욕으로 점철한 최근 권력자들보다는 그들이 적어도 조금은 낫지 않을까, 했던 기대를 깨끗하게 접기로 하다.

2025년 1월. 계엄 선포 이후 대통령 탄핵 등으로 인해 어수선한 연말연시를 보내는 와중에 이 책의 디자인 의뢰서를 디자이너 김명선에게 보내다. 디자인 시안을 받고 세부사항을 조정한 뒤 판면의 디자인을 확정하다. 본격적인 편집을 위한 이미지 파일을 입수하다. 화면 초교를 시작하다. 교정을 보는 내내 다른 무엇보다 평과 세제곱미터, 킬로미터, 제곱킬로미터, 미터 등을 넘나드는 숫자의 행진을 따라가느라, 계산기를 두드릴 때마다 숫자가 달라져서 눈이 빠지다. 한강의 왼쪽부터 오른쪽까지, 물 위에서부터 물속까지 이렇게 샅샅이 들여다볼 일이 있었을까 싶게 오늘의 한강이 오늘에 이르기까지의 지난 수십 년을 집약적으로 살피다.

2025년 3월. 1차 조판을 마치다. 저자는 저자대로, 편집자는 편집자대로 초교를 시작하다. 전문적인 내용과 용어, 항공사진 및 각종 자료와 이미지 등을 따라가며 어느 책보다 저자를 의지하며 만들어나가다.

2025년 4월. 초교를 완료하고 본문에 보완할 이미지 등 관련 자료를 추가하다. 초교에서 편집자가 요청한 사항에 더해 저자는 약물 하나부터 이미지 배치까지 편집자가 해야 할 부분까지 꼼꼼하게 챙기고 살피다. 4월 14일. 편집자가 자주 가는 카페인 광화문 '나무사이로'에서 저자와 만나 교정지를 펼쳐놓고 첫 장부터 마지막 장까지 점검하다. 저자의 꼼꼼함 덕분에 낯선 분

야의 책을 작업한다는 부담이 줄어드는 것은 물론, 책을 만드는 과정에서 개입할 부분이 거의 없다는 것에 대해 편집자는 안도하다.
2025년 4월 21일. 서울 독립문 근처 '석교식당'에서 이 책의 다리를 처음 놓아준 김규원 기자와 저자를 함께 만나다. '석교식당'은 출판평론가 한미화 선생님과『유럽 책방 문화 탐구』출간을 전후로도 함께 만난 곳으로 김규원 기자의 단골식당이기도 하다. 처음 원고를 받고, 책을 만들어가는 과정에 대해 유쾌하고 즐겁게 이야기를 나누다. 자리를 파한 뒤 서촌까지 김규원 기자와 함께 걸은 뒤 봄밤의 정취에 취해 서촌에서 혜화동 집까지 내내 걷기로 하다. 깊은 밤, 광화문을 거쳐 안국동을 거쳐, 창경궁을 거쳐 성균관대를 거쳐 혜화동까지 걸으며 책을 만든다는 일, 책을 매개로 사람을 만나는 일의 의미, 나아가 이 순간들이 편집자이자 개인인 스스로에게 갖는 의미를 다소 감상적으로 두서없이 떠올리다. 재교를 진행하다.
2025년 5월. 재교 및 삼교를 거쳐 막바지로 접어들다. 제목을 정하고, 표지의 방향을 디자이너에게 의논하다. 처음 제목은 '한강 상실의 이력'이었으나 저자의 제안으로 '한강, 1968'로 방향을 바꾸다. 제목과 부제에 대해 저자와 몇 차례 의견을 주고 받았으나 결국 책은 저자의 것이며, 이 분야의 책에 대한 판단은 저자에게 맡기는 것이 낫겠다고 생각하고 따르기로 하다. 표지의 시안이 나오고, 시안 중 가장 좋은 것으로 정하다. 세부를 조정하다. 표지 및 본문의 모든 요소를 확정하고, 디자인을 마무리하다. 저자의 최종 점검을 마치다. 5월 28일 인쇄 및 제작에 들어가다. 표지 및 본문 디자인은 김명선이, 제작 관리는 제이오에서(인쇄 : 민언프린텍, 제본 : 책공감, 용지 : 표지 스노우250그램, 본문 클라우드80그램, 면지 매직컬러 120그램), 기획 및 편집은 이현화가 맡다.
2025년 6월 3일. 혜화1117의 서른세 번째 책『한강, 1968-복원의 시대를 위해 돌아보는 1968년 이후 한강 상실의 이력』초판 1쇄본을 출간하다. 이 책을 만드는 동안 거쳐온 12월 3일의 계엄 선포와 대통령 탄핵의 과정, 이로 인해 일찍 치르게 된 조기 대통령 선거라는 역사적 사실을 기억하기 위해 그 날짜에 맞춰 판권일을 정하다. 어리석고 탐욕스러운 권력자들의 행위의 결과물인 한강의 변화 과정을 담은 이 책을 만들며 갖게 된, 새롭게 권력을 위임 받는 이들은 같은 행태를 보이지 않기를 염원하는 마음, 더 나아가 그들과 함께 진짜 대한민국을 함께 만들어 나갈 수 있기를 바라는 마음을 여기에 담다. 아래의 내용은 출간 준비 기간에 확정한 일정으로 미리 그 기록을남겨두다.
2025년 6월 28일. 편집자가 속한 '인문사회과학출판인협의회'(인사회)에서 주관하고 재단법인 '사람사는세상 노무현재단'에서 주최하는 '제1회 노무현재단 시민 도서전' 책 문화프로그램에 선정되어 오전 11시 30분 서울 노무현시민센터에서 독자와의 만남을 갖기로 예정하다. 이후의 기록은 2쇄 이후 추가하기로 하다.

외국어 전파담[개정판] - 외국어는 어디에서 어디로, 누구에게 어떻게 전해졌는가
로버트 파우저 지음 · 올컬러 · 392쪽 · 값 23,000원

고대부터 현대에 이르기까지 역사 전반을 무대로 외국어 개념의 등장부터 그 전파 과정, 그 이면의 권력과 시대, 문명의 변화 과정까지 아우른 책. 미국인 로버트 파우저 전 서울대 교수가 처음부터 끝까지 한글로 쓴 이 책은 독특한 주제, 다양한 도판 등으로 독자들의 뜨거운 관심을 받았다. 2018년 출간 후 개정판에 이른 뒤 현재까지 꾸준히 사랑을 받아 스테디셀러로 자리를 확고하게 잡았다.

외국어 학습담 - 외국어 학습에 관한 언어 순례자 로버트 파우저의 경험과 생각
로버트 파우저 지음 · 올컬러 · 336쪽 · 값 18,500원

"영어가 모어인 저자가 다양한 외국어의 세계를 누비며 겪은 바는 물론 언어학자이자 교사로서의 경험을 담은 책. 나이가 많으면 외국어를 배우기 어렵다는 기존 통념을 비틀고, 최상위 포식자로 군림하는 영어 중심 학습 생태계에 따끔한 일침을 놓는다. 나아가 미국에서 태어난 백인 남성이라는 자신의 위치에 대한 비판적인 인식은 특히 눈길을 끈다."
_ 김성우, 응용언어학자, 『단단한 영어 공부』, 『유튜브는 책을 집어삼킬 것인가』 저자

* 2021년 교보문고 9월 '이 달의 책' * 2022년 세종도서 교양 부문 선정
* 2023년 일본어판 『僕はなぜ一生外国語を学ぶのか』 출간

경성 백화점 상품 박물지 - 백 년 전 「데파-트」 각 층별 물품 내력과 근대의 풍경
최지혜 지음 · 올컬러 · 656쪽 · 값 35,000원

백 년 전 상업계의 일대 복음, 근대 문명의 최전선, 백화점! 그때 그 시절 경성 백화점 1층부터 5층까지 각 층에서 팔았던 온갖 판매품을 통해 마주하는 그 시대의 풍경!

* 2023년 『한국일보』 올해의 편집 * 2023년 『문화일보』 올해의 책
* 2023년 『조선일보』 올해의 저자 * 2024년 세종도서 교양 부문 선정

딜쿠샤, 경성 살던 서양인의 옛집 - 근대 주택 실내 재현의 과정과 그 살림살이들의 내력
최지혜 지음 · 올컬러 · 320쪽 · 값 18,000원

백 년 전, 경성 살던 서양인 부부의 붉은 벽돌집, 딜쿠샤! 백 년 후 오늘, 완벽 재현된 살림살이를 통해 들여다보는 그때 그시절 일상생활, 책을 통해 만나는 온갖 살림살이들의 사소하지만 흥미로운 문화 박물지!

백 년 전 영국, 조선을 만나다 - '그들'의 세계에서 찾은 조선의 흔적
홍지혜 지음 · 올컬러 · 348쪽 · 값 22,000원

19세기말, 20세기 초 영국을 비롯한 서양인들은 조선과 조선의 물건들을 어떻게 만나고 어떻게 여겨왔을까. 그들에게 조선의 물건들을 건넨 이들은 누구이며 그들에게 조선은, 조선의 물건들은 어떤 의미였을까. 서양인의 손에 의해 바다를 건넌 달항아리 한 점을 시작으로 그들에게 전해진 우리 문화의 그때 그 모습.

유럽 책방 문화 탐구 - 책세상 입문 31년차 출판평론가의 유럽 책방 문화 관찰기

한미화 지음 · 올컬러 · 408쪽 · 값 23,000원

개별적 존재로서의 자생과 지속가능의 모색을 넘어 한국의 서점 생태계의 미래를 위한 책방들의 고군분투를 살핀 『동네책방 생존탐구』의 저자이자 꼬박 30년을 대한민국 출판계에 몸 담아온 출판평론가 한미화가 유럽의 전통과 현재를 잇는 책방 탐방을 통해 우리 동네책방의 오늘과 미래를 그려본 유의미한 시도!

호텔에 관한 거의 모든 것 - 보이는 것부터 보이지 않는 곳까지

한이경 지음 · 올컬러 · 348쪽 · 22,000원

미국 미시간대와 하버드대에서 건축을, USC에서 부동산개발을 공부한 뒤 약 20여 년 동안 해외 호텔업계에서 활약한, 현재 메리어트 호텔 한국 총괄PM 한이경이 공개하는 호텔의 A To Z. 호텔 역사부터 미래 기술 현황까지, 복도 카펫부터 화장실 조명까지, 우리가 궁금한 호텔의 모든 것!

웰니스에 관한 거의 모든 것 - 지금 '이곳'이 아닌 나아갈 '그곳'에 관하여

한이경 지음 · 올컬러 · 364쪽 · 값 22,000원

"호텔에 관한 완전히 새로운 독법을 제시한 『호텔에 관한 거의 모든 것』의 저자 한이경이 내놓은 호텔의 미래 화두, 웰니스!
웰니스라는 키워드로 상징되는 패러다임의 변화는 호텔이라는 산업군에서도 감지된다. 호텔이 생긴 이래 인류가 변화를 겪을 때마다 엄청난 자본과 최고의 전문가들이 일사불란하게 그 변화를 호텔의 언어로 바꿔왔다. 거대한 패러다임의 변화에 따라 이미 전 세계 호텔 산업은 이에 발맞춰 저만치 앞서 나가고 있다. 이는 달리 말하면 호텔을 관찰하면 세상의 변화를 먼저 읽을 수 있다는 의미이기도 하다. 또 달리 말하면 변화를 따라가지 못하면 도태된다는 뜻이기도 하다."_한이경, 『웰니스에 관한 거의 모든 것』 중에서

이중섭, 편지화 - 바다 건너 띄운 꿈, 그가 이룩한 또 하나의 예술

최열 지음 · 올컬러 · 양장본 · 320쪽 · 값 24,500원

"생활고를 이기지 못해 아내 야마모토 마사코와 두 아들을 일본으로 떠나보낼 수밖에 없던 이중섭은 가족과 헤어진 뒤 바다 건너 편지를 보내기 시작했다. 그 편지들은 엽서화, 은지화와 더불어 새로이 창설한 또 하나의 장르가 되었다. 이 책을 쓰면서 현전하는 편지화를 모두 일별하고 그 특징을 살폈음은 물론이다. 그러나 가장 중요한 것은 그의 마음과 시선이었다. 이를 파악하기 위해 나 자신을 이중섭 속으로 밀어넣어야 했다. 사랑하지 않으면 보이지 않고 느낄 수 없는 법이다. 나는 그렇게 한 것일까. 모를 일이다. 평가는 오직 독자의 몫이다."_최열, '책을 펴내며' 중에서

한강, 1968
- 복원의 시대를 위해 돌아보는 1968년 이후 한강 상실의 이력

2025년 6월 3일 초판 1쇄 발행

지은이 김원
펴낸이 이현화
펴낸곳 혜화1117 **출판등록** 2018년 4월 5일 제2018-000042호
주소 (03068)서울시 종로구 혜화로11가길 17(명륜1가)
전화 02 733 9276 **팩스** 02 6280 9276 **전자우편** ehyehwa1117@gmail.com
블로그 blog.naver.com/hyehwa11-17 **페이스북** /ehyehwa1117
인스타그램 / hyehwa1117

ISBN 979-11-91133-32-5 03530

Publishers : HYEHWA1117 11-gagil 17, Hyehwa-ro, Jongno-gu, Seoul, 03068, Republic of Korea.
Email. ehyehwa1117@gmail.com